一起来畅游Python的魔法王国

Python 青少年趣味编程

微课视频版

张彦◎编著

· 北京 ·

内容简介

《Python青少年趣味编程（微课视频版）》是一本学习Python编程的入门图书，本书以传授Python程序设计知识为目的，以青少年喜爱的奇幻的探险故事为脉络，将Python的知识体系贯穿其中，在故事情节中探索编程的奇妙乐趣，通过编程的实现来破解魔法，达到解决难关的终极目的。本书内容涵盖了Python的常用变量、函数、语句、模块、类和面向对象编程等，最后通过制作2个大型应用案例，如何使用turtle海龟组件绘制时钟动画图案，如何使用Pygame制作精美完整的贪吃蛇游戏，来实现Python编程的综合实践应用。

《Python青少年趣味编程（微课视频版）》配备了71集视频讲解，通过观看视频和学习本书，能快速上手，快速入门。本书提供QQ交流群，便于读者学习与交流。

《Python青少年趣味编程（微课视频版）》知识体系完善，趣味性强，讲解浅显易懂，案例思路清晰，是青少年及儿童学习Python编程的绝佳入门书籍，也是父母陪伴孩子一起学习编程的优选图书。本书可作为机器学习的入门图书，亦可作为青少年参加各种Python竞赛的拓展学习资源。

图书在版编目（CIP）数据

Python 青少年趣味编程（微课视频版）/ 张彦编著 . —北京：中国水利水电出版社，2020.4（2023.8重印）

ISBN 978-7-5170-8175-3

Ⅰ. ① P… Ⅱ. ①张… Ⅲ. ①软件工具—程序设计—少儿读物 Ⅳ. ① TP311.561-49

中国版本图书馆 CIP 数据核字 (2019) 第 258039 号

书　　名	Python 青少年趣味编程（微课视频版） Python QINGSHAONIAN QUWEI BIANCHENG
作　　者	张　彦　编著
出版发行	中国水利水电出版社 （北京市海淀区玉渊潭南路 1 号 D 座 100038） 网址：www.waterpub.com.cn E-mail：zhiboshangshu@163.com 电话：（010）62572966-2205/2266/2201（营销中心）
经　　售	北京科水图书销售有限公司 电话：（010）68545874 、63202643 全国各地新华书店和相关出版物销售网点
排　　版	北京智博尚书文化传媒有限公司
印　　刷	北京富博印刷有限公司
规　　格	190mm×235mm　16 开本　17 印张　349 千字
版　　次	2020 年 4 月第 1 版　2023 年 8 月第10次印刷
印　　数	41001—46000册
定　　价	69.80 元

前　　言

2016年9月14日，美国研究所与美国教育部综合了研讨会与会学者对STEM（科学Science、技术Technology、工程Engineering、数学Mathematics）未来十年的发展愿景与建议，联合发布了《STEM教育中的创新愿景》，旨在推进STEM教育创新方面的研究和发展。为了持续增强全球领导力与核心竞争力，中国政府也与大量的企业、高校、机构不遗余力地鼓励工程科学类的招生、研究与创新。显而易见，拥有上述4种能力的人才越来越容易获得竞争优势、职业前景和学术成就，而从小学习编程就可以综合性地培养上述4种能力。

与其他语言不同，Python是在互联网兴起的大背景下应运而生，经过不到20年的发展，Python成了最受欢迎的计算机语言。它有着众多的标签，如互联网语言、最漂亮简洁的语言、人工智能语言、大数据语言、科学计算语言、黑客语言。其简单易用性最适合计算机初学者，丰富的功能也最适合喜欢新鲜趣味的青少年。

作者自1994年开始就在386上编程，有二十多年的编程经验，熟练使用数十种编程语言，同时还在互联网上撰写了大量的技术文章并获得大量技术爱好者关注。2017年，作者在复旦大学攻读MBA期间接触和研究U型理论（《第五项修炼》的理论内核），因此决定结合Python实践、STEM教育理念和U型理论创作一本面向青少年、儿童的编程入门书籍。本书注重编程学习的盲点，旨在提高读者的创新能力，并通过浅显易懂的语言，精心构建了有趣、实用的实例，讲解深入浅出、图文并茂，将枯燥生硬的计算机编程知识用讲故事、解事例的方法展现给青少年读者。以使青少年读者及初学者能够轻松地学习Python，并释放自身的自学能力。

作者强烈建议即使不懂得编程的父母，也可以和孩子共同学习本书，跟随本书享受着陪伴孩子共同进步的时光，相信Python编程学习之旅一定会成为家长与孩子们的一种难忘的有趣体验。

因受作者水平和成书时间所限，书中难免存有疏漏和不当之处，敬请指正，欢迎访问小牛书网址http://www.xiaoniushu.com来与我们一起探讨面向未来的教育问题。

本书特色

1. 知识点简洁精炼，注重实用性和可操作性，帮助读者轻松入门

本书内容涵盖了Python语言中常用的知识点，如循环、条件、变量、列表、对象、模块等编写一般应用程序所必须掌握的语法知识，从内容结构上非常注重知识的实用性和可操作性。针对编程在初期学习阶段不易理解的特点，本书开篇通过各种类比与故事情节，构建了顺畅的Python编程入门之路，帮助初学者轻松跨过认知门槛。

2. 故事化行文，语言简洁易懂，专为初学者打造

本书以主人公的第一视角，讲述了精彩的历险故事，并且在全篇穿插了情境与精彩的示例，不仅避免了读者学习过程中由于不同实例导致的知识点脱节，而且连贯统一，让人过目难忘。本书语言简练，讲解生动活泼，读者阅读时会情不自禁地被带入书中的魔法世界，在不知不觉中习得编程的精髓。

3. 精选案例教学，提升读者创新能力和思维水平

编程的基础是语法，但应用水平的高低要看读者具备的数学与思考能力。基于此，把本书的教学重点放在案例实战上，这样便于提升读者的解题能力、思维水平和创新能力。本书通过选取在历年编程竞赛和奥数中出现的经典题目，如兔子数列、汉诺塔、树状结构等来帮助读者扩大知识面，同时，还通过选取青少年感兴趣的游戏小制作来帮助读者提升兴趣和代码编写能力。

本书内容及体系结构

第1章 探索Python的魔法王国

本章介绍主人公Mark来到魔法王国开始探险学习之旅，以Mark的视角，对计算机和Python语言进行初步介绍，教学如何在操作系统中安装编程环境并通过在命令行下运行各种示例来详细解释数字、字符串、print()语句和变量的概念。

第2章 魔法王国的迷宫——选择决定命运

本章跟随“我”的脚步来到了王国的迷宫，通过选择迷宫的门来解释Python语言中的判断表达式，进而引入条件语句的教学，即通过迷宫中的各种挑战来展示不同类型的if语句及应用案例。条件语句是改变程序运行顺序的基本结构，程序编写者只需规划好所有的可能情况，条件语句就能使程序按照运行时不同的情况来执行不同的语句。

第3章 穿越的魔法——循环

本章“我”带队出发帮助国王解决大雪困山的难题，通过挑选勇士、出发准备和行军的示例，介绍while和for循环，以及else分支语句的用法。条件和循环是任何编程语言的基本结构，读者熟知后才可以通过自由组合，把程序创造成任意的结构。

第4章 魔法师的魔盒——集合容器

本章探险队伍落脚在城堡中，通过一副扑克牌的变化，介绍集合类的变量，如列表、集合、字典和元组等，并解释和处理了大量数据常用的操作，如排序、映射、插入、删除等。通过巧妙应用容器变量，让快速和批量处理数据更加便捷。

第5章 做好指挥官——流程图

本章通过城堡主人Henry的教学，可以让读者了解如何通过流程图来规划一个程序的流程。本章介绍流程图中处理、显示、分支、循环等各种元素的绘制方法。通过本章的示例读者可以

体会到画好流程图是优秀“程序指挥官”的必备素质，又通过打印九九乘法表的示例使读者学会流程图从外向内层层分析的方法。

第6章 函数与其他高级特性

本章主要介绍与函数有关的模块、包等高级特性。通过探险队伍的打包示例，本章解释函数、模块和包的关系。函数是语句段的集合，模块是函数的集合，而包又是模块的集合，通过循序渐进的描述使读者熟练运用这些高级特性，能够编写更加复杂的程序。

第7章 面向对象与类

本章通过行军途中Joe烤面包与实例化对象的示例，介绍面向对象的编程。目前所有的高级语言均支持面向对象，通过“类”可以把有意义的函数和数据组合在一起，这种方式更加接近人类思维；通过“实例化”可以把抽象定义和具体对象分开，这也更加贴近概念和现实的关系。应用面向对象编程，对于减少重复工作、改进编程效率、提高程序可维护性都有着重要的作用。

第8章 爱画图的“小海龟”

本章通过“我”在途中与“小海龟”的奇遇，介绍如何利用turtle组件来进行画图和制作动画。turtle组件是Python程序中优秀的画图工具，可以通过语句指挥海龟形状的画笔来获得多姿多彩的图形。尽情发挥想象，应用读者的无限创意，画出更多的精彩图案。

第9章 Pygame游戏开场

本章通过帮助守护蛇制作贪吃蛇游戏，来介绍Pygame组件的安装、初始化、加载图片和音乐，以完成贪吃蛇游戏的开场图画与音乐。Pygame是Python中编写游戏的重要第三方组件，通过这个组件用户可以快速制作出精彩而有趣的游戏。

第10章 Pygame进阶游戏动画

本章继续第9章贪吃蛇游戏的开发，在贪吃蛇游戏的基础上，进入游戏的实质性部分，即介绍如何设计真正的动画。本章通过对游戏中贪吃蛇角色和运动特点的分析，定义蛇类和蛇爬行的动作，并通过游戏中树莓的出现规律，定义树莓的显示。

第11章 Pygame大显身手设计情节

本章继续第10章贪吃蛇游戏的开发，并根据蛇的自由移动动画，进入游戏中最有意思的游戏情节设计部分。本章主要处理蛇吃掉树莓这个情节发生时，如何显示动画以及如何处理树莓的消失和如何增加蛇的长度等。

第12章 Pygame游戏完结篇

在本章的故事中，大家齐心协力，终于在最后的关头战胜了警报器，及时化解了大雪封山的问题。本章通过示例完成了贪吃蛇游戏的制作，同时介绍了游戏结尾如何处理排行榜、输入姓名、游戏计分等问题。最后通过对游戏与人生的总结，表达了作者的美好祝福。

本书读者对象

- 青少年编程爱好者
- 中小学编程竞赛、机器人竞赛参与者
- Python语言和机器学习初学者
- 渴望培养孩子STEM思维方式的父母
- 其他对Python感兴趣的人员

本书学习资源获取方式

本书提供视频、习题答案、PPT课件和源文件的下载服务，有需要的读者可以关注下面的微信公众号（人人都是程序猿），然后输入“Py81753 ”，并发送到公众号后台，即可获取资源的下载链接，然后将此链接复制到计算机浏览器的地址栏中，根据提示下载即可。

读者可加入QQ群1051096460，获取本书的下载资源链接，亦可在线交流学习。

致谢

本书能够顺利出版，是作者、编辑和所有审校人员共同努力的结果，在此表示深深的感谢。同时，祝福所有读者在职场一帆风顺。

编　者

目　　录

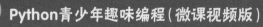

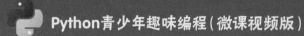

第1章 探索Python的魔法王国

亲爱的小读者们，我是Mark，今年10岁，同学们都叫我编程小天才，正是由于一次计算机的“魔法王国”之旅，让我懂得了很多编程知识。在魔法王国，我经历了很多有趣的事情，在那里我和Joe像玩游戏一样慢慢学会了使用Python写程序，现在我和Joe正打算一起创建我们自己的网站。

为了让小朋友们也能轻松学习Python，我迫不及待地想把这段经历告诉你们。我的好朋友Joe的父母都是很厉害的软件工程师，一天，我们去他父母的软件实验室玩，Joe的爸爸Richard拿着两个头盔对我们说：“试试我的最新产品，戴上这个就能进入计算机的CPU内部，去探索计算机的神奇世界……”

于是，我和Joe戴上头盔，进入了魔法王国……

扫一扫，看视频

1.1 开启Python编程之门

学好计算机为什么那么重要呢？

首先，计算机给人类文明带来了全方位的进步。以圆周率π为例，如图1.1所示π代表圆周长与直径的比值，是无限不循环小数。公元前20世纪古巴比伦计算出π约等于3.125，从那时起到1947年计算机诞生之前，在长达4000多年的岁月里，人类通过手工计算总共计算出了小数点后808位数字。是的，只有808位，连一张A4纸都写不满，如今使用超级计算机可以计算出10万亿位！有了计算机，大量的科学和工程技术问题得以高效解决。

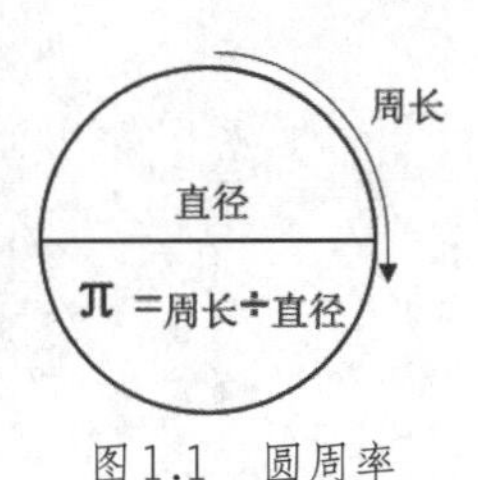

图1.1　圆周率

其次，生活也处处是计算机的应用。人工智能利用了计算机运算速度快的特点，通过在短时间内对大量的历史数据与新数据进行类似于数学上归纳比较的运算，来输出可靠的结果。现在人们通过语音直接控制音箱、空调等家电；智能驾驶系统可以自动帮助驾驶人泊车、行驶；智能手表、跑鞋时刻关注着你的健康状况，给你提供健康建议。

那么我们为什么选择Python作为入门语言呢？

首先，技术成熟并且易于理解使用。Python英文原意蟒蛇，诞生于计算机语言发展非常成熟的时期——1991年，它集成了很多优秀的特性，更接近于人类思维。比如，在写C语言的程序时，必须要清楚很多硬件知识，如内存分配机制，字符串字节编码等细节，而使用Python时，与编程目标无关的事情都不需要操心，只要一心关注程序逻辑即可，由于代码格式漂亮，源代码容易阅读理解，因此特别适合想提升思维的青少年初学者。

其次，Python的应用广泛。借助于互联网的兴起，大量的爱好者和专业机构给Python撰写了海量的工具包，它迅速成为最流行的计算机语言。大学老师和科学家使用Python进行数据统计、实验模拟和科学计算，黑客们使用Python进行字典破解、安全测试和网络监听，Google已经大规模地使用Python编写新的基于互联网的系统，因此它是具有强大生命力、值得学习的语言。

扫一扫，看视频

1.2 教计算机开口说话

回到探险故事中来，在戴上头盔后，我们来到一个城门前，如图1.2所示。在魔法王国的城门口，一个卫兵接待了我们，教我们如何在王国里打招呼，就像去美国要说英语，去韩国要说韩语一样。在计算机的国度里，想要让计算机做事，听懂主人说的话，必须学会它们的语言，其中最简单、最强大的语言之一就是Python。之所以说Python是语言，因为它是人类与计算机沟通的方式之一。

图1.2 计算机与语言的关系

1.2.1 官方Python编程环境

Python官方下载的地址是https://www.Python.org/，下载安装程序后单击运行Python下的IDLE程序，弹出如图1.3所示的对话框。

这时就可以直接在三个大于号后面，输入Python 3的语句。

另外，还可以通过菜单“文件”（File）→“新建文件”（New File）命令创建一个文件窗口，用来编写整块的程序。编写完成，可以使用“运行”（Run）→“运行模块”（Run Module）命令来运行编写的代码，如图1.4所示。

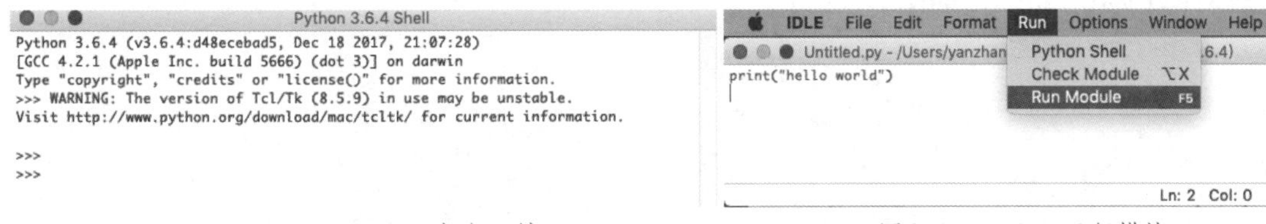

图1.3 Python官方环境　　　　图1.4 Python运行模块

安装官方Python的过程比较简单，如果想更快速开始，可以跳过1.2.2小节直接看1.2.3小节，不用把Python环境安装在本机上，直接在网上使用Python即可。与本机环境不同的是，当运行网上的程序并且在程序中使用input()语句时，需要在程序运行前把输入的信息写入网页。

1.2.2 微软Python编程环境

应用官方的环境编写代码时，只能使用最简单的文件编辑功能，没有办法使用智能提示等高级功能。目前微软的Python编程环境可以适应Python开发大型的网站的应用，基于此，推荐使用微软的Visual Studio来编写复杂的Python程序。Visual Studio是由微软开发的集成编程环境，它几乎可以支持市面上所有流行的语言，目前的版本是Visual Studio 2019，提供的社区版（community）是免费的，下载地址是https://visualstudio.microsoft.com/zh-hans/free-developer-offers/，也可以直接登录微软的官方网站，然后搜索Visual Studio 2019 community来找到下载页面。

由于Python并不是默认的安装选项，安装文件下载完毕后一直单击“安装”按钮直到弹出配置安装组件对话框，如图1.5所示点击确认按钮后，在下一个页面中选中Python开发组件和Python 3相关组件(如图1.6所示)。

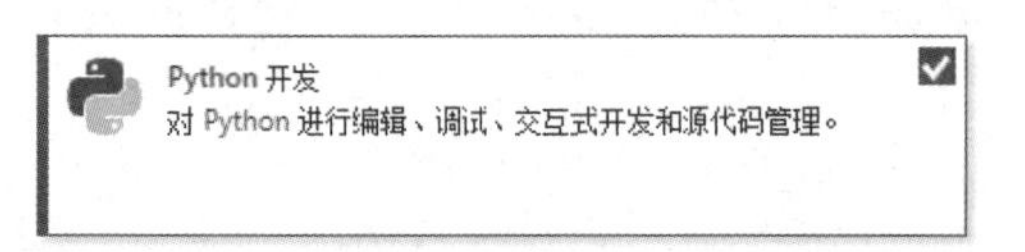

图1.5 安装微软Visual Studio设置

图1.6 安装配置Visual Studio的Python编程环境

安装完成后，启动Visual Studio，选择“工具”→Python→“Python交互窗口”命令，就可以进入Python对话框，如图1.7所示。

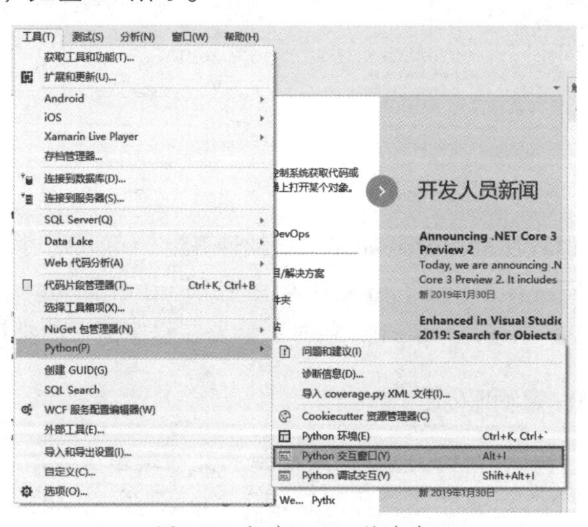

图1.7 启动Python的命令

1.2.3 网页编程环境

如果计算机比较老，无法安装Visual Studio，也可以练习Python语句。互联网上有大量的在线练习的网站，其中功能比较全的有Try it Online (https://tio.run/#Python3)，它支持60多

种计算机语言在网页上运行，但在网页上无法运行某些复杂的程序。

界面如图1.8所示，在上方的Code的框内输入代码，如代码当中有input()语句用来接收用户的键盘输入，需要在运行前把内容输入Input框中，写完代码和填入输入值后，单击上方的播放按钮，运行结果会显示在下面的Output框里。

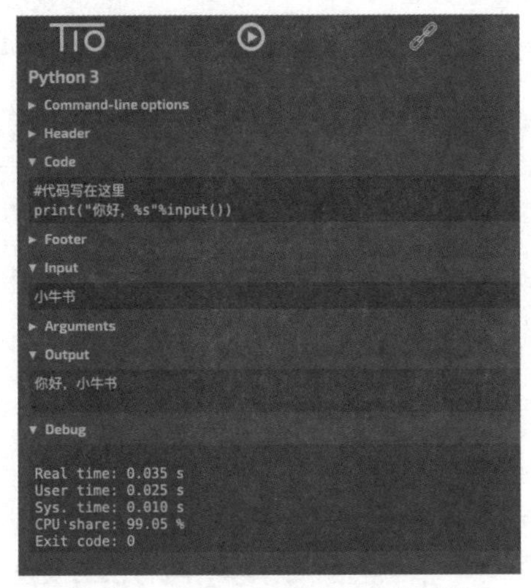

图1.8 在线运行Python 3的网站

1.2.4 编写你的第一个代码

进入Python编程环境的命令行方式后，如图1.9所示，会看到一个光标和>>>（三个大于号），这是提示在此可以输入Python的语言来告诉计算机要做什么事情。

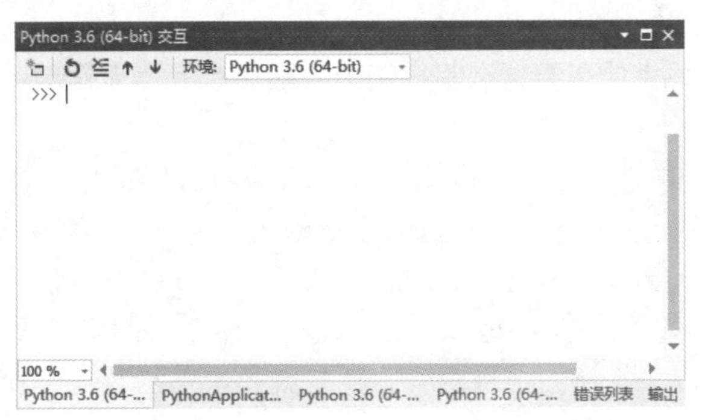

图1.9 Visual Studio中Python交互的窗口

我和Joe初次来到计算机的魔法王国时是十足的哑巴，还好Joe模仿卫兵的说话方式，惊讶地喊出了“哇哇哇”。下面的代码可以实现在屏幕上打印“哇哇哇”这三个字来宣告你的第一个程序诞生了。

```
print('哇哇哇')
```

其实Python语句很简单，print的意思是打印，一对括号()就像是说话的嘴巴，单引号里面的内容就是说话的内容。

通过以上简单的语句，可以打印出任何文字，多么神奇！

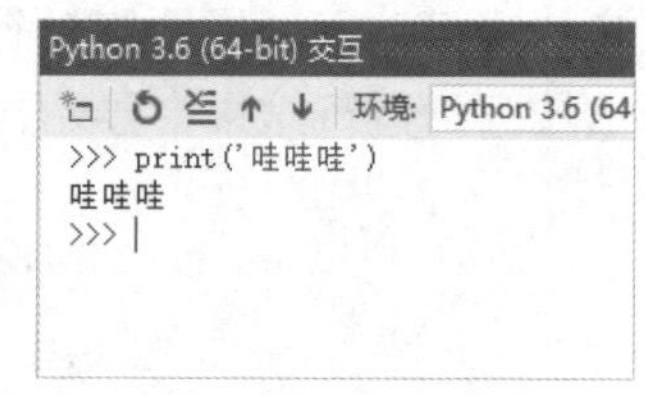

图1.10　运行结果

如图1.10所示，会发现输入这一句命令后，在下面一行立即打印出了文字。

这就完成了Joe的"首秀"，但作为编程小天才，我是不会满足于这么简单的语句的。来到魔法王国，我和Joe完成的第一项任务，就是先去拜访这里的国王，向他问好。那么，本次探险的第一个任务就是向国王King说出"Hello, King!"，只要执行下面的语句就可以完成上面的任务：

```
print('Hello, King!')
```

注意：所有的符号必须使用英文半角字符。

在输入上面的字符时，要将输入法切换成纯英文模式后再输入，并且语句是区分大小写的，基本上所有的语句都是小写。

扫一扫，看视频

1.3　重要的事情说三遍

为加深对Python的print()语句和语句中内容的理解，下面对比较重要的概念：函数、函数调用和字符串做更加深入的解释，可以帮助读者理解好学习到的第一个语句，以便轻松入门。

1.3.1　三个重要概念

此时您是否还不理解为什么要这么写，王国的翻译官就上面语句中的三个元素进行了详细的解释。

print在Python中是内置的命令，类似于计算机魔法王国的国王检阅军队时喊的"立正"，所有士兵都懂得是要双手向下、目光平视。只要遇到这个单词，计算机就懂得是要显示文字了。

括号其实不表示任何意义，但是print()这种"英文单词+()"的形式放在一起表示的是调用函数。如果觉得函数不好理解，可以理解为一种复杂的命令，调用函数就是使计算机执行命令，但是这种命令因为非常复杂，所以会有括号，括号就相当于函数的大嘴巴，在调用时会把括号里面的东西吃进去。

当程序执行print打印内容的函数时，计算机会非常好奇，具体要打印什么？所以要把需要打印的东西通过一对括号"喂"给这个函数(命令)，这样计算机才能知道要打印的东西是哪些字符。

引号是比较重要的知识点，它总是成对出现的。在写文章时，引号通常表明其里面的内容与文章作者没有直接关系，是别人说的话。同样地，Python的引号也是这个意思，引号里面的

内容，术语叫作“字符串”，计算机会理解为引号里面的任何内容都与计算机自身没有任何关系，无论里面的内容是什么，计算机只是把这些字符当成一盘菜全吃进去，并不关心它吃的是什么。这就相当于，国王喊了“立正”，士兵们会立即照办；但当国王说“听说人类的军队列队时也喊‘立正’”，士兵们肯定不会立正。因为这不是命令而是重复别人说的话。换一种思维方式，如果输入以下语句，计算机还会执行吗？

```
print(Hello, King!)
```

如果读者回答是No，说明已经掌握了这个知识点。很显然如果不加引号，计算机就会假定“Hello, King!”这一串英文是告诉它执行命令；因为系统里没有这个命令，计算机就会搞不清楚情况，系统就会出错，如图1.11所示。

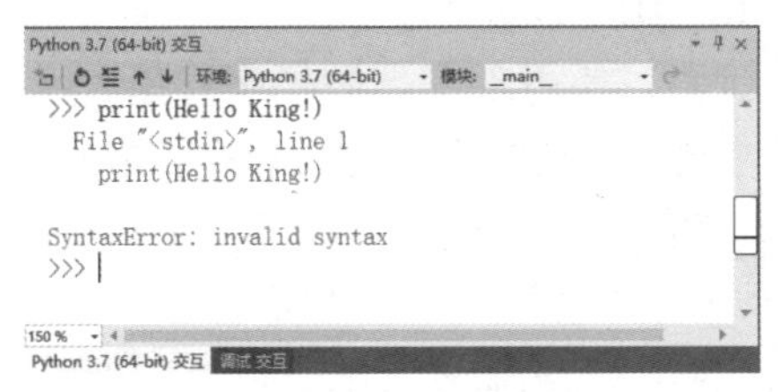

图1.11　语法错误

1.3.2 print的初级魔法

虽然我和Joe有点懂了，但还是很好奇：这个print()函数真是没有用，给它什么它才会打印出什么，我都自己通过键盘打出来了，还要计算机再显示一遍，这哪里叫魔法，只能是鹦鹉学舌而已，岂不多此一举？

就在我和Joe与国王聊天时，国王的父亲——老国王来了，可是他有耳聋的毛病，所以别人一般都要重复问候他三次。如何一次性说出3个“Hello, King！”读者一定会说可以复制、粘贴3次print语句，那么试试如下的代码，是不是更简单？

```
print('Hello, King! '*3)
```

运行结果如图1.12所示，真的就重复打印了3遍“Hello, King!”。如果想重复1000遍，只要把3改成1000即可，这才是魔法。此时，我和Joe有种恍然大悟的感觉。

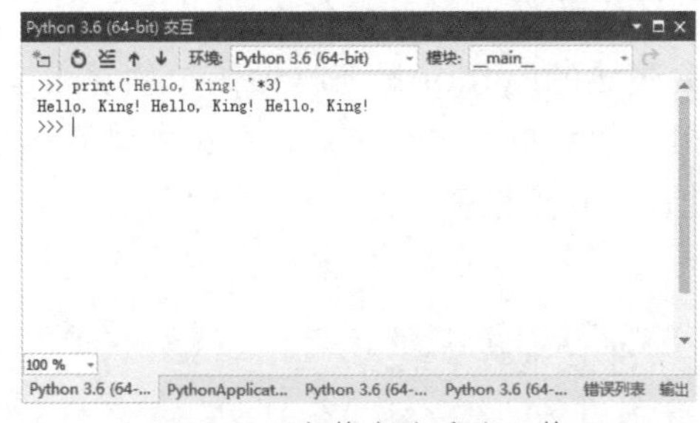

图1.12　字符串的乘法运算

有了上面的知识，下面详细分析该语句的执行步骤，分以下4个步骤。

（1）print()函数告诉系统把括号内的内容打印出来。

（2）系统去找括号内的内容，但括号内的内容不是纯字符串，所以系统会把这部分的内容当成一个指令，准备执行这个指令。

（3）分析指令'字符串'*3，对于Python来说，任何字符串与*N*相乘就会形成*N*倍的字符串，运行完指令，就会生成一个字符串（只不过重复了*N*倍）。

（4）系统再回头把这个指令生成的字符串继续喂给print，执行在屏幕上打印字符串的操作。

所以计算机实际执行了以下两步：

'hello, King! '* 3 形成了 ' Hello, King! Hello, King! Hello, King! '

print('Hello, King! Hello, King!Hello, King')

通过详细分析系统执行的步骤，是否加深理解了字符串、字符串的乘法以及函数和函数调用之间的关系？其实计算机有时很笨，碰到不知道的命令和格式会出错；有时也很聪明，它会从需要的地方计算一下，只要计算的结果符合规则，就能继续再完成任务。

1.3.3 课后作业

1. 打印如下30个*号组成的图形。

****

2. 打印如下15个*号和空格组成的图形。

* * * * * * * * * * * * * * *

3. 魔法师Python要过生日了，打印出50个“Happy Birthday!”。

扫一扫，看视频

1.4 魔法师的计算器

计算机最基本的功能是做数学计算，本节把Python命令行当成计算器来使用，并结合print()语句打印出更友好的计算过程。

1.4.1 使用计算功能

在与国王聊天的过程中，国王为了测试我的能力，出了几道运算题。既然是计算机，首要的作用就是计算，下面看看会魔法的Python是怎样做简单的算术运算的。通过1.3节，我们知道了Python代码无论什么部分，都会自动进行计算，那么试试看Python如何进行简单的加减乘除运算。下面试着把国王给的计算式直接输入进去，如下所示：

```
(10+2*3)/8-1
```

注意：/号表示数学除法，*号表示数学乘法。

如图1.13所示，系统就会在提示行后直接显示出结果。任何在提示行输入的东西，系统都

会自动进行计算并且显示出结果，其实在命令模式下，并不需要print函数打印出结果，但是使用print语句可以添加更加友好的显示方式，比如可以添加一些提示等。

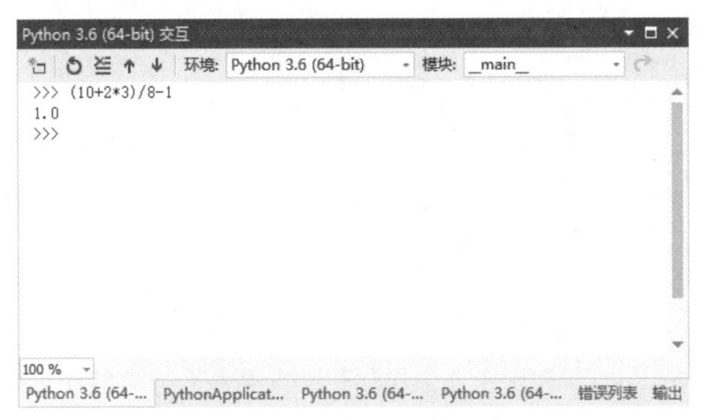

图1.13　基本的算术运算

1.4.2　结合print语句

听到我很快报出的答案，国王很高兴，于是奖赏我和Joe每人4个金币，但是又问到，如何计算我们一共有多少个金币？这时只报结果肯定是不行的，需要把计算过程说出来。使用如下的代码，可以同时显示出计算过程和结果：

```
print('4*2='+ str(4*2))
```

如图1.14所示，系统自动打印出了4*2=8，这样既有题目又有答案的文字，看起来更加舒服。

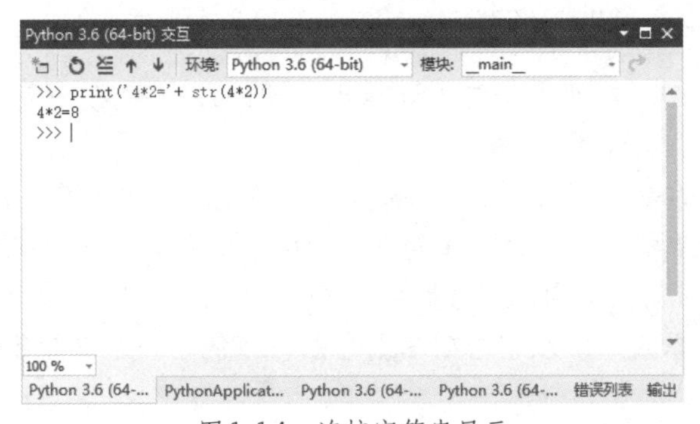

图1.14　连接字符串显示

下面对这个计算过程进行分析，此处出现了最熟悉的print函数，先分析括号里的运算结果。根据1.3节系统运算步骤分析的结论，在执行Python语句时是从最内层开始运算的。最内层有如下的运算结果：

```
str(结果为8的算式)
```

上面单词加括号的形式一般是函数，函数括号内会吃掉8，但是这个函数完成什么功能呢？在这里，str函数的功能就是吃掉数字8，吐出来字符串8，即把所有的数字转换成相同内容的字

符串。可能有读者会问数字8与字符串8难道不一样吗？根据前面讲的，如果一个内容为字符串，Python不管它有没有意义，都当成别人家的内容，然后继续再向外分析，如果吐出的是字符串，针对本例，那么括号内的运算就变成了：

```
'字符串' + '字符串'
```

以上算式变成了两个字符串相加，即把两个字符串连接在一起，于是能看到前后都连接在一起了。

经过上面的简单分析，我们知道了不仅数字可以加减乘除，字符串也可以加(连接)和乘(重复)，另外，可以使用str函数把数字变成字符串。

1.4.3 课后作业

1. 先想一想，再试一试：字符串'8' * 20是什么结果？数字8*20又是什么结果？
2. 先想一想，再试一试：str(100)+str(100)是什么结果？ str(100+100)又是什么结果？

扫一扫，看视频

1.5 学会把话说得更漂亮

我们现在说各种各样的话，但如何把话说得更漂亮还需要其他知识。通过前面内容的学习，可知Python的控制台里可以输出各种各样的文字，也可以把多个字符串拼在一起，甚至把字符串重复多次。但还有很多其他情况未提及，本章将重点讲解函数的高级用法，以及字符串的格式化。

1.5.1 转义字符——单双引号

虽然通常在字符串中，任何字符对于计算机来说都没有意义，但是总有一些例外的情况，这些情况就是为了更好地显示出多种格式。

字符串可以由成对的单引号来标注，如果要显示单引号，可以使用转义。系统把\'这两个字符放在一起来表示一个单引号，计算机在遇到这个组合时就自动将其转变成一个单引号。还可以使用转义显示双引号，就是使用双引号把字符串括起来，同样用\'这两个字符，系统会自动转义成双引号。在Python系统中，双引号与单引号都可以包含一个字符串。如下的代码都可以显示出I'm a computer：

```
>>> print('I\'m a computer')
I'm a computer
>>> print("I'm a computer")
I'm a computer
```

1.5.2 转义字符——回车换行

现在所有字符的显示均在一行内完成，就像说话一次只能说一句，如果要显示两行就要使用两个print函数吗？当然没有必要。

字符串还有用于换行的转义字符，其中，\r表示回车，\n表示换行。严格地说，回车只是使光标回到第一个字符，换行只是把光标移到下一行。但现在的计算机系统基本把这两个功能理解成同一个意思，即移到下一行的行首。

今天是魔法王国王后的生日，我和Joe立刻拿出随身的贺卡，并在贺卡上打印如下的祝福语：

```
Dear Queen:
    Happy Birthday!
```

上面的文字有两行，加上换行符可以使用一个语句来完成。

```
>>> print('Dear Queen:\n    Happy Birthday!(*^_^*)')
Dear Queen:
    Happy Birthday!(*^_^*)
```

注意：在\n后面紧接着4个空格。

程序在需要换行的位置使用了\n，并且在后面加上了4个英文空格，这样就顺利完成了任务，王后看到精美且带笑脸的贺卡，非常开心，并且邀请我们参加她的生日晚宴。

1.5.3 其他转义字符

在系统中，还有用于其他用途的转义字符，如表1.1所示。

表1.1 转义字符

转义字符	意　义
\（在行尾时）	续行符
\\	反斜杠
\'	单引号
\"	双引号
\a	响铃
\b	退格（Backspace）
\n	换行
\v	纵向制表符
\t	横向制表符
\r	回车
\f	换页
\o 数字	八进制数，数字代表八进制的数字，如 \o12 代表换行
\x 数字	十六进制数，数字代表十六进制的数字，如 \x0a 代表换行
\other	其他的字符以普通格式输出

其中，第1行即行尾单个\（反斜杠）用法表示并不是仅在字符串里使用，而是直接使用在语句当中，当一行语句太长写不完时需要把一行语句分成多行，此时在行尾使用\，然后直接换行

即可，下面的语句可以帮助读者理解：

```
>>> print("Land of Magic "\
... *8)
Land of Magic Land of Magic Land of Magic Land of Magic Land of Magic Land
of Magic Land of Magic Land of Magic
>>> print("Land of \
... Magic")
Land of Magic
>>>
```

上面语句当中的...符号是系统多行自动提示符，不需要用户输入。

1.5.4 课后作业

Joe要写一封信给老爸，告诉老爸已到计算机魔法王国了，请用print函数按如下格式打印出来。

```
Dear Daddy:
    I' m now in Computer Magic Land
```

扫一扫，看视频

1.6 用来存储数据的魔盒子——变量

为了参加王后的生日晚宴，需要买礼物，我和Joe来到冰激凌工厂，冰激凌有奶油味的、苹果味的、草莓味的等。冰激凌厂长骄傲地介绍到，流水线上那些盒子(变量)用来存储奶油和水果原料(原始数据)，进入机器里混合加工后(CPU处理器)，又通过盒子(结果数据)送出来。通过这些标准的盒子送到机器里，机器才能大批量地处理盒子里的原料。

厂长说这些用来存储的盒子在计算机世界里也叫变量，即可变的量，因为里面的东西是可变的。今天这个盒子如果用来装10个苹果，明天多放一个进去就变成了11个，甚至后天用来装草莓也是可以的。

1.6.1 变量的定义和赋值

其实计算机加工数据的过程和加工冰激凌的过程非常像，变量就是类似小盒子一样起到临时存储作用的容器。Python的世界里最基本的元素包括字符串、数字，它们是如何被变量盒子存储和使用的呢？可以参考下面的语句：

```
>>> box = 'icecream'
>>> 收入 = 12000*12
```

注意：在Python里，变量的定义和赋值是同时进行的，不需要分开使用两条语句。

上面的代码创建了变量box，用来存储字符串“icecream”，中间的等号(=)不是相等的意思而是赋值的意思，即把右边的值传输到左边。因此，可以将这个等号理解成是一位勤快的

打包小哥。

变量以英文开头，可以使用下划线和数字，当然也可以使用中文，但是由于不同的操作系统的规定不同，规范建议使用英文当成变量的名称。第二行定义了“收入”变量，通过12个月每月12000元的工资，计算某人在一年内的收入，执行完后收入变量里并不是算式而是结果数值。有了变量就可以把这个盒子运到各处去加工，这种可以重复使用的特性可以给我们带来很大的方便。

在魔法世界里，有潘多拉魔盒，它装下了整个世界的邪恶怪物。其实变量在Python中也是这么一个“魔盒”，它不仅可以装下一个数值、一组数值，还可以装下一段程序、一个文件，甚至整个计算机的投影，只要是这个计算机王国有的东西它都能装下。

1.6.2 各种各样的变量及其意义

此时，厂长正在计算冰激凌工厂收入的分配问题，今年一共销售了4800支冰激凌，单价2元，成本1.5元，国王收取销售收入的1%，税务官收取总利润的10%，厂长可以获得总利润里扣除国王收取和扣除税务官收取剩下部分的5%，问他们分别可以收到多少钱?

首先定义以下两个变量:

```
收入=4800*2
利润=4800*(2-1.5)
```

通过直接书写上述算式可以迅速得出结果，用户往往并不关心中间计算过程，因为Python肯定会帮用户计算得非常准确。

下面继续定义变量，来分析问题:

```
国王收入=收入* 0.01
税务收入=利润* 0.1
```

因为上段代码已经定义了国王与税务的收入，所以下面就可以直接使用:

```
厂长收入=(利润-国王收入-税务收入)*0.05
```

上述代码写完后，运行得出结果。细心的读者会发现虽然“收入”被使用了两次，“利润”被使用了两次，但在使用它们时完全不需要关心其中的值，所以在日常解答应用题时，只需要把应用题内部的逻辑关系分析清楚，推算过程就会显得很简单。

整体的代码和运行结果如下:

```
>>> 收入=4800*2
>>> 利润=4800*(2-1.5)
>>> 国王收入=收入* 0.01
>>> 税务收入=利润* 0.1
>>> 厂长收入=(利润-国王收入-税务收入)*0.05
>>> print(国王收入,税务收入,厂长收入)
    96.0  240.0 103.2
```

说明：在print()内可以使用逗号把需要显示的变量分开。

有了变量，不仅可以减少代码重复，而且方便理解。在本示例中，变量名称使用中文，让程序更加容易理解，这虽然是Python的优势，但由于中文在不同的操作系统中存在编码不一致的问题，很可能造成程序在不同的操作系统中运行错误，因此在后面Python的示例中，涉及的变量全部使用英文来命名。

1.6.3 变量的自运算

如果年龄为变量，如何做到自己增长1岁呢？此处假设王后为30岁，请看下面的代码：

```
>>>age=30
>>>age=age+1
>>>age
31
```

其中最核心的语句为：

```
age = age + 1
```

其实正如前文所述，等号在这里用于传递数值。在Python系统中，等号右边先进行运算，那么age+1的结果就增长1，然后把这个结果打包赋值给变量age。

而上述自运算有更加简单的写法，即age+=1。除此之外，如下的符号都可以实现自运算：

- *=：自乘
- +=：自加
- −=：自减
- /=：自除
- %=：自余
- **=：自我进行幂运算

1.6.4 课后作业

使用变量a表示Joe的年龄，使用变量b表示Joe姐姐的年龄，假设Joe在2岁时姐姐的年龄是Joe年龄的2倍，那么再过6年Joe和姐姐分别是多少岁？

扫一扫，看视频

1.7 魔法师的精彩表演——数据输出

王后的生日晚宴中，邀请到了霍格沃茨魔法学校校长邓布利多。为祝贺王后的生日，他带来了魔法石进行表演。国王为测试邓布利多校长的法力，赋予他一堆石头，让他用魔法石把一堆石头变成金块。

如果把魔法看成是程序，黄金其实是输出，而石头就是输入。如果程序设计得巧妙，就能

将没有价值的数据输入转换成有价值的数据输出的黄金。本节将介绍变成黄金的那一部分，即数据输出。

细心的小读者说道，print()函数不正是Python数据的输出吗？文中前几节不仅介绍了简单的输出，还学习了转义字符，下面继续深入学习如何进行数据输出。

1.7.1 所见即所得——3个单引号（'''）

重新回顾一下转义字符\n（回车符），其实表达“换行”时使用\n还是不够直观，难道聪明的计算机不能直接实现“所见即所得”的功能，通过直接在语句中打一个回车就表示另起一行吗？

如果使用成对的单引号或双引号，直接使用回车就意味着下一条语句，所以这是行不通的。在Python系统中，连续使用3个单引号可以实现数据输出，在3个单引号之间所有的文本，包括换行在系统中只被当成字符串值。

例如要打印如下的文字：

```
Queen:
Happy Birthday!
```

在语句中引入3个单引号就不需要使用\n，代码如下：

```
>>> print('''Queen:
... Happy Birthday!
... ''')
Queen:
Happy Birthday!
```

在输入第一行时使用了3个单引号，在输入完第一行后直接按Enter键，系统并不会直接执行这个语句，而是出现“...”提示符，表示这个语句还未结束。

当在下一行再次使用3个单引号时，系统才会把前后所有的字符原样显示出来。在写程序当中，我们经常直接在行首使用3个单引号这样的语句，起到给程序增加多行注释的作用。

1.7.2 处理麻烦的小数点，数字的格式化

国王和王后在晚宴上享用了我们赠送的美味冰激凌很开心，于是国王让税务大臣带着我和Joe到夜市上参观游玩。夜市上有香甜美味的奶油，如果采购5.5磅奶油，每磅的价格为2.35元，那么要支付多少钱?

算式其实很简单，就是2.35×5.5=12.925元。和人类世界一样，魔法王国的货币最小也是分，实际上金额需经过四舍五入为12.93元，执行如下源代码发现返回的是3位小数：

```
>>> 2.35*5.5
12.925
```

Python默认会保留最高6位小数，此处只需要显示2位小数，可以使用字符串格式化的功

能实现，写法如下：

```
'字符串文字与格式化指令'%(数字或字符、数字或字符、数字或字符)
```

以上简称格式公式，能让文字根据需要灵活地对齐和变化。%的左边是格式字符串，类似于转义字符，左边的字符串里可以有如下形式的“格式化指令”，比如：

```
%f - 浮点数(带小数位数的)
```

店主立即使用如下的代码算出了应该实际支付多少钱。

```
>>> '%.2f'%(5.5*2.35)
'12.93'
```

注意：格式化后小数就变成了字符串。

在f前加.2的作用是保留2位小数。在f之前加上这样的数字形式：宽度.小数位，可以控制浮点数宽度与小数位，如：

- %10f——10个字符宽度的浮点数（如果不足前面使用空格补齐）。
- %10.2f——10个字符宽度并且带两个小数位的浮点数。
- %.2f——2个小数位的浮点数。

在百分号之后加上负号可以实现左对齐，除了上面的几种情况，下面的字符串和整数也可以使用相同的规则格式化字符串：

- %s——字符串。
- %d——整数。

例如，加上负号的数字前后变化的意义如下：

- %10s——使用10个字符的宽度显示，如果不足在左边补齐空格（右对齐）。
- %-10s——使用10个字符的宽度显示，如果不足在右边补齐空格（左对齐）。

在格式公式中%的右边，是用括号括出来的按顺序用逗号隔开的值，左边如果出现一个格式指令，右边就需要对应一个值，通过一一对应形成应用格式的字符串。

此时店主请求Joe帮忙，因买5.5磅、1.5磅和10磅奶油的人特别多，请求打印3行漂亮的价格清单挂在墙上，Joe首先试着使用下面的代码进行了打印：

```
>>> print('%.1f磅 %.2f\n%.1f磅 %.2f\n%.1f
        磅 %.2f'%(1.5,2.35*1.5,5.5,2.35*5.5,10,2.35*10))
1.5磅 3.53
5.5磅 12.93
10.0磅 23.50
```

格式公式中3串重复数字，可以直接使用*3乘法代替；因为数字与数字没有对齐，显示并不整洁。经过改造，使用如下的代码把数字的宽度固定，最终代码和执行效果如下：

```
>>> print('%5.1f磅 %8.2f\n'*3 %(1.5,2.35*1.5,5.5,2.35*5.5,10,2.35*10))
```

```
   1.5磅      3.53
   5.5磅     12.93
  10.0磅     23.50
```

%左侧的格式公式中使用5个字符的宽度显示数量，使用10（8+2）个字符的宽度显示价格。这样左边不足的部分会直接补齐，实现了对齐的效果。在%右侧，所有的数字使用括号依次括起来，需要计算的部分直接编写算式。

经过上述改造，店主开心地把价格单挂在了墙上。

1.7.3 课后作业

请打印如图1.15所示格式的菜单（不能使用空格。提示：左对齐字符可以使用“%-宽度s”的形式）。

F	i	s	h				3	3	.	0	0
P	i	e						2	.	5	0
C	o	f	f	e	e			5	.	2	0

图1.15 示例菜单

1.8 想给魔法师什么——数据输入

扫一扫，看视频

在石头变黄金的魔法中，输入的虽然是不值钱的石头，但数据输入是程序运行的前提。通常情况下，当数值变化时，用户可以更改程序，但并不方便。本节将介绍在Python里如何使程序运行时接受用户输入，用户通过键盘输入变量值可以使程序更加灵活。

邓布利多魔法师看到了我们给王后做的生日贺卡后也想要，但要求不能写上姓名，这样他可以随时填写名字。本节通过数据输入来解决这个问题。

1.8.1 Visual Studio创建多语句的项目

当程序变得更长时，会有非常多的语句，因此不能在命令行模式下一行一行地输入，我们需要把所有语句写在文件里以方便修改和保存。单击“文件”→“新建”→“项目”命令，即可在Visual Studio中创建项目，如图1.16所示。

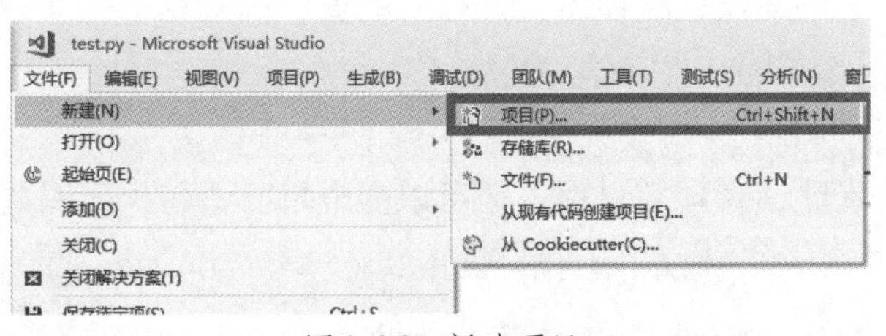

图1.16 新建项目

然后在图1.17所示的界面内进行“Python应用程序”的选择。

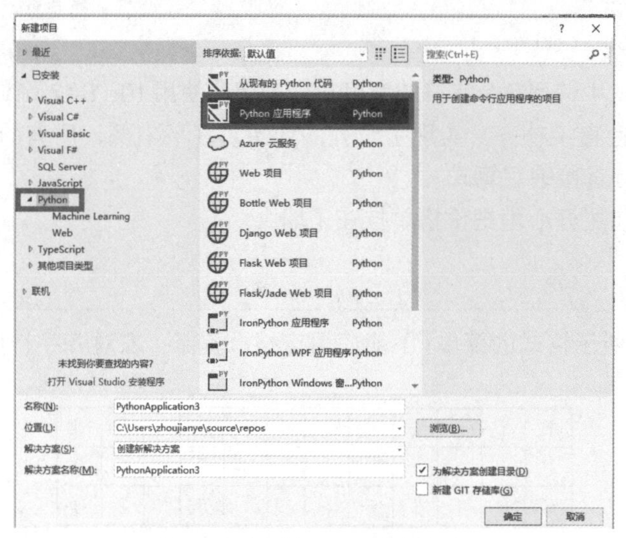

图1.17　选择Python应用程序

代码窗口如图1.18所示，写好如下的代码再单击右侧小三角运行。

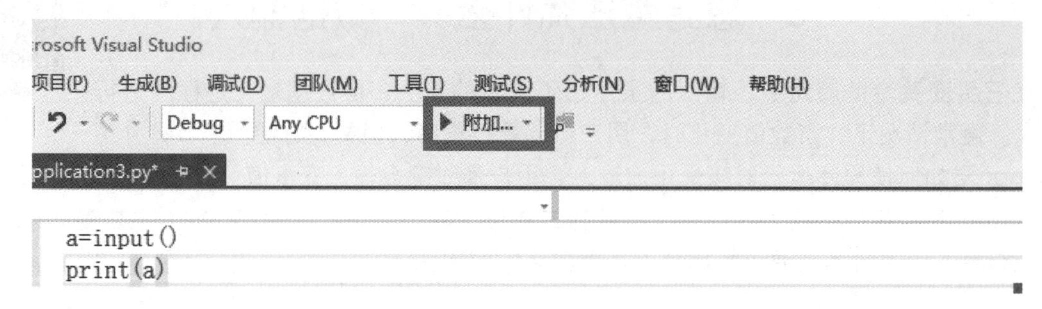

图1.18　代码编辑窗口和运行

1.8.2　最简单的复读机

最简单的复读机，它的功能就是显示用户输入的值，代码如下：

```
a=input()  #等待用户输入并且把值存入a变量
print(a)  #输出变量a的值
```

上面两个语句更容易让读者理解过程，但可以变成单行语句，代码如下：

```
print(input()) #等待用户输入并输出输入的值
```

在运行时，输入了“Hello King!”（第1行），如图1.19所示，程序自动显示出了同样的内容。

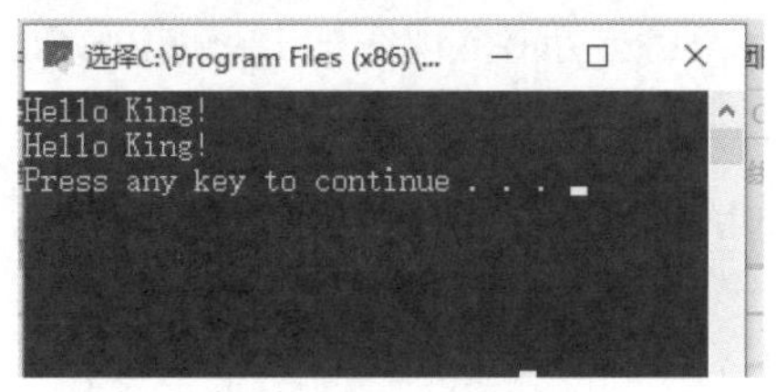

图1.19 输入示例结果

1.8.3 万能的生日祝福卡

如何把王后的专属生日贺卡变成通用的生日贺卡？分析过程后，方案如下：把原来文字中Queen的部分在程序运行时由用户输入（即用input()函数替代），字符串可以使用加号连接。那么输入以下的代码是不是就完成了任务呢？

```
print('Dear '+ input()+ ':\n    Happy Birthday!(*^_^*)')
```

上面语句通过“+”连接运算符把一个祝福语（字符串）分成了3段，每一段的计算结果都是字符串。第1段直接显示一串问候字符串Dear；第2段虽然计算机要等用户输入，但返回的计算结果也是用户输入的字符串；第3段也是一段祝福语字符串。

制作完通用的贺卡，运行时输入Joe的名字，运行结果如图1.20所示。

```
C:\Program Files (x86)\Microsoft Visual Studio\Share
Joe
Dear Joe:
    Happy Birthday! (*^_^*)
Press any key to continue . . .
```

图1.20 万能的生日祝福

1.9 速算大师的魔法——秒变超级计算器

扫一扫，看视频

通过使用input()函数，可以使用户主动输入的内容变成程序中的字符串变量的值，但能否让输入的字符串变成程序的一部分呢？下面通过制作一款计算器来继续了解input()函数的应用，这个计算器可以让用户输入算式，并显示算式的结果。

1.9.1 eval()函数

eval(字符串)：把括号内部的字符串当成命令执行，根据前文所讲的字符串是由引号括起来的。主要起“引用”别人话的作用，它的内容（除了转义和格式）对于计算机来说是没有意义的，但eval()函数可以把“引用”删除。

思考如下语句的执行结果是什么：

```
print('2*3')
```

系统会显示字符“2*3”，而不会显示6，现在加上eval()函数，试运行如下代码：

```
print(eval('2*3'))
```

这时计算机显示的是6，eval()会返回2*3的结果，这个语句其实就相当于：

```
print(2*3)
```

1.9.2 超级计算器

下面使用eval()函数来制作简单的超级计算器，代码只有一句，运行结果如下：

```
>>> print("结果是:",eval(input('请输入算式:')))
请输入算式:
9*2+3
结果是：21
```

首先分析程序中最里面的语句：

```
input('请输入算式:')
```

上面语句在屏幕上先显示括号内的内容，等待用户的输入并把用户的输入以字符串的值返回给下一个运算，下一个运算自然是外面一层的eval(...)，经过eval()函数的计算形成计算结果，再把结果返回给最外面的print()函数，以打印出结果。

扫一扫，看视频

1.10 魔盒里的东西怎样才能交换

变量类似于魔盒，变量与值的关系是赋值，给变量赋值类似于把东西放到盒子里。那么盒子与盒子之间有赋值也有互换，那么变量之间如何互换值呢？

1.10.1 传统变量交换

重新复习一下“变量”的概念，变量可以理解为储存东西的盒子，那么盒子里的东西通过什么样的程序可以互相交换？使用“=”赋值语句，看看下面的程序对不对？

假设有两个变量a、b，它们的值假设分别是1和2，如果想交换它们的值能否使用下面的语句？

```
a = b #这时a为2，b也为2
b = a #这时a为2，b还是2
```

通过分析发现，如果首先使用其中任何一个变量作为被赋值对象的话，就会造成这个变量原来的值丢失，因此交换变量值任务不能这样完成。在日常生活中，如果要交换两个杯子里的果汁，会怎么做？

如图1.21所示，用一个空的杯子当作临时的杯子，把其中一杯果汁先倒在临时的杯子里。在程序中，这个临时的杯子就是一个临时变量。借助第3个临时变量可以完成变换值的任务。

注意：与变量不同的是倒水后的杯子会空，但是赋值后原变量的值不变。

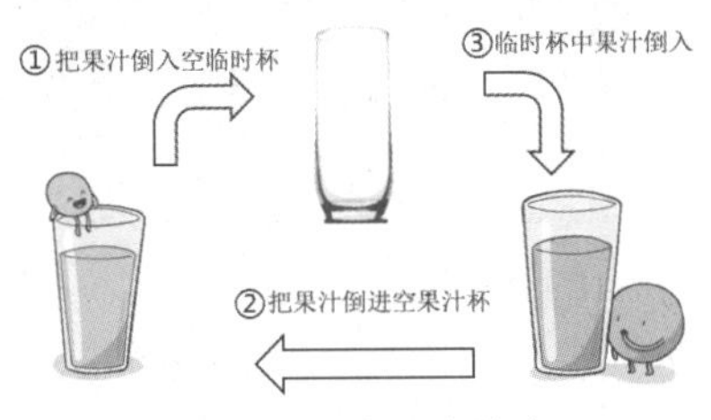

图1.21　变量变换步骤

如下的代码可以交换变量a、b的值：

```
c = a
a = b
b = c
```

1.10.2　Python的变量交换

采用传统的方式交换两个变量值必须借助临时变量，但在Python中没有必要这么做，可以直接这么写：

```
a,b = b,a
```

上面语句使用了逗号，在这里可以把逗号看成分隔符，这个分隔符让等号左右两边相同位置的变量赋值操作同时执行。

1.10.3　课后作业

有3个变量a、b、c，如何让b的值变成原来a的值，a的值变成原来c的值，c的值变成原来a的值？

1.11　记下魔术的秘诀——注释

扫一扫，看视频

在书写代码时，使用注释备注是非常好的习惯，注释其实是一种特别的语句，它在程序中不被运行，但是可以提示程序员某段代码有什么作用等。特别是在调试大段程序时，为了保留某些以后可能还用但是现在又不需要的代码段时，会把代码段暂时使用注释关闭它的功能。

1.11.1　使用#号

在进行程序的书写时，任何#后面的字符都会被当成注释而不运行。这种写法一般用于单行的注释或直接写在程序的后面，比如下面的一段程序就使用#来注释表示这是一段交换值的程序。

```
c = a   #c临时变量
a = b   #以下交换a、b变量的值
b = c   #交换结束
```

1.11.2 使用'''号

其实3个单引号是“所见即所得”的字符串，如果它出现在程序中，而没有其他任何赋值等运算时，其实就是字符串值而无任何作用。因此，人们通常把它当成多行注释一样使用。比如如下的注释：

```
'''
以下交换a,b变量的值
c只是临时变量
'''
c = a
a = b
b = c
```

1.12 本章小结

本章初入Python的魔法王国，了解了如下的内容，也完成了比较有趣的任务：

- Python环境的安装和使用
- 数字、字符串变量意义与使用
- print()显示打印函数的使用
- 如何进行字符串的格式化
- eval()函数的使用
- 如何进行程序注释

为帮助读者入门，本章的每小节均有课后作业，希望读者认真完成。从本章开始，课后作业将只留在每章末尾，读者可以通过练习书中的示例来加强学习效果。

第 2 章

魔法王国的迷宫——选择决定命运

经过第1章初入王国的经历，我和Joe算是初级入门了，通过拜访国王和参观工厂等各种地方，知道了装东西的变量，并学会如何使用输入和输出语句，以及了解计算器的制作。

本章将会介绍条件语句，条件语句可以打破程序顺序运行的规则。像人们探索迷宫一样，一百个人可能会有一百种走法，但最终都会从入口走到出口。在魔法王国里也有迷宫，王国的Candy公主将带我们一起去迷宫游玩。

扫一扫，看视频

2.1 进门前测量身高

条件语句的前提是根据不同的情况做出判断，本节通过不同类型的语句来说明什么是判断表达式，以及如何使用判断表达式。

2.1.1 什么是判断表达式

下面的运算式“0>1”在数学意义上是不成立的。在命令行中输入下面的算式，看看会不会返回错误：

```
>>> 0>1
False
```

此处计算机并不是出错了，只是返回False(假)的判断结果。

同样再试试双等号（==），单个等号（=）是赋值操作，返回的结果是值，而不返回True或False。

```
>>> 0==1
False
```

注意：“==”（由两个等号组成）表示判断前后两个数字是否相等。

可见，计算机判断0是不会等于1的，所以也返回了False的判断结果。那继续试试正确的表达式，看看会返回什么结果。这次使用符号“<=”，即判断是否小于或等于的关系。

```
>>> 0<=1
True
```

根据上面运行的结果，计算机返回了True，表示这个表达式是成立的。通过上述一系列的实验说明，在Python中如果输入大于号或小于号，无论成立与否系统都不会报错，而是把这些表达式当成逻辑判断表达式，成立就给出结果True，不成立就给出结果False。

2.1.2 判断表达式的用法

在Python中，如下的符号式都会引起判断：

- >：判断左边是否大于右边。
- <：判断左边是否小于右边。
- <=：判断左边是否小于或等于右边。
- >=：判断左边是否大于或等于右边。
- ==：判断左边是否等于右边（注意区别于单个的等号=）。
- in：用法为“字符串a in 字符串b”，判断左边的字符串a是否在右边的字符串b内。

对于逻辑判断来说，只有两个计算结果，即True和False。

此时Candy公主带我们抵达了迷宫入口，由于迷宫复杂危险，身高低于1.4m的小朋友不可以进入。在迷宫的门口有程序，让使用者去输入身高，程序判断使用者身高如果大于等于1.4m就返回True，如果小于1.4m就返回False。

在输入字符串input()函数中返回的是字符串类型，在系统中字符"5"和数字5是没有办法进行运算和比较的，为了比较大小需要把字符串变成带小数的浮点数，转换使用float()函数完成，float在英文中就是浮点数字的意思。

下面的代码中直接使用print()函数把逻辑判断结果True和False的结果打印出来。

```
height = input("输入您身高:")
print(float(height)>1.4)
```

2.2 进入密室的开关——if

扫一扫，看视频

进入迷宫后，里面有很多密室，如果想体验，可以选择进入某间密室，但必须答对门上的问题。与仅仅判断大小不同，选择进入某个房间，就意味密室的行为会被改变(是否开门)，那么如何在程序运行时，根据Joe的回答正确与否来执行不同的任务(是否开启大门)？

这就要使用到if语句，使用流程如图2.1所示。

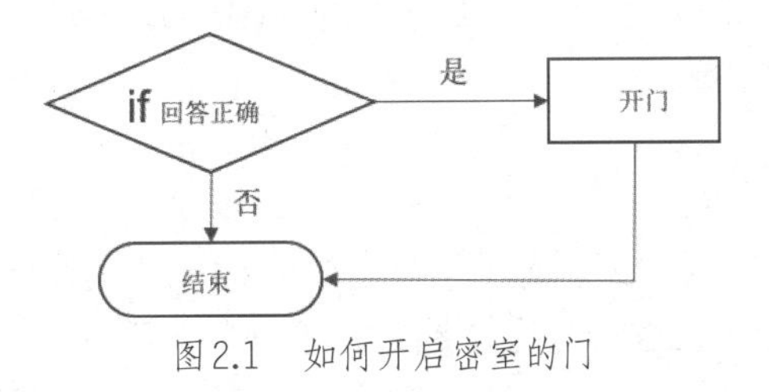

图2.1 如何开启密室的门

if条件语句的语法：

```
if 逻辑判断表达式:
    子代码1
    …
    子代码N
主流程代码1
…
主流程代码N
```

注意：if语句后会紧跟逻辑判断表达式并且紧跟冒号“:”。

与其他语言不同，Python号称是“最漂亮的语言”，即对语句的缩进有着严格的要求，以上子代码1到子代码N，同时缩进了4个空格字符，表示是同一级别的代码段。当if后面的判断式如果为True时，执行该段缩进的代码段。

上述开启密室门的代码示例如下：

```
if 判断密码正确:
    打开门
return
```

注意:return语句可以结束程序并且返回。

2.2.1 判断负数

这一次Joe想进去的门上写着：此门的密码是任意的负数。如果使用print()函数打印"回答正确，门开了"来替代执行开门，那么这段控制开门的程序应该如何写？在数字中负数意味着小于0的数字，在命令行中输入如下语句：

```
>>> if float(input('输入一个负数:'))<0:
    print('正确，门开了!')
输入一个负数:-3
正确，门开了!
>>>
```

注意：请在输入print语句前按一下键盘上的tab键(或者输入4个空格)以输入一个缩进。

上段代码并没有使用变量来存储用户输入的字符串，通过以上的示例可以看到，正确使用if语句可以让程序多运行一段子程序。

2.2.2 判断偶数

Joe进入另一个密室，需要输入偶数(又叫双数)作为密码。偶数在数学上是指可以被2整除(余数为0)的数字。Python的取余数操作是%，下面的代码可以实现上述控制开门的操作：

```
key = float(input("输入偶数:"))
if key%2 ==0:
    print("正确，门已开!")
```

2.2.3 not操作

有时需要反向做运算(not操作)，即把False变成True，把True转换成False。在判断是否为负数时，即可以判断是否"小于零"，也可以判断是否是"not大于等于零"。如果使用not来重写2.2.1小节的程序，如下所示：

```
>>> if not float(input('输入一个负数:'))>=0:
    print('正确，门开了!')
输入一个负数:-4
正确，门开了!
>>>
```

注意：请在输入print语句前按一下键盘上的tab键（或者输入4个空格）以输入一个缩进。

2.3 选择哪一个——if-else

扫一扫，看视频

比if语句稍微复杂的有if-else语句，它有两个分支，必须要选择其中一个分支运行下去，即条件满足执行if支路，条件不满足执行else支路，如图2.2所示。

图2.2 if-else 支路示例

升级上面输入偶数的示例，即加入错误提示的功能，使用if-else语句可以在用户输入错误时，提示用户“对不起，您输入错误！”。代码可以升级成如下语句：

```
key = float(input("输入偶数:"))
if key%2 ==0:
    print("正确，门已开!")
else:
    print("对不起，您输入错误!")
```

上述代码包含两个分支，任一分支都可能被运行，取决于用户的输入与程序的逻辑运算结果。同样地，负数密室的密码也可以改写为具备错误提示的功能，代码如下：

```
key = float(input("输入负数:"))
if key<0:
    print("正确，门已开!")
else:
    print("对不起，您输入错误!")
```

在运行时故意输入错误的数字，检测程序能否出现错误提示，如图2.3所示。

```
Python 3.6.3 Shell
File Edit Shell Debug Options Window Help
Python 3.6.3 (v3.6.3:2c5fed8, Oct
 on win32
Type "copyright", "credits" or "l
>>>
================= RESTART: C:/jsc
=
输入负数：3
对不起，您输入错误！
>>> |
```

图2.3 if-else运行结果

扫一扫，看视频

2.4 随机猜数字的游戏——两个数的比较

我们走累了坐下来休息，玩猜数字的游戏。游戏规则是计算机随机出1、2、3当中的任何一个数字，由我们来猜，如果猜中了就显示“您赢了!”；如果没有猜中就显示“哈哈，您输了!”

2.4.1 百宝箱与模块

Python之所以如此流行，除了语句简单整洁，最主要的原因在于拥有大量的支持库，库就像许多的百宝箱一样扩展了Python的功能，如random库的功能是获得一个随机数字。Python中的百宝箱称为“模块”，其中内置模块是由Python随身携带的，安装时已经随Python进入系统，其他模块需要从网上下载后再使用。

导入模块的语法如下：

```
import 模块名称
```

import的英文意思是“导入”，模块是其他人写的Python程序，通过import导入语句把模块导入本程序后可以再通过小数点操作执行模块当中的函数，如下所示：

```
模块.函数()
```

2.4.2 获得随机数字

随机数字即任意的数字，在生成数字前不知道其值具体是多少。随机数字在很多场合均有应用，某个电视节目抽出的幸运观众，其原理是把所有的观众从1开始逐个编写号码，然后产生一个从1开始的随机数字。在random模块中，如下函数可以产生一个介于“开始数字”和“结束数字”之间的随机数：

```
random.randint(开始,结束)
```

如下代码可以产生1~10的随机数：

```
>>> import random
>>> print(random.randint(1,10))
1
>>> print(random.randint(1,10))
3
```

在上面的命令行中，通过导入random模块，使用randint()函数生成了两个随机数1和3，虽然语句相同但结果却不同。

2.4.3 编写代码

打开任意一个集成编程环境，输入如下的代码。本游戏核心的过程是产生随机变量，并与

用户输入的值进行比较，比较后使用if-else输出不同的信息。代码如下：

```
import random
key = str(random.randint(1,3))
if input("猜一猜1-3:")==key:
    print("你赢了!")
else:
    print("你输了,我想的是"+ key)
```

2.5 迷宫的N个门选择——if-elif

扫一扫，看视频

来到迷宫的中央大厅，发现有数不清的门并排等待开启，哪个才是真正通向出口的门？如图2.4所示，多分支选择在计算机程序执行当中非常常见。

图2.4 多分支选择

elif原意是else if 的简写，if-elif会自上而下进行条件判断，如果判断条件成立就执行相应代码段，使用的方法如下：

```
if 第1个条件:
    代码段1
elif 第2个条件:
    代码段2
elif 第3个条件:
    代码段3
elif 第4个条件:
    代码段4
else:
    代码段(都不满足)
```

在迷宫大厅中，Candy公主发现了墙上有一谜语，只有两个字：真心，她和Joe百思不得其解时，我说选3号门。

公主Candy既羡慕又不解地问道，“真心”为什么代表3？读者可以猜猜看(谜底：“真”字的中间)。

原来中文数字这么神奇和有趣。公主Candy正巧也在学习中文，中文的一到九，对应哪些阿拉伯数字，她经常搞不清，于是请求我做一个程序，这个程序接受用户输入中文的一、二、…、九，然后翻译成1,2,…,9的阿拉伯数字。试一试下面的程序能否完成这个任务：

```
number = input("输入中文一至九:")
output = ''
if number == "一":
    output = '1'
elif number == "二":
    output='2'
elif number == "三":
    output='3'
elif number == "四":
    output='4'
elif number == "五":
    output='5'
elif number == "六":
    output='6'
elif number == "七":
    output='7'
elif number == "八":
    output='8'
elif number == "九":
    output='9'
else:
    output='输入错误'
print(output)
```

程序总共分3个部分，第一部分程序是定义输入与输出的两个变量number和output；第二部分程序共有10个分支，第1~9个分支用来判断输入的中文，第10个分支用来处理输入的其他情况，分析结果保存到output变量；第三部分程序运行print()语句打印出结果output。

扫一扫，看视频

2.6 复杂的多条件逻辑判断

迷宫里有一种更复杂的关卡，在这里要连续回答对两个问题才能通过。计算机程序的运行也会经常出现这种情况，往往在进行条件判断时，需要不止一个条件。本节介绍条件的逻辑运算，把两个以上的条件以不同的组合方式形成适应任何情况的条件语句。

2.6.1 组合一：and

假设这个关卡有两个问题，都回答正确才能通过。我们把这种关系叫作and，即“和”。and意味着只要其中有一个问题不正确(即判断为False)，那么整个组合也是不正确的(即组合的结果也为False)。

就像两个开关的串联组合一样，两个条件的and组合其实可以用图2.5所示的电路来表示。

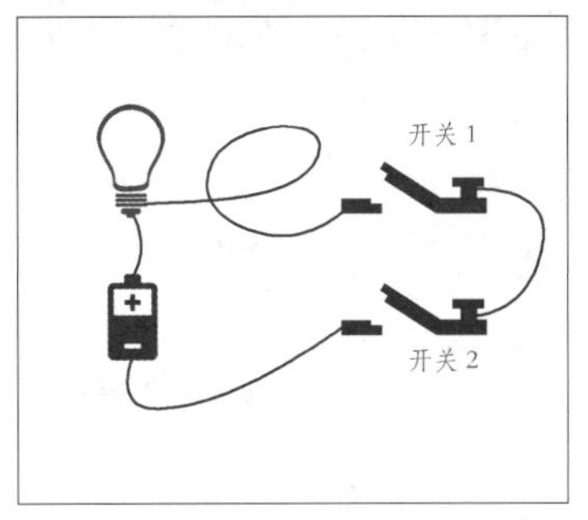

图2.5 串联电路的“和”逻辑

如图2.5所示，开关1和开关2必须同时接通，灯泡才会发亮，这就相当于and“和”逻辑。

2.6.2 组合二：or

与“和”相对应的另一种情况是“或”，在“或”的关系里，只要有其中的一个条件满足要求，那么整个组合的结果就为True。这就好比有一个关卡虽然有10个谜语，只要你能挑出一个回答正确，就算你过关。

就像两个并联开关的并联组合一样，or组合也可以用如图2.6所示的开关并联电路表示，无论开关1还是开关2，只要其中任何一个接通都能使电灯接通发光。

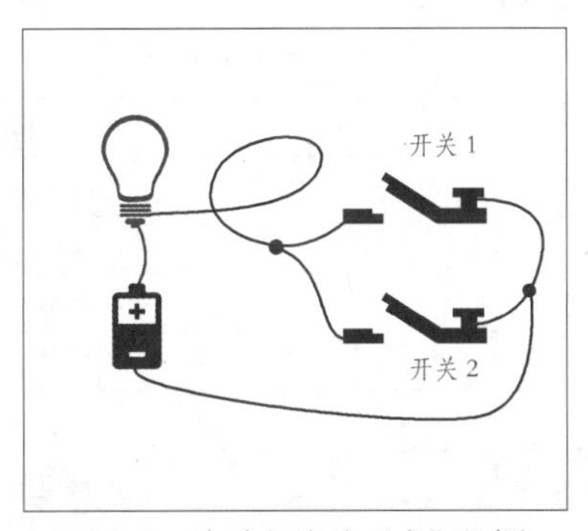

图2.6 并联电路的“或”逻辑

2.6.3 多种组合

还有一种就是上面两种情况的组合，既有and又有or。比如考卷中有1个必答“题1”分值50分，意味着只要答错了就要扣50分不及格；另外，还有两道选做题各50分，做对一题“题2”或“题3”各加50分。判断式可以这么写：

```
题1 and (题2 or 题3)
```

注意：括号和四则混合运算的意义一样，是指优先运算括号内部的算式。

上面的逻辑可类比有三个开关混联的电路，如图2.7所示。

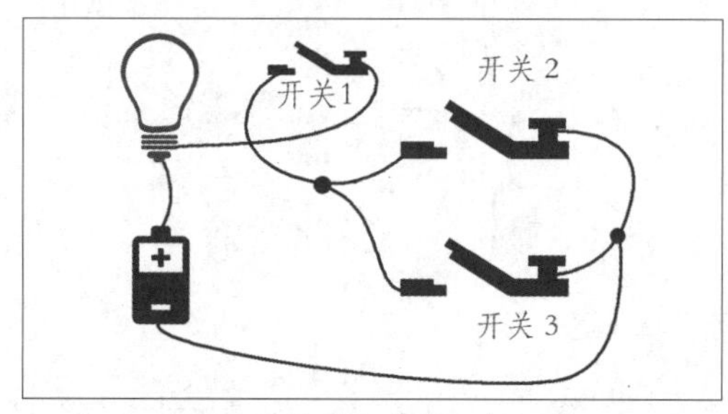

图2.7　混联电路的3个开关

更复杂的条件判断，可以通过not、and、or和括号来组成。在没有括号的情况下，运算依照not、and、or的优先级进行运算。

但并不是组合当中所有的条件判断式都会被系统执行，如果第一个判断的结果为True，它后面紧跟着or，那么判断就会提前结束，并返回最终结果True；如果True结果后面紧跟着and，那么系统才会继续进行运算；如果False结果后面紧跟着or，那么系统会继续向后判断；如果False结果后面紧跟着and，那么系统会提前结束，返回最终结果False。

在Python某行程序中没有出现括号的情况下，运算的优先级从低到高如表2.1所示。如果优先级相同，按从左到右的顺序进行运算。

表2.1　运算优先级

优先级	运　算　符	描　　述
1	lambda	Lambda 表达式
2	or	布尔“或”
3	and	布尔“与”
4	not x	布尔：“非”
5	In、not in	成员测试
6	Is、is not	同一性测试
7	<、<=、>、>=、!=、==	比较
8	|	按位或
9	^	按位异或
10	&	按位与
11	<<、>>	移位
12	+、−	加法与减法
13	*、/、%	乘法、除法与取余
14	+x、−x	正负号
15	~x	按位翻转
16	**	指数

续表

优先级	运 算 符	描 述
17	x.attribute	属性参考
18	x[index]	下标
19	x[index:index]	寻址段
20	f(arguments...)	函数调用
21	(expression,...)	绑定或元组显示
22	[expression,...]	列表显示
23	{key:datum,...}	字典显示
24	'expression,...'	字符串转换

2.7 比一比：剪刀、石头、布

扫一扫，看视频

迷宫探险的最后关口到了，在这里要和计算机玩剪刀、石头、布的游戏，如果赢了就可以通关。公主Candy自告奋勇前去和计算机比赛。

本程序的基本流程：公主Candy输入出牌，然后与计算机的出牌进行比较，并显示公主Candy的胜负情况。程序通过数字1~3分别代表不同的出牌，如表2.2所示。我们可以让公主在程序运行后，输入1~3来代表自己的出牌。

表2.2 数字及其代表的意义

数 字	代表的意义
1	剪刀
2	石头
3	布

程序根据一定的规则来判断结果，判断条件和结果如表2.3所示。

表2.3 所有结果

公主 Candy 出牌 /princess	计算机出牌 /robot	公主 Candy 结果 /result
1	1	平局
1	2	输了
1	3	赢了
2	1	赢了
2	2	平局
2	3	输了
3	1	输了
3	2	赢了
3	3	平局

通过分析表2.3中公主Candy赢的条件，发现只可能有3种情况，代码如下：

```
(princess== 1 and robot==3) or (princess== 2 and robot==1) or (princess==
3 and robot==2)
```

在平局的情况下，条件判断简单：princess==robot，其他任何情况均是输局，因为要把输入的字符串转成数字，程序中使用了int()函数把字符串转换成整型数。

本游戏的全部代码如下：

```
import random
robot = random.randint(1,3)
princess= int(input('1-剪刀 2-石头 3-布，请输入1-3:'))
result = ''
if (princess== 1 and robot==3) or (princess== 2 and robot==1) or (princess==
3 and robot==2):
    result = '您赢了!'
elif princess==robot:
    result = '平局!'
else:
    result = '您输了!'
print('我想的是',robot,result)
```

2.8　本章小结

本章介绍了逻辑判断语句、条件语句和随机数，通过在迷宫中挑战各种难关，最后，机智的我终于带着公主Candy在迷宫中过关。

本章主要涉及了如下的知识点：

- 判断表达式语句
- 语句的执行顺序与组件
- 单分支if条件语句的使用
- 多分支if条件语句的使用
- 随机数模块

2.9　课后作业

（1）请写一段程序判断输入的数字是不是偶数？

提示：%操作符可以取余数。

（2）有1~100个编号的球，请随机找出编号不同的两个球。

第3章 穿越的魔法——循环

上一章公主Candy带领我们进入迷宫，在迷宫中我们互相帮助，并且和公主成了无话不谈的好朋友。

本章将介绍循环语句，当程序中有一部分操作需要反复被执行时，就需要使用到循环语句。如果把条件语句想象成迷宫中不同的房间，那么循环语句就是拥有穿越魔法的门，通过循环可以让系统执行回到某个先前运行的位置。

扫一扫，看视频

3.1　开启重复的魔法之门——循环

本小节介绍常用的while循环语句，它是一种条件前置的循环结构，通过预先判断条件是否成立再执行循环体。因此，如在条件判断部分使用了变量，变量必须已经被赋值。此外，本节还扩展介绍循环的另一种极端情况——无限循环。

3.1.1　while基本语句

while循环语句的基本格式如下：

```
while 条件判断语句:
    子代码1
    子代码2
    子代码3
    …
    子代码N
主代码1
```

while语句的格式与if类似，子代码必须进行缩进4个空格。当它执行第一次循环时，判断条件是否成立，如果条件成立，就从子代码1开始执行到子代码N；然后程序会回到while语句再次判断条件是否成立，如果条件成立，就继续从子代码1开始执行，如果条件不成立就跳过子代码段，系统从主代码1开始往后执行。

3.1.2　无限循环

公主Candy说在王国的北面有一座山，这座山曾经四季如春，百花盛开，她和朋友们经常去那玩耍踏青，但不知什么人开启了什么机关，现在每天雪花纷飞，似乎进入了无限循环状态。

类似于永不停止的重复动作即是无限循环，实现无限循环需要在写条件判断语句时，直接写上永远为True的判断结果，最简单的办法就是直接使用True，以实现无穷循环的功能，如下面的程序所示：

```
>>> while True:
    print('下雪')
下雪
下雪
下雪
下雪
下雪
下雪
(按Ctrl+C组合键来终止程序无穷运行)
KeyboardInterrupt
```

```
>>>
```

如果把打印“下雪”模拟成王国下雪动作的话，在雪山附近一定有人开启了类似于上面的程序。在命令行中敲入上面的程序，屏幕就像出错一般，不停地打印出“下雪”，为了停止程序的运行，必须手动按下Ctrl+C组合键，接着屏幕上会提示：KeyboardInterrupt，提示有用户通过键盘终止了程序的运行。

3.2 随机抽出10个勇士

扫一扫，看视频

看着公主Candy让人心痛的忧伤脸庞，我决定去雪山帮助她解决这个问题。国王允许我在王宫500个最强壮的卫兵中挑选10人同行。但由于时间有限，我不可能全部面试这500人，为了公平，我决定先由计算机随机挑出1人，再由我和Joe面试是否通过，通过后即出队入选。这样重复多次直到10人选满为止。

关于挑选勇士的程序，现在分析如下：

（1）定义队伍人数，初始值是500。

（2）面试后如选中一人，队伍会少一个人。

（3）如果未选中，让其归队，队伍人数不会变化。

（4）无论上一次有没有选中，只需要在剩下的人数里继续产生随机数（注意：并不是从原来整个500人中产生）。

（5）如果剩下的人数是490人就意味着10人已经选满，循环结束。

至此逻辑已经很清楚，程序如下：

```
#本程序从500人的队伍里随机挑出，如果满意就入选，不满意就归队
import random
volunteer = 500
while True:
    if volunteer <= 500-10:
        print('您已经选够10个人!')
        exit()
    test = random.randint(1,volunteer)
    if(input('还剩下'+ str(volunteer)+'人,这是随机挑选的第'+str(test)+'号，您满
意吗(y/n)?') == 'y'):
        volunteer -= 1 #人选后队伍就会少1人
```

注意：exit()为退出语句，执行时会退出程序的运行。

上面程序使用了无限循环，为实现满足选定10人就退出的功能，在循环里进行了条件判断，满足条件退出Python，程序运行结果如下所示：

```
还剩下500人,这是随机挑选的第329号，您满意吗(y/n)?y
```

```
还剩下499人,这是随机挑选的第113号, 您满意吗(y/n)?n
还剩下499人,这是随机挑选的第176号, 您满意吗(y/n)?y
还剩下498人,这是随机挑选的第243号, 您满意吗(y/n)?y
还剩下497人,这是随机挑选的第315号, 您满意吗(y/n)?y
还剩下496人,这是随机挑选的第413号, 您满意吗(y/n)?y
还剩下495人,这是随机挑选的第375号, 您满意吗(y/n)?y
还剩下494人,这是随机挑选的第440号, 您满意吗(y/n)?y
还剩下493人,这是随机挑选的第389号, 您满意吗(y/n)?y
还剩下492人,这是随机挑选的第388号, 您满意吗(y/n)?y
还剩下491人,这是随机挑选的第231号, 您满意吗(y/n)?y
您已经选够10个人!
```

在程序运行过程中第2次输入不满意n时，可以看到剩下的人数499并没有变化。

扫一扫，看视频

3.3 打印出金字塔形状

在前面的章节中通过使用多个print语句可以打印出多行图形，也可以使用字符串的乘法*，打印出多个重复的图形，比如正方形，利用本章介绍的循环语句，还可以打印出有规律的图形。

选定10位勇士，此时该向公主Candy告别了。公主Candy告诉我一直向北走，经过一座10层高的金字塔就可以到达山边，为了让我更清楚地识别路标，她把金字塔打印出来。

那么如何打印10层金字塔？与选勇士不同，因为不清楚会不会选中，程序使用了无限循环，并且在选满后就结束程序。在很多情况下，如果明确循环次数，则可以使用更加简单的for循环。

3.3.1 for...in 循环

for...in循环语句语法如下：

```
for 变量 in 集合:
    循环内语句1
    循环内语句2
    …
    循环内语句n
```

for循环可以把集合中的所有元素遍历，如果集合中有10个元素，循环内语句就会执行10遍。类似老师课堂点名，如果点名册上有50位同学，就会点50次；每一次点名，for后面跟随的变量值就会被自动地赋值成集合中单个元素的值。课堂点名的程序可以使用for循环表示，代码如下：

```
for name in 花名册:
    print(name)
```

上面的程序通过打印出每一个同学的名字来实现点名功能，此处的花名册是一个集合列表变量，存储了所有同学的姓名，在后面的章节中会学习到列表。

3.3.2 range()生成器

range()生成器可以生成一系列的数字。

用法1：range(结束数字)。生成0（包括）至结束数字（但不包括）之间的所有整数。

range(10)生成：0,1,2,3,4,5,6,7,8,9。

注意：生成数列不包括结束数字10。

用法2：range(开始数字,结束数字)。

range(1,10)生成：1,2,3,4,5,6,7,8,9。

如果参数中包含两个数字，第一个数字为开始数字，第二个数字为结束数字，会生成从开始数字（包括）一直到结束数字（不包括）之间所有的整数。

用法3：range(开始数字,结束数字,步长)

range(1,10,2)生成的就是1,3,5,7,9。

如果参数包含3个数字，在生成开始与结束数字之间的数字时，系统会根据步长来跳跃生成的数字，如果步长是2，那么生成相邻数字的差总是2。

3.3.3 计算从1加到100

循环100次打印出0~99的总和，应用for循环语句的代码如下所示：

```
for n in range(100):
    print(n)
```

下面的程序可以计算从1加到100的结果，为了存储中间结果，需要在循环体外单独定义一个累加的变量，程序如下：

```
result = 0 #结果变量：保存每一步的计算结果
for n in range(1,101):
    result += n #把计算结果累加进结果变量
print(result)
```

运行本程序，得出了正确的结果：5050。

3.3.4 打印出10层金字塔

有了上面的知识，就很容易帮助公主打印出10层金字塔的形状，图3.1使用*号作为填充字符。首先看看10层金字塔是如何显示的。

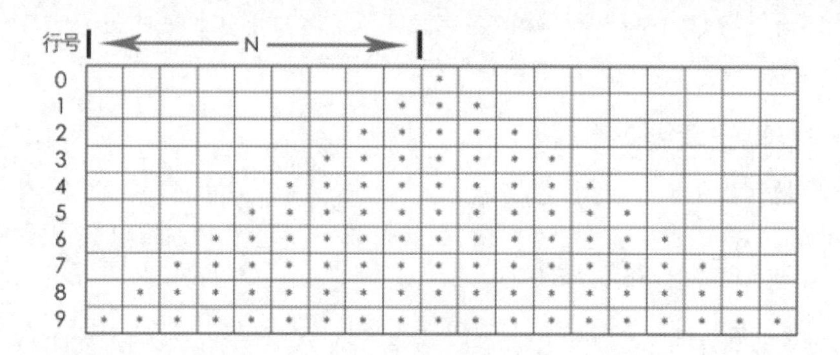

图3.1　金字塔解构表

上述金字塔可以分成两个部分，左半边(不包括中间列)为N部分。

重点分析N部分每行星号个数的变化，第0行为0个，行号对应从上到下为0~9的顺序数列，如果设 N部分星号的数量为变量n，可以得出金字塔每一行星号的总数量公式:2*n+1。

再次分析N部分的空格变化，第n行星号前空格的个数变化规律如下，第0行有9个空格，得出自上而下空格数量依次是9,8,7,...,0，得出空格数量公式为9−n。

通过一个变量确定图形中星号和空格的关系，可以编写代码如下：

```
for n in range(10):
    print(' ' * (9-n) + '*' * (2*n+1))
```

代码其实很简单，但是分析的过程却是很重要的，运行的结果如图3.2所示。

```
         *
        ***
       *****
      *******
     *********
    ***********
   *************
  ***************
 *****************
*******************
```

图3.2　10层的金字塔

3.4 循环中的传送门break

扫一扫，看视频

为了保证我们的安全，在出发前，国王与我们约定了等待期限程序，出发后12天，程序就会自动打印出“准备营救”，这时国王就派人去营救我们。并且，如果12天中侦察兵看到了我们遇险后发出的红色信号弹，程序也会直接跳出“等待”的状态，打印出“准备营救”的通知，这样国王就派人营救。

如果把每天的等待动作看成一次循环，那么程序中必须有代码能提早结束循环进入下一步。类似于上面的情况，程序往往出现无须机械地执行完*N*遍循环，而根据一定的条件判断来自主地跳到循环体外，break语句就可以打破循环完成这个功能。如图3.3所示，break语句就像循环体中插入的一个把当前运行状态直接传送到下一条主语句的传送门。

图3.3 break示意图

结合break编写上述营救通知程序的代码如下所示：

```
for i in range(1,13):
    print('这是第',i,'天')
    if(input('看到红色信号弹了(y/n)?')=='y'):
    break
print('准备营救!')
```

为了同时说明for满循环和执行break循环的对比效果，下面展示了12天满循环执行完毕的运行结果，如图3.4所示。

```
这是第 1 天
看到红色信号弹了(y/n)?n
这是第 2 天
看到红色信号弹了(y/n)?n
这是第 3 天
看到红色信号弹了(y/n)?n
这是第 4 天
看到红色信号弹了(y/n)?n
这是第 5 天
看到红色信号弹了(y/n)?n
这是第 6 天
看到红色信号弹了(y/n)?n
这是第 7 天
看到红色信号弹了(y/n)?n
这是第 8 天
看到红色信号弹了(y/n)?n
这是第 9 天
看到红色信号弹了(y/n)?n
这是第 10 天
看到红色信号弹了(y/n)?n
这是第 11 天
看到红色信号弹了(y/n)?n
这是第 12 天
看到红色信号弹了(y/n)?n
准备营救!
```

图3.4 循环结束的结果

图3.5是循环中断的结果，假设侦察兵在第3天输入了y的结果。

```
这是第 1 天
看到红色信号弹了(y/n)?n
这是第 2 天
看到红色信号弹了(y/n)?n
这是第 3 天
看到红色信号弹了(y/n)?y
准备营救!
```

图3.5　使用了break的运行结果

break语句总是嵌套在条件语句之内的，如果不加判断就直接跳出循环的话，那么循环就变成了没有意义的单次条件判断语句。

扫一扫，看视频

3.5　循环中的传送门continue

在王宫众人的送行下我和公主告了别，带着Joe和10个勇士向北方的雪山前行。由于去雪山的道路被封锁了一年多无人行走，路面崎岖不平，我们选择骑马前行，估计这段不长的路会走12个小时，就这样，浩浩荡荡的骑兵队伍驶向了未知的世界。

为保证马匹的状态，Joe提出队伍应每1个小时停下来休整10分钟再前行，但是如果大家状态都非常好，也可以跳过这个休整阶段继续前进。

在此可以把每1个小时作为一次循环，在循环中用打印出“这是第几个小时”来表示，通过在程序中回答“状态良好(y/n)”的问题以“y”来表示OK。分析后得知，“休整”阶段在每个循环里一般都会执行，但是根据条件的不同，有可能会跳过这个动作直接开始下一个小时的行军。

continue语句就可以跳过循环体内后面的语句，而直接开始下一轮循环。如图3.6所示，continue与break都有改变循环的作用，continue相当于走捷径，break相当于走出口。

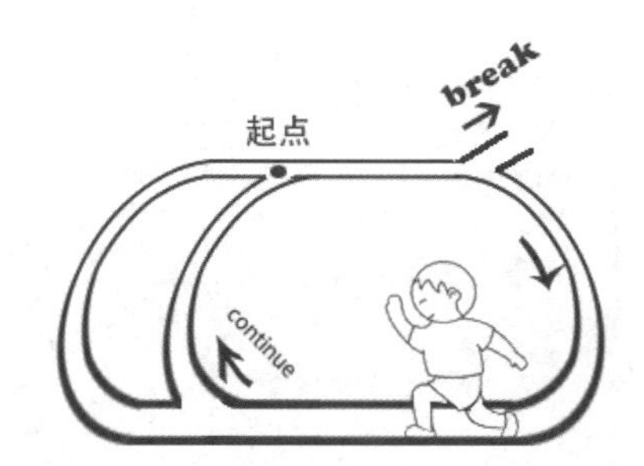

图3.6　break与continue的作用示意图

上述马匹休整检查的程序如下所示：

```
for i in range(1,13):
    print('行军',i,'小时')
    if(input('所有马匹状态良好(y/n)?')=='y'):
        continue
    print('休整10分钟')
print('到达雪山附近!')
```

图3.7表示在运行过程中，每次循环均得到了y的回答，因此全部循环都执行了continue而跳过了休整阶段。

如图3.8所示，在第1、3、4小时(循环)程序得到了n的回答，并未执行continue语句，所以没有跳过10分钟的休整阶段。

```
行军 1 小时
所有马匹状态良好(y/n)?y
行军 2 小时
所有马匹状态良好(y/n)?y
行军 3 小时
所有马匹状态良好(y/n)?y
行军 4 小时
所有马匹状态良好(y/n)?y
行军 5 小时
所有马匹状态良好(y/n)?y
行军 6 小时
所有马匹状态良好(y/n)?y
行军 7 小时
所有马匹状态良好(y/n)?y
行军 8 小时
所有马匹状态良好(y/n)?y
行军 9 小时
所有马匹状态良好(y/n)?y
行军 10 小时
所有马匹状态良好(y/n)?y
行军 11 小时
所有马匹状态良好(y/n)?y
行军 12 小时
所有马匹状态良好(y/n)?y
到达雪山附近!
```

图3.7 全部执行continue的循环结果

```
行军 1 小时
所有马匹状态良好(y/n)?n
休整10分钟
行军 2 小时
所有马匹状态良好(y/n)?y
行军 3 小时
所有马匹状态良好(y/n)?n
休整10分钟
行军 4 小时
所有马匹状态良好(y/n)?n
休整10分钟
行军 5 小时
所有马匹状态良好(y/n)?y
行军 6 小时
所有马匹状态良好(y/n)?y
行军 7 小时
所有马匹状态良好(y/n)?y
行军 8 小时
所有马匹状态良好(y/n)?y
行军 9 小时
所有马匹状态良好(y/n)?y
行军 10 小时
所有马匹状态良好(y/n)?y
行军 11 小时
所有马匹状态良好(y/n)?y
行军 12 小时
所有马匹状态良好(y/n)?y
到达雪山附近!
```

图3.8 部分未执行continue的循环结果

3.6 五局三胜玩剪刀、石头、布

扫一扫，看视频

随着骑兵队伍不断地前行，天气越来越冷，天空中的太阳也慢慢躲到了西边的云层里，明明是下午却似夜晚。因为长年无人行走，一片丛林挡住了马匹的去路。这时我和Joe出现了分歧，Joe认为应该丢下马背上装备，从丛林里开出一条捷径。我却认为这样太冒险，应该绕着丛林走，看看有无其他道路。队伍里一半人支持我，一半人支持Joe。

于是我们只好再一次通过剪刀、石头、布，把自己的命运交给运气，使用5局3胜的规则。

程序分析如下：程序里两个人要前后分别输入自己的选择，为防止互相看见，除了用手挡住键盘以外，重要的是不能在屏幕上显示出键盘的输入，否则第一个人的输入会被第二个人知道。另外，程序可以通过输赢总次数小于5次的条件循环来完成5次对局(平局不计入)，如果其中1个人赢了3次，就提前中断循环跳出程序。

3.6.1 不回显输入

input()函数可以接受使用者的输入，但会把键盘的输入字符同时打印在屏幕上，此时为了让系统接受输入但不显示，需要用到内置模块getpass，具体用法是：

```
import getpass  #引用getpass模块
```

```
password = getpass.getpass('请输入密码:')
```

3.6.2 单次循环过程

在分析比较复杂的程序时，我们先从单次循环玩一局的程序入手。单次循环可以分为3个部分：提示输入、判断输入、判断谁赢，详解如下。

1. 提示两个用户输入

```
01 import getpass
02 print('1-剪刀 2-石头 3-布')
03 joe_input = getpass.getpass('Joe:')
04 me_input = getpass.getpass('我:')
05 print('Joe出%s,我出%s'%(joe_input,me_input))
```

第1句引入模块getpass，用来执行不回显输入的任务。

第2句使用1、2、3来分别代表剪刀、石头、布，用户只输入数字即可。

第3、4句分别定义了两个变量保存输入值。

第5句显示出选择数字。

2. 判断输入的有效性

由于用户只能输入1~3，程序需要判断用户输入的是否是预期数值，检查用户输入的合法性很重要，不检查输入合法性会给黑客留下攻击程序的漏洞。后续程序要把输入的字符串转换成数字，如果用户输入了字母就会导致出错。

```
06 if joe_input not in '123' or me_input not in '123' or len(me_input)!=1:
07     print('请只输入1-3。')
08     exit()
```

in语句用来判断字符是否存在于字符串中，例如"ab"in"abc"的判断结果为True，"abc"in"abc"的判断结果也是True。

len()用来返回参数的长度，为准确判断输入的是1位数，并且是123其中的单个字符，程序第6行进行了3个判断条件的组合。如果我和Joe输入的数字不是123的一部分或者输入的不是1位数字，就认为输入不合法，从而进行错误提示和退出。

3. 判断输赢

分析后可以得知当一方输入的数字比另一方大1或小2为赢。因此，可以写出如下的程序：

```
   #以下计算输入数字之差
09 distance = int(joe_input) - int(me_input)
10 if distance == 0: #如果差是0，即两个输入一样是平局
11       print('平局!')
12 elif distance == 1 or distance==-2: #如果差是1或-2，即Joe赢了
13       print("Joe 赢了!")
14 else:
```

```
15        print("我赢了!")
```

为了计算差值，程序首先必须使用函数int()把字符串转换成整数，紧接着进行多支路的if语句判断输赢，最后根据不同的判断结果显示不同的提示语。

3.6.3 循环分析

程序能告诉用户当前是第几局，因此，必须定义表示局数的变量rounds，初始值为1。为了判断是谁先赢了3局，要有两个变量分别计算我和Joe赢的盘数，初始值均为0。另外5局3胜回合制游戏中的5局是指分出胜负的局数，平局并不计算在5局之内，3胜是指只要有人赢了3局就可取胜。归纳如下：

- 继续循环条件：rounds<=5
- 例外跳出循环条件（有人3胜）：joe ==3 or me == 3
- 跳过局数累计的条件（平局）：输入一样

本游戏的代码如下所示：

```
import getpass
joe = me   = 0 #joe得分、我的得分和总局数都为0
rounds = 1
while rounds<=5:
    print('第%d局开始了!\n1-剪刀 2-石头 3-布'%rounds)
    joe_input = getpass.getpass('Joe:')
    me_input = getpass.getpass('我:')
    if joe_input not in '123' or me_input not in '123' or len(me_input)!=1
or len(joe_input)!=1:
        print('请只输入1-3，重来')
        continue
    print('Joe出%s,我出%s'%(joe_input,me_input))
    #以下计算我们输入数字之差
    distance = int(joe_input) - int(me_input)
    if distance == 0: #如果差是0，即两个输入一样是平局
        print('平局不算!')
        continue
    elif distance == 1 or distance==-2: #如果差是1或-2，即Joe赢了
        joe+=1
        print("Joe 赢了!")
    else:
        me+=1
        print("我 赢了!")
    if joe==3 or me==3:
        break
    rounds += 1 #循环结束
```

```
    else: #加上else语句用来处理循环正常结束应该执行的语句
        print('真惊险，玩满了5局！')
    if joe==3:
        print('最终的赢家是:Joe!')
    else:
        print('最终的赢家是：我！')
```

本程序同时使用了break和continue两种不同的跳转语句，并实现了5局3胜的复杂循环结构,程序中还包含属于while循环的else语句。

回到我与Joe行军途中遇阻的时刻，经过5局3胜的游戏，我胜出了，于是一致决定绕行走出这片难走的荆棘之地。

扫一扫，看视频

3.7 循环的例外情况else

3.6节所学的程序不但可以判断最终赢家，还有如下贴心的功能：如果玩家打满5局后（意味着循环条件不满足，rounds=6）就提示用户："真惊险，玩满了5局！"。

大部分的高级语言要实现循环正常退出条件下执行特定语句的功能，必须在循环结束后通过if（条件语句）来判断并执行。而Python不用，Python循环体内可以使用else语句，在else语句下面的所有子语句，只会在循环条件不满足时执行一次，并且执行完毕后跳出整个循环体。使用格式如下：

```
while或是for 循环:
    循环子语句1
    循环子语句2
    ...
    break
    循环子语句N
else:
    条件不满足子语句1
    条件不满足子语句2
     ...
    条件不满足子语句N
循环外语句1
```

当程序在循环体内执行到break语句时，会直接跳过else，而只有当循环正常结束时（或是一开始就不满足），系统才会执行else后面的语句。

如下标记圆圈的语句就是while循环的else分支，具体读者可以结合源代码的运行来加深理解。

```
  ...(以上语句参考3.6.3节)
rounds += 1 #循环结束
```

```
    else: #加上else语句用来处理循环正常结束应该执行的语句
      print('真惊险，玩满了5局!')
if joe==3:
    print('最终的赢家是:Joe!')
else:
    print('最终的赢家是: 我!')
```

3.8 本章小结

本章主要介绍循环语句，本章的示例通过条件与循环两种基本结构创造出了各种各样复杂的组合，完成了各种各样的任务。本章学习的知识点如下：

- 使用while循环
- 使用for循环
- 生成器range创建数字序列
- break和continue语句
- else分支语句

3.9 课后作业

（1）算出10000以内所有偶数相加的结果。

（2）打印出1000以内的斐波那契数列。

斐波那契数列的特点是：后面的数字是前2项的和，即1,1,2,3,5,8,13,21,…

（3）按图3.9所示的格式打印出高度为9层的菱形。

```
        *
      * * *
    * * * * *
  * * * * * * *
* * * * * * * * *
  * * * * * * *
    * * * * *
      * * *
        *
```

图3.9 菱形

第 4 章 魔法师的魔盒——集合容器

随着夜色降临，马匹和人员已经越来越疲劳，远处的雪山越来越模糊，大家在风雪中焦急而又没有了方向，希望能找到温暖的地方休息一夜，忽然Joe指着远处尖尖的屋顶说道:“看，不远处有幢城堡！”

走近城堡，巨大的拱形房屋和灰灰的砖墙耸立在队伍面前，挡在队伍面前的是扇巨大的门，宽度至少可以并行3匹高头大马。

“这里有人吗？”卫士头领Sam大声问到。话音未落，一个戴着礼帽穿着衣服的黑熊直立在所有人面前。它按住被风吹动的礼帽，开口道:“你们好，我叫Wenny，我的主人说过你们会来的，但他今天外出，请来这边休息吧。”于是我们被安排到数个燃烧着壁炉的温暖房间。

本章我们将在这个温暖的房间学习Python中的另一类变量，即容纳多个元素的集合容器。

4.1 能塞进更多数据的魔盒——列表

扫一扫，看视频

我和Joe被安排在书房里，房间里全是各种各样的书架，书房的中间摆着一个大大的桌子，上面凌乱地放着笔、扑克、圆规、地图、尺子、放大镜等。这时Wenny走了过来，当它了解了我们的编程能力后说道:“目前你们掌握的知识可不够应付雪山的危险，需要继续学习。”在这间书房里，在Wenny的带领下我和Joe开始深入了解Python。

4.1.1 什么是列表

列表是特殊的容器变量，可以包含很多元素，类似于扑克牌的牌盒。计算机中的列表可以包括一系列的数字、字符串或其他任意对象的组合。在Python中使用中括号[]来表示一组列表，并且使用逗号分隔列表中的元素。

Wenny拿起桌子上的一副扑克牌说，游戏中人们如果使用整副牌的话，就可以使用一个列表来表示，如下变量定义:

```
poke = ["2","3","4","5","6","7","8","9","10", "J","Q","K","A","Joker-",
"Joker+"]
```

poke表示完整的一副牌，在列表中的每一个元素都有一个位置，这个位置从0开始，注意开始位置并不是1。在Python中，还有另一种位置，倒数从最后一个元素开始的元素位置是–1，依次向前为–2……

上述poke列表变量中，poke[0]就表示列表中第0个位置的元素2，其元素与位置的对应关系如表4.1所示。

表4.1 列表的存储结构

元素	2	3	4	…	K	A
位置	0 –13	1 –12	2 –11	…	11 –2	12 –1

列表[]操作: 变量名后紧跟中括号来取列表中的某个元素或若干元素，配合冒号的使用可以非常灵活地实现截取元素的功能。假设已经定义了列表p，示例如下。

p[0]——表示p中第0个位置的元素。

p[0:2]——表示p中从第0个元素(包含)到第2个元素(不包含)组成的新列表，可以计算出来这个新列表只有两个元素。

p[1:]——表示p中从第1个元素(包含)到最后一个元素组成的新列表，可以计算出来这个新列表比原列表少第0个元素。

p[:6]——表示p中从第0个元素到第6个元素(不包含)组成的新列表，可以计算出来这个新列表有6个元素。

p[-1]——表示p中倒数最后一个元素。

利用Python中列表元素位置有两类的特性:

①从0开始的用正数表示，可以实现从头定位的功能。

②从-1开始的是从倒数第一个元素往前递减的负数位置，可以实现从结尾定位的功能。上述设计更加接近于人类的语言，其他语言如果想取倒数第1个元素，必须通过计算列表的长度来实现，而负数位置直观、简单，简化了编码过程。

列表[]操作中利用冒号可以省略前后的数字，省略的数字即表示开头与结尾，如下的操作是表示列表中所有的元素:p[:]。

4.1.2 for循环遍历列表

下面的程序可以定义一副扑克，并且把所有的元素打印出来。

```
poke = ["2","3","4","5","6","7","8","9","10", "J","Q","K","A","Joker-",
"Joker+"]
for p in poke:
    print(p)
```

本程序执行的结果如图4.1所示。

```
YandeMacBook-Air:books yanzhang$
2
3
4
5
6
7
8
9
10
J
Q
K
A
Joker-
Joker+
```

图4.1 显示扑克牌列表

上面程序第2行使用了for...in的循环，不同于第3章使用基于range()函数生成的数列，上述程序循环使用了列表。数列与列表类似，但数列只能是数字的集合，而列表不光可以填充数字，还可以填充任何元素，如数字、字符、程序、对象等，甚至是它们的混合。

在for...in 循环里，紧跟for后的变量每次循环时都会被指向列表中的一个元素，因此上面的程序可以打印出整个列表中的每一个元素值。

4.2 排队进入列表的魔盒

扫一扫，看视频

列表就像是一个巨大的容器，可以包括很多种元素，本节介绍列表的特性及列表的常用操作，包括元素的插入、删除和排序等操作。

4.2.1 列表的特性

列表具有丰富的特征，使用系统内置的函数可以获得相关值，如下所示：

- len(容器变量)——容器中元素个数
- max(容器变量)——容器中最大的元素
- min(容器变量)——容器中最小的元素

注意：以上函数不仅适用于列表，对于所有容器类型，包括集合、元组、字典均适用。

此时，Wenny拿起一堆数字卡片，请我们找出最大值与最小值，要求编写的程序要能输入任意的数字(如不输入数字直接按下回车时程序结束输入)，然后显示出输入数字的个数，再筛选出其中的最大值和最小值。代码如下所示：

```
pool = []
while True:
    input_number = input('输入数字(空结束):')
    if input_number == '':
        break
    pool.append(float(input_number))
print("输入了%d个数字"%len(pool))
print("最大值:%f，最小值%f"%(max(pool),min(pool)))
```

运行时输入随机的数字，运行结果如下所示：

```
输入数字(空结束):12
输入数字(空结束):4.5
输入数字(空结束):6.7
输入数字(空结束):3.4
输入数字(空结束):0
输入数字(空结束):-100
输入数字(空结束):
输入了6个数字
最大值:12.000000，最小值-100.000000
```

在上面第6行的代码里，使用向列表对象添加元素的方法。

- 列表.append(元素)：把参数中的元素加入列表。
- float()：把字符串转换成浮点数，即小数形式的数字。

上述程序可以实现由用户输入任意多的数字，并且计算并显示出数量、最大值和最小值。

4.2.2 列表元素的删除

1. del 语句

del语句可以用来从列表中移除切片或者清空整个列表，可以在命令行状态下输入如下的语句：

```
>>>
>>> a = [-1, 1, 66.25, 333, 333, 1234.5]
>>> del a[0]
>>> a
[1, 66.25, 333, 333, 1234.5]
>>> del a[2:4]
>>> a
[1, 66.25, 1234.5]
>>> del a[:]
>>> a
[]
```

del也可以被用来删除整个列表变量，代码如下：

```
>>>
>>> del a
```

使用上述语句删除a变量之后，再引用a时会报错（除非直到另一个值被赋给它）。

2. 列表对象 .remove（值）

这里涉及新的概念“方法”，方法即是特定数据类型的函数，在使用时在列表变量名称后面紧跟小数点，即形式“.方法（　）”的方式进行使用。

在列表的remove()方法中，参数的意义是值，这就说明如果要删除一个元素，必须知道它的值。并且这个方法只会删除第一个匹配的元素，如果在列表中有多个值相同，那么它也只会删除第一个。如下所示：

```
>>> a = [1,2,3,4,5,6,7,9,10,10]
>>> del(a[0])   #直接删除
>>> print('After del a[0]:',a)
After del a[0]: [2, 3, 4, 5, 6, 7, 9, 10, 10]
>>> a.remove(10) #通过值来删除，只能删除1个
>>> print('after a.remove(10)',a)
after a.remove(10) [2, 3, 4, 5, 6, 7, 9, 10]
```

上述在命令行运行的语句中，a列表包含有两个10，通过一次a.remove(10)只删除了其中一个10。当使用remove()方法时，必须检查待删除的数据是否在列表当中，即参数中的值必须

事先存在，如果不在，系统将会出错。

3. pop(位置 = -1) 方法

该方法也可以删除数据，从数学意义上讲，它并不是一个删除语句，而是用来“弹出”元素。这个方法会在列表中删除指定位置的元素，并且返回这个元素。这个过程就像从弹匣中把子弹“弹”出来一样。

如果省略位置参数，它默认会把最后一个元素“弹”出来。运行如下的语句，看看pop()方法与其他方法有什么不同。

```
>>> a = [1,2,3,4,5,6,7,9,10,10]
>>> del(a[0])   #直接删除
>>> print('After del a[0]:',a)
After del a[0]: [2, 3, 4, 5, 6, 7, 9, 10, 10]
>>> a.remove(10) #通过值来删除，只能删除1个
>>> print('after a.remove(10)',a)
after a.remove(10) [2, 3, 4, 5, 6, 7, 9, 10]
>>> deleted = a.pop(5)   #通过位置来“弹出”
>>> print('after pop(5)',a,deleted)
after pop(5) [2, 3, 4, 5, 6, 9, 10] 7
```

上述在命令行运行的语句中，pop()方法弹出了第5个位置7这个元素后，该元素就从列表中被删除了。

4.2.3 列表的排序

列表是一种有序排列，对列表进行排序的方法有两种：一种方法是使用系统内置函数sorted()排序，其在排序时不会影响原列表的顺序，从而产生一个新的有序列表返回；另一种方法是使用列表sort()方法排序，排序完成后，列表的顺序会改变。

语法如下：

```
sorted(列表,reverse = False) -> list
列表.sort(reverse = False)
```

其中，reverse表示是否倒序，默认为顺序排列。代码如下所示：

```
a = [6,10,3,5,7,4,9,1,10,2]
print("origin list a:",a)
b = sorted(a)
print("after sorted(a):")
print("a:",a)
print("b:",b)
a.sort() #直接改变a列表的顺序
print("after a.sort():",a)
```

通过比较sorted(a)和a.sort()两个语句前后的不同结果，验证了通过sorted()函数排序会生成一个新的有序列表，而sort()方法会改变列表的顺序，运行的结果如下：

```
origin list a: [6, 10, 3, 5, 7, 4, 9, 1, 10, 2]
after sorted(a):
a: [6, 10, 3, 5, 7, 4, 9, 1, 10, 2]
b: [1, 2, 3, 4, 5, 6, 7, 9, 10, 10]
after a.sort(): [1, 2, 3, 4, 5, 6, 7, 9, 10, 10]
```

4.2.4 列表的其他操作

Wenny解释道：从扑克牌中抽走其中一张牌进行发牌，这种操作为pop()；而从扑克牌中只抽走某一张牌的操作为remove()；直接把一张新牌插入某个位置叫insert()；把扑克牌变出两副相同的牌的操作叫copy()；把牌全部抽走清空只留下容器叫clear()；把扑克牌按顺序排好叫sort()。

表4.2 中的list为一个列表变量，obj就是值，index表示位置序号，seq表示另一个列表。

表 4.2 列表对象支持的方法

方 法	含 义
list.append(obj)	在列表末尾添加新的对象
list.count(obj)	统计某个元素在列表中出现的次数
list.extend(seq)	在列表末尾一次性追加另一个序列中的多个值（用新列表扩展原来的列表）
list.index(obj)	从列表中找出某个值第一个匹配项的索引位置
list.insert(index, obj)	将对象插入列表
list.pop([index=-1])	移除列表中的一个元素（默认最后一个元素），并且返回该元素的值
list.remove(obj)	移除列表中某个值的第一个匹配项
list.reverse()	反向列表中元素
list.sort(key=None, reverse=False)	对原列表进行排序
list.clear()	清空列表
list.copy()	复制列表

扫一扫，看视频

4.3 从小到大排好扑克牌

Wenny继续教授如何玩转列表，现在它要求我们编写一个程序完成洗牌再排好序的功能，此处需要用到Python对列表提供常见的操作方法。为了更好地展示列表的操作，对于扑克牌，在此只简单地使用2~14来表示2~A的13个扑克牌。

4.3.1 如何进行洗牌

首先，生成数列poke = [2,3,4,5,6,7,8,9,10,11,12,13,14]，用来表示整副扑克牌。其次，分析如何进行洗牌的操作，在此利用计算机快速运算的特性一张一张地洗，具体步骤如下：随机抽出一张

牌pop()，然后添加到牌末尾。如果这样循环持续完成26次，基本上每一张牌平均会被抽中两次。

本洗牌的思路能否起作用，请看如下的程序：

```
import random
poke = [2,3,4,5,6,7,8,9,10,11,12,13,14]
for i in range(len(poke)*2):
    poke.append(poke.pop(random.randint(0,len(poke)-1)))
print(poke)
```

运行3遍后可以发现这种洗牌效果非常不错，结果如下：

```
[9, 10, 12, 2, 4, 14, 5, 11, 13, 3, 8, 7, 6]
[3, 8, 5, 6, 7, 9, 11, 13, 14, 12, 10, 2, 4]
[13, 12, 4, 14, 5, 6, 11, 2, 3, 9, 8, 10, 7]
```

上面代码的第4行比较复杂，详细分析如下：从最内部使用random.randint(0,len(poke)−1)以产生一个随机数，这个随机数覆盖了poke包含的所有序号，在外层通过个位置作为参数把牌pop()弹出来，然后在最外层再把弹出来的值append()添加到列表的最后一张。

总之，这种先抽后加的洗牌思路，经验证可以达到与人工洗牌相同的效果。

4.3.2 如何进行排序

参照表4.2中的第9个方法sort()可以实现列表排序，在命令行中输入如下语句：

```
>>> a = [6,8,32,89,90,1222,1,]
>>> a.sort()
>>> a
[1, 6, 8, 32, 89, 90, 1222]
>>> a.sort(reverse = True)
>>> a
[1222, 90, 89, 32, 8, 6, 1]
```

现在把上面的洗牌与排序的代码组合，代码如下所示：

```
import random
poke = [2,3,4,5,6,7,8,9,10,11,12,13,14]
for i in range(len(poke)*2):
    poke.append(poke.pop(random.randint(0,len(poke)-1)))
print('洗牌后:',poke)
poke.sort()
print('顺牌后:',poke)
```

运行后的结果如下所示：

```
洗牌后: [5, 7, 14, 3, 9, 10, 6, 11, 2, 12, 4, 8, 13]
顺牌后: [2, 3, 4, 5, 6, 7, 8, 9, 10, 11, 12, 13, 14]
```

扫一扫，看视频

4.4　元组、集合与字典

Python中可以容纳多个元素的容器不仅仅有列表，本小节主要介绍系统支持的其他集合类型的容器。不同的数据类型，主要基于元素与元素之间的关系不同。

4.4.1　元组()

元组tuple可以看成是一种只读的列表，元组的3个示例，如下所示：

- (1,3,4,4)
- (2,3,'Wenny','Zhang','Zhang')
- (2,[1,3,4,5],'Zhang')

一副完整出厂的未拆封新扑克牌，如果里面的元素不可以更改，可以看成是所有牌组成的元组。元组与列表一样支持重复的值，但是定义完毕后就无法更改。这样可以在元组里放入列表，甚至可以放入函数。元组除了只读特性外，其他都和列表一样，可以使用for… in循环，可以使用[0]来读取第0个元素，还可以使用max()、min()和len()。使用元组可以节省内存，加快程序的运行。

可以这样定义一个空的元组：

```
myTuple = ()
```

4.4.2　集合set()

Wenny端出一个盘子，其中散落着用数字标好的圆球，这与扑克牌每一张牌的顺序都不同。很多情况下元素之间的组合是没有顺序的，比如在盘子里的这些数字球都是没有顺序的，这种情况在现实生活中有哪些呢？

“围着圆桌坐下的人，树状分支结构同一层次的分叉，足球的小组内循环赛各个队也是平等没有顺序的！”Joe说道。

没有顺序的情况下，同组内一般不会出现重复的元素，否则就搞不清重复的数字到底是第几个，所以在Python中无序且不重复的组合称为集合。

程序中的集合与数学上的集合概念类似，由不重复的元素组成，集合中的元素与列表、元组中的元素不同，元素之间不具有前后关系且不存在顺序，所以不能使用[0]操作符来取出第0个元素。

与数学集合一样，系统中的集合也有和、并、交、除的运算，由于这些知识在本次探险中不会用到，此处就再不介绍。

如使用set()来定义一个空的集合：mySet = set()，将班上的同学性别定义一个集合，使用如下的代码：

```
{'男','女'}
```

也可以使用update来添加任意的元素进入空集合：

```
mySet = set()
mySet.update('男','女','女')
print(mySet)
```

上面的代码试图给集合添加3个原始元素，但有两个值重复。添加成功后，集合中的结果还是两个不重复元素，如下所示：

```
{'男','女'}
```

4.4.3 字典{}

Wenny又拿起英文字典说："看看这本字典里的字，都有什么特点？"

"里面的标题（关键字）都不会重复。"Joe说。

Python里除了列表[]以外，最常用的多元素的数据结构就是字典。与列表不同的是，字典每一个元素由两部分组成，使用冒号（：）分隔成"关键字"和"值"。

列表里的值可以重复多次，但是字典里的"关键字"却不能重复。类似于一本普通的英文字典，假设需要查找computer单词，在书中computer索引词不会重复出现。在Python的字典中可以直接使用关键字查找对应值，这时Wenny拿出外卖菜单说，"你们饿了吧，一起来点菜吧……"

菜单就是字典，菜单上的菜名就是关键字，关键字是不会重复的，而价格就是值。与字典的特性一样，菜单上菜名的顺序并不重要，如下语句可以定义一个菜单字典：

```
price_list = {'鱼香肉丝':58,'鸡汤':88,'番茄炒蛋':90}
```

这时，Joe想喝点鸡汤，可以使用如下的语句查询出鸡汤的价格：

```
print(price_list['鸡汤'])
```

字典像列表一样，很容易遍历循环，如下代码可以打印出所有菜单：

```
price_list = {'鱼香肉丝':58,'鸡汤':88,'番茄炒蛋':90}
for eachKey in price_list:
    print(eachKey,price_list[eachKey])
```

Python字典结构常用的方法如表4.3所示。

表4.3 字典主要方法

方　　法	含　　义
radiansdict.clear()	删除字典内所有元素
radiansdict.copy()	返回一个字典的浅复制
radiansdict.fromkeys()	创建一个新字典，以序列 seq 中元素作为字典的键，val 为字典所有键对应的初始值
radiansdict.get(key, default=None)	返回指定键的值，如果值不在字典中返回 default 值

续表

方　法	含　义
key in dict	如果键在字典 dict 里返回 True，否则返回 False
radiansdict.items()	以列表返回可遍历的 (键 , 值) 元组数组
radiansdict.keys()	以列表返回一个字典所有的键
radiansdict.setdefault(key, default=None)	和 get() 类似 , 但如果键不存在于字典中，将会添加键并将值设为 default
radiansdict.update(dict2)	把字典 dict2 的键 / 值对更新到 dict 里
radiansdict.values()	以列表返回字典中的所有值

扫一扫，看视频

4.5 range与推导式

Wenny说优秀的魔法师不光要会运用工具，还能把不同的工具组合起来产生更神奇的工具。for...in 循环、range和数列（也包括集合、字典）这些工具组合在一起会产生非常强大的化学反应，这就是推导式。

推导式本质上是一个产生一系列值的工具，虽然推导式只有一条语句，但它却可以产生各种各样的有规律的数列、集合、字典等。

4.5.1 最简单的推导式

一般推导式会利用range()函数来生成简单的数列，在此数列基础上，我们运用for循环和列表，把数列中的元素当成公式的一部分，以生成更复杂的列表，如下所示为最简单的推导式：

```
[x for x in range(10)]
```

这个推导式生成的是0~9 的10个数字的列表，运行结果如下：

```
>>> [x for x in range(10)]
[0, 1, 2, 3, 4, 5, 6, 7, 8, 9]
```

4.5.2 列表推导式例解

列表推导式一般的格式：

[计算式 for 变量 in 集合 if 变量的表达式]。

以4.5.1 小节示例为基础，以下是更加复杂的推导式：

```
[ x  for  x  in  range(10) if x%2==0]
↑ ↑   ↑   ↑   ↑     ↑          ↑
①②  ③  ④  ⑤    ⑥          ⑦
```

在这里把推导式分解成7个部分，详细解释如下。

①类型：最外层中括号[]，表示最终形成的是一个列表，如果把[]换成{}，那么就是集合或是字典。

注意：如果换成()就表示是生成器而不是元组，生成器不会保存所有的值，生成器只保存算法，在使用for循环时才进行迭代运算，以输出所有值，所以此时不能使用len(生成器)来获得长度。这对于节省内存有巨大的好处。

②单个元素：上式的单个元素表达式只有一个x，表示直接使用x单个值，那么这个列表就是一个全是整数的列表，这个表达式可以是任意Python的计算式，如2*x，那么就会是0~9数字2倍数构成的整数值。

③⑤ for...in表示循环。

④循环变量：x这个变量名称意义与for循环中变量的意义相同，会把in后面的数列每一个元素依次赋值给这个变量，以产生新的元素。

⑥循环集合：一组元素的集合，可以是range()生成的数列，也可以是另一组数列、元组、字典或是生成器。

⑦筛选条件：如上式条件为x%2==0，即意味着只有当x满足偶数的情况下才会被加入集合，如果x不满足这个条件那么就不加入。

虽然推导式比较复杂，但对处理大量数据可以起到事半功倍的作用，很多复杂的工作将会非常简单。

上面的一行代码可以直接生成0~9所有的偶数，运行情况如下：

```
>>> [  x   for   x   in   range(10) if x%2==0]
[0, 2, 4, 6, 8]
```

4.5.3 集合推导式形式

集合类型的推导式最外层使用的是花括号{}，格式如下：

```
{计算式 for 变量 in 集合 if 变量的表达式}
```

利用集合无序且不重复的特性，可以很好地处理出现重复值的情况。假设如下数据表示的是所有队伍里士兵的姓名：

```
team = ['张飞','赵云','张辽','马谡','韩信','吕布','关羽','马超','马忠','黄忠']
```

Wenny这时想要得到所有人的姓，由于姓有重复，可以使用集合去除重复的姓。

假设姓为姓名的第1个字，使用[0]操作来取得姓名当中的第一个字，通过集合得出所有人姓的代码如下：

```
team = ['张飞','赵云','张辽','马谡','韩信','吕布','关羽','马超','马忠','黄忠']
print({name[0] for name in team})
```

以下是上述程序运行的结果，可以看到利用集合非重复的特性，实现了过滤重复姓的功能：

```
{'张', '赵', '关', '黄', '马', '吕', '韩'}
```

扫一扫，看视频

4.6 扑克的抽牌游戏

Wenny拿出有4种花色（黑桃、红桃、梅花、方块）的54张扑克牌。让我们试着编写代码生成带花色的所有54张牌，并与计算机玩抽牌比大小的游戏，不同花色的同一数字的牌一样大。

游戏规则是：由计算机先洗牌，洗完之后由我先抽，然后计算机抽，再互换显示结果。为了方便比较结果，程序使用字典保存牌力大小，字典元素的关键字为花色和数字，元素的值为牌力大小，在系统抽出一张牌后，通过查询字典的值就可以互相判断出大小。

字典的形式如下：

```
{牌:牌力大小,牌2,牌力大小...}
```

4.6.1 生成牌力查询字典

字典的推导式使用如下的格式：

```
{关键字计算式:值计算式 for 变量 in 集合 if 变量的表达式}
```

为形成带花色的牌面，首先，定义一组不带花色的牌，可以使用如下的推导式：

```
cardText = [str(number) for number in range(2,10)] + ['J','Q','K','A']
```

上面的表达式形成如下所示的列表，元素的位置其实就是牌力的大小。

```
['2', '3', '4', '5', '6', '7', '8', '9', 'J', 'Q', 'K', 'A']
```

上面代码使用了列表之间的加法运算，可以把多个列表合并成一个列表。

其次，定义四个花色，可使用如下列表：

```
cardSuit = ['♠','♡','♣','◇']
```

这里使用了黑桃、红桃、梅花、方块4个特殊字符，用户可以通过输入法调出“特殊字符”来输入这4个特殊字符。在程序中，使用两个字符拼在一起来表示一张完整的牌：♠2就表示黑桃2。

如何把这两个列表使用的推导式“拼”到一起呢？

首先，分析关键字：假设把没有花色的字符设置成变量t，把花色符号设置成s，程序最终是要形成t+s的计算结果，即把两2个字符连接起来。

其次，分析牌力值：定义为牌面数字在上面列表cardText的位置（因为不考虑花色，例如不同花色的2的牌力都是0）；于是字典中单个元素可以写成如下的计算式：

```
t+s:cardText.index(t)
```

注意：其中index()方法是列表特有的用来查询并返回某个元素位置的函数。

上式有t和s共计两个变量，在推导式中也必须使用两个for循环语句相对应：

```
for t in cardText for s in cardSuit
```

所以，把上面两段分析代码组合在一起，得出最终牌力查询字典的代码如下：

```
#牌的字符
01  cardText = [str(number) for number in range(2,11)] + ['J','Q','K','A']
#牌的花色
02  cardSuit = ['♠','♡','♣','♢']
#生成52张牌
03  cardDict = {s + t:cardText.index(t) for t in cardText for s in
cardSuit}
#加入小鬼和大鬼
04  cardDict.update({'Joker-':12,'Joker+':13})
05  print(cardDict)
```

第3行语句使用两个for循环来生成两个循环变量的推导式；整个54张牌的生成只使用了前3行代码；第4行使用了字典变量update()方法以加入大、小鬼牌元素。下面是运行结果：

```
{'♠2': 0, '♡2': 0, '♣2': 0, '♢2': 0, '♠3': 1, '♡3': 1, '♣3': 1,
'♢3': 1, '♠4': 2, '♡4': 2, '♣4': 2, '♢4': 2, '♠5': 3, '♡5': 3,
'♣5': 3, '♢5': 3, '♠6': 4, '♡6': 4, '♣6': 4, '♢6': 4, '♠7': 5,
'♡7': 5, '♣7': 5, '♢7': 5, '♠8': 6, '♡8': 6, '♣8': 6, '♢8': 6,
'♠9': 7, '♡9': 7, '♣9': 7, '♢9': 7, '♠J': 8, '♡J': 8, '♣J': 8,
'♢J': 8, '♠Q': 9, '♡Q': 9, '♣Q': 9, '♢Q': 9, '♠K': 10, '♡K':
10, '♣K': 10, '♢K': 10, '♠A': 11, '♡A': 11, '♣A': 11, '♢A': 11,
'Joker-': 12, 'Joker+': 13}
```

4.6.2 生成一副扑克并洗牌

因为字典的无顺序特征，上面字典只能作为查询使用，为进行抽牌游戏，需要使用列表再生成一副扑克牌。代码如下所示：

```
oneSetCard = [s + t for t in cardText for s in cardSuit] + ['Joker-
','Joker+']
```

为继续扩展游戏需要的代码，现在把洗牌和抽牌的代码加入：

```
import random
for c in range(len(oneSetCard)):
    oneSetCard.append(oneSetCard.pop(random.randint(0,len(oneSetCard)-1)))
#输入您的选择
myCard = oneSetCard[int(input('牌已洗好，输入您选第几张(0-53):'))]
#计算机进行选择
robotCard = oneSetCard[random.randint(0,len(oneSetCard)-1)]
```

在这里oneSetCard变量代表一副已经洗好的扑克牌，通过键盘输入抽第几张，实际上输入数字是牌的位置。

4.6.3 游戏的全部程序

下面是游戏全部的代码：

```
#牌的字符
cardText = [str(number) for number in range(2,11)] + ['J','Q','K','A']
#牌的花色
cardSuit = ['♠','♡','♣','◇']
#生成整个52张牌
cardDict = {s + t:cardText.index(t) for t in cardText for s in cardSuit}
#加入小鬼和大鬼
cardDict.update({'Joker-':12,'Joker+':13})
print(cardDict)
#形成有顺序的一套牌
oneSetCard = [s + t for t in cardText for s in cardSuit] + ['Joker-
','Joker+']
#洗牌
import random
for c in range(len(oneSetCard)):
    oneSetCard.append(oneSetCard.pop(random.randint(0,len(oneSetCard)-1)))
#输入您的选择
myCard = oneSetCard[int(input('牌已洗好，输入您选第几张(0-53):'))]
#计算机进行选择
robotCard = oneSetCard[random.randint(0,len(oneSetCard)-1)]
#显示你们抽中的
print('您抽中%s，计算机抽中%s'%(myCard,robotCard))
#判断输赢
if cardDict[myCard] > cardDict[robotCard]:
    print('恭喜，您赢了！')
elif cardDict[myCard] == cardDict[robotCard]:
    print('平局！')
else:
    print('遗憾，您输了！')
```

上述程序没有使用复杂的循环，利用推导式生成54张扑克牌，利用字典的关键字查询，获得牌力值。在上面的程序中，如下语句为字典的查询表达式：

```
cardDict[myCard]
```

本章抽牌游戏的示例充分体现了字典妙用，即根据“关键字”来查询值。

话题回到探险故事中，在那个冷冷的风雪之夜，Wenny在温暖的书房里教授我们学习了很多Python的魔法技巧并且告诉我们，明天上午他的主人要回来，他将会揭开雪山的秘密。

4.7 本章小结

在本章我和Joe在Wenny的城堡中度过了温暖的夜晚，掌握了很多关于集合数据类型的知识，学习了如下的知识点：

- 列表、字典、集合、元组的概念和用法
- 推导式的介绍
- 双重循环推导式
- 列表的添加、删除、插入等操作

4.8 课后作业

（1）请帮助Joe生成一个记录10个勇士体重的字典，并可以根据输入的姓名查询。

张飞	赵云	张辽	马谡	韩信	吕布	关羽	马超	马忠	黄忠
80	95	80	86	120	110	110	170	140	90

（2）使用推导式来生成一个半径为1，2，…，20的圆面积的列表。

第5章 做好指挥官——流程图

早晨一缕阳光照进城堡，从书房的窗外望去，远处的雪山似乎近在眼前。这时，Wenny戴着帽子敲门进来，并带来了城堡的主人——年轻的魔法师Henry。

原来Henry很多年前就来到这里调查雪山，所以知道雪山的秘密。下面我们就要规划行动去破解难题，在魔法世界，流程图是规划行动的必需选择。

本章介绍在编写复杂程序之前，必须要进行重要规划步骤，即画出流程图。在本次探险中，即使条件、循环语句使用得再熟练，字符串、列表、字典使用得再流畅，如果一场行动没有谋划与规划，还是会功亏一篑。本章城堡的主人将会教授我们怎么做一个优秀的指挥官。

5.1 流程图简介

扫一扫，看视频

流程图的定义是：对某一个问题的定义、分析或解法用图形表示，图中用不同的种符号来表示操作、数据、流向及装置等。程序流程图表示程序中的操作顺序。换言之，程序流程图就是通过画图的方式表达程序运行的所有路径，通过使用箭头和框图把程序运行的步骤与路径展示出来。如果程序比较简单，一般的单个流程图就可以完成，而比较复杂的程序可以通过子流程图的方式制作出多个流程图。

流程图使用一些标准符号代表某些类型的动作，如决策用菱形框表示，具体活动用方框表示。但比这些符号规定更重要的，是必须清楚地描述工作过程的顺序。流程图也可用于设计改进工作过程，具体做法是先画出事情应该怎么做，再将其与实际情况进行比较。

5.2 流程图的基本元素

扫一扫，看视频

流程图的基本元素包括箭头、框和文字。箭头表示信息、物体传递的方向或是程序运行的方向；框由不同的形状组成，不同的形状代表不同的含义与动作；文字处于框内或是箭头边上，用来说明步骤或是信息流的含义。

根据国家规范《信息处理数据流程图、程序流程图、系统流程图、程序网络图和系统资源图的文件编制符号及约定》（GB1526—1989），流程图有非常固定的规则。

下面我们就开始学习如何画出让所有人都明白的流程图吧。

5.2.1 处理

处理符号图形表示各种处理功能。例如，执行一个或一组确定操作，从而使信息的值、形式或位置发生变化，或者确定几个流向中的某一个流向，如图5.1所示。

处理的文字说明

图5.1 处理符号图形

实际上这是流程图中最常用的，基本上程序中大部分的动作都可以使用该符号来表示。

5.2.2 端点符

端点符符号图形表示转向外部环境或从外部环境转入。例如，程序流程的起始或结束、数据的外部使用及起源（或终点），如图5.2所示。

在流程图中，使用端点符的椭圆矩形来表示一个程序的开始或是结束，在比较大型的项目中，使用端点符也可以来表示从一个过程跳转到下一个过程。有了端点符与处理，再加上使用

箭头来表示程序运行的方向，就可以画出最简单的“显示Hello King”程序的过程，如图5.3所示。

有时，在某个过程的前后，可以使用文字标记输入与输出的变量，从而可以更好地表示这个过程，第4章中给扑克牌洗牌的流程图表示如图5.4。

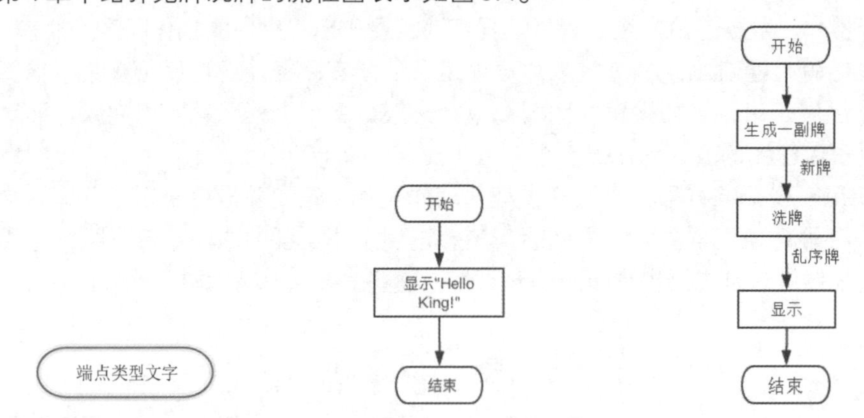

图5.2　端点符符号图形　　图5.3　简单的流程图　　图5.4　带输入与输出的流程图

通过图5.4可以看出在洗牌步骤中，信息输入是一副新牌，而信息输出的是乱序牌，通过这样标注，读者就会很清楚洗牌的步骤是具有输入和输出的独立模块。

5.2.3　判断

判断符号图形表示判断或开关类型功能。该符号只有一个入口，但可以有若干个可选择的出口。在对符号中定义的条件进行求值后，有一个且仅有一个出口被激活。求值结果可在表示路径的流线附近写出，如图5.5所示。

猜数字的游戏是，由计算机想出一个数，再根据用户的输入显示猜中还是猜不中，流程图如图5.6所示。

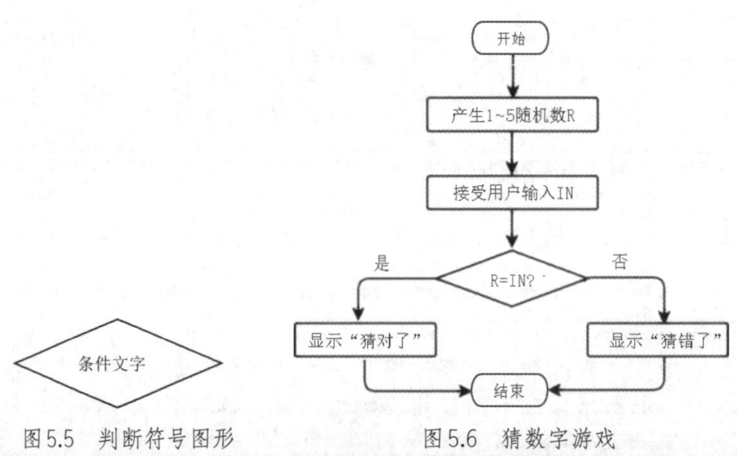

图5.5　判断符号图形　　图5.6　猜数字游戏

如图5.6所示，在菱形的条件判断框内，判断R是否等于IN，在左侧的箭头线上面写着文字“是”，代表如果条件成立就执行左侧的流程；在右侧的箭头线上写着文字“否”，代表如果条件不成立就执行右侧的流程。

5.2.4 数据

平行四边形可以表示未指定媒体的数据，如图5.7所示。此符号图形可以表示任意媒体的数据，比较通用。

5.2.5 显示

显示符号图形表示数据的输出，媒体可以是任意类型的，例如屏幕、联机指示器等。在处理过程中，用这些媒体把信息显示出来供人们使用，如图5.8所示。

5.2.6 人工输入

人工输入符号表示数据输入的媒体可以是任意类型的，例如联机键盘、开关装置、按钮、激光笔、条形码输入器。在处理过程中，信息以人工方式送入，如图5.9所示。

图5.7 数据符号图形　图5.8 显示符号图形　图5.9 人工输入符号图形

5.2.7 循环界限

循环界限符号图形分为两个部分，分别表示循环的开始和结束。在该符号图形的两个部分中要使用同一标识符。

初始、增量和终止量条件按其测试操作位置分别出现在开始符号或结束符号内，如图5.10所示。

本小节介绍了7个用于画流程图的基本符号，虽然不全面，但由于程序中涉及的其他符号在Python程序很少用到，加上基本上所有的动作都可以使用矩形框图来替代，所以这里就不再介绍了，有兴趣的读者可以去百度百科研究一下所有的流程图符号。

图5.10 循环图形

5.3 典型的流程图示例

扫一扫，看视频

为加深读者对流程图的认识，本节介绍Henry曾经画过的典型流程图，希望通过详细的介绍，能让读者画起流程图来得心应手。

5.3.1 剪刀、石头、布

Henry也曾用计算机玩过最简单的剪刀、石头、布的游戏，那么看看他的流程图是如何画的，如图5.11所示。

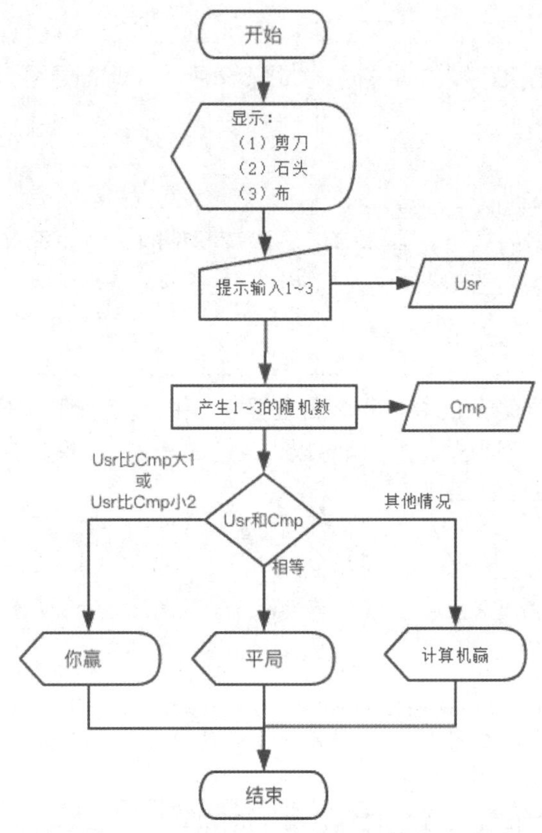

图5.11　剪刀、石头和布的程序流程图

5.3.2 无人侦察车

在众多流程图设计稿中，让Henry最得意的是在一次探索雪山的过程中，遇到了神秘洞穴，为了安全探索这个洞穴，Henry决定让无人侦察车先进去观察雪山的内部情况，这个流程图就是无人侦察车的自动行驶程序。

为把所有的洞口都探索完，车辆首先前行，如果碰到障碍，则停下探测前、左、右三边，选择没有障碍且都没有经过的方向前行，如果有多个边都符合条件，就随机选一个方向前行，如果三边都有障碍，就原路回到上次碰到障碍的位置，按相同的原则继续选择方向前行，流程图如图5.12所示。

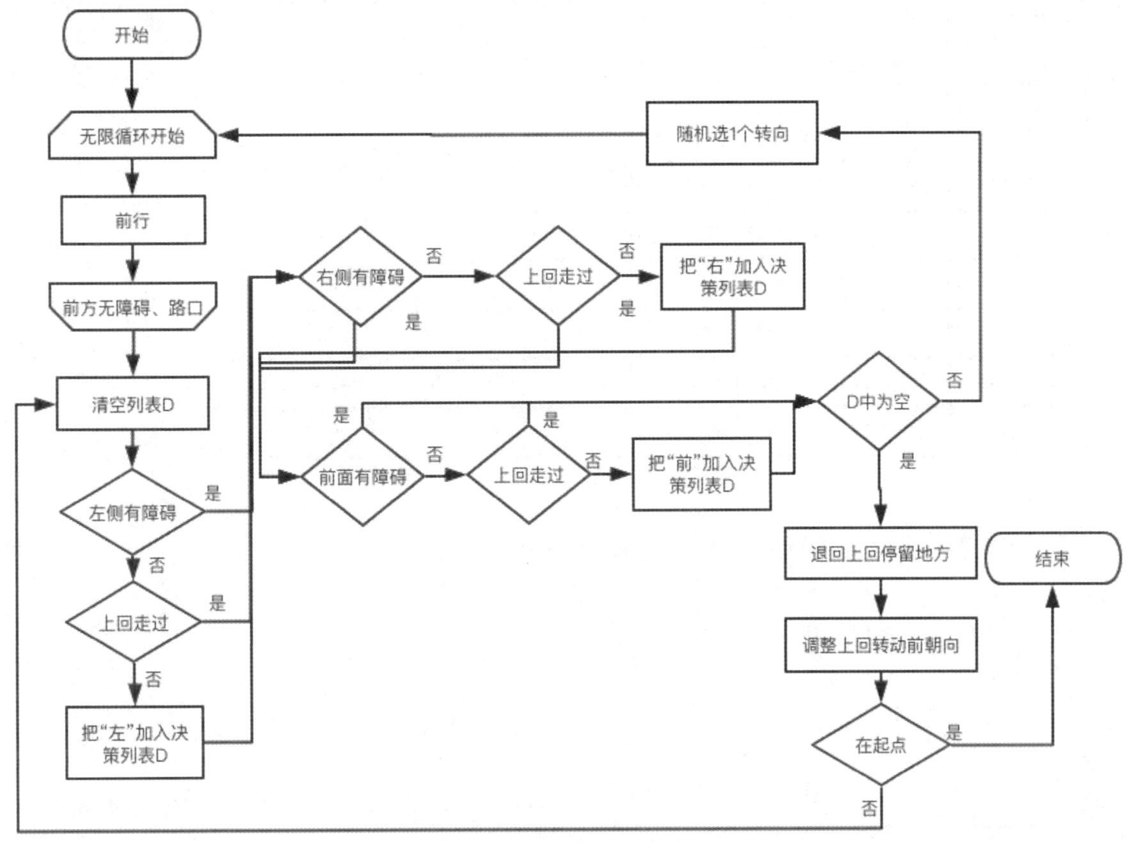

图5.12 智能无人车的侦查流程

5.4 测试小任务——打印九九乘法表

扫一扫，看视频

对流程图的认知，代表着程序规划的能力。到了Henry考察我们编程能力的环节了，现在的问题是如何用流程图规划打印九九乘法表的过程，为提高打印的美观程度，必须把框线也打印出来。

从流程图来看，在分析问题时应由外向内分析，观察图5.13的九九乘法表，首先可以发现这个表格其实就是半个表格。

1×1 = 1								
1×2 = 2	2×2 = 4							
1×3 = 3	2×3 = 6	3×3 = 9						
1×4 = 4	2×4 = 8	3×4 =12	4×4 =16					
1×5 = 5	2×5 =10	3×5 =15	4×5 =20	5×5 =25				
1×6 = 6	2×6 =12	3×6 =18	4×6 =24	5×6 =30	6×6 =36			
1×7 = 7	2×7 =14	3×7 =21	4×7 =28	5×7 =35	6×7 =42	7×7 =49		
1×8 = 8	2×8 =16	3×8 =24	4×8 =32	5×8 =40	6×8 =48	7×8 =56	8×8 =64	
1×9 = 9	2×9 =18	3×9 =27	4×9 =36	5×9 =45	6×9 =54	7×9 =63	8×9 =72	9×9 =81

图5.13　九九乘法表

再继续把整个图形分行拆成如图5.14所示的9行。

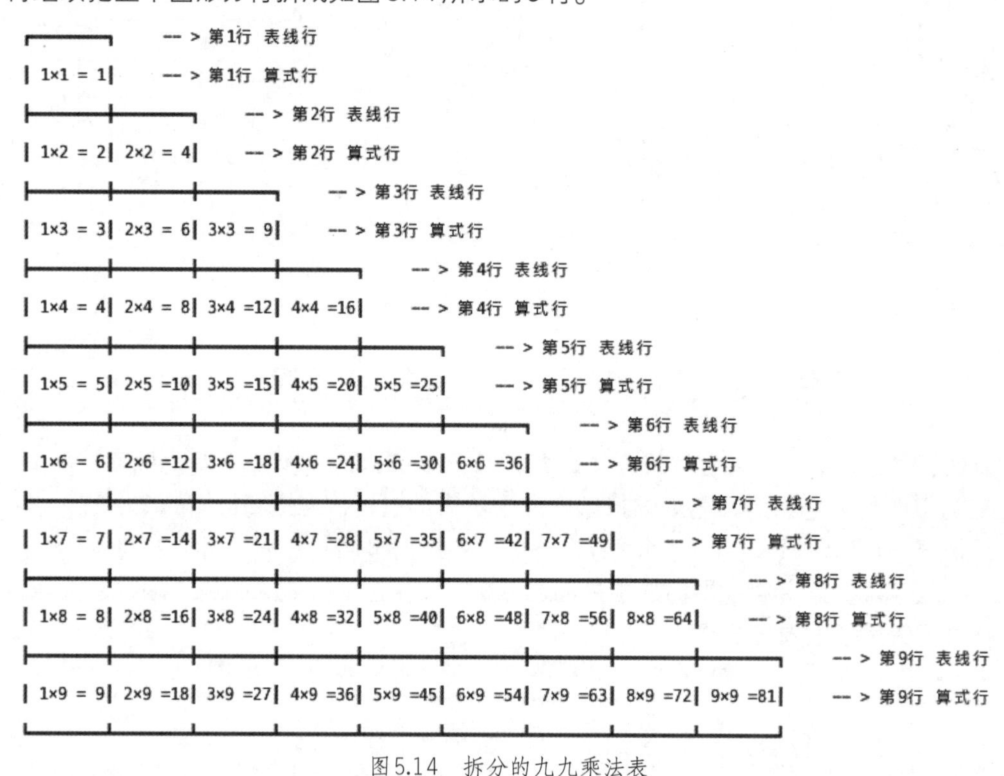

图5.14　拆分的九九乘法表

在第i行循环开始后，程序实际应打印2行，首先是算式行上面的表线行，然后是算式行。系统对1~9行表线与算式都打印完毕，还应补打最后一行的制表符。在写流程图时，先不要考

虑行内具体应该怎么实现，只考虑形成初步的流程图即可。如图5.15所示为简化的九九乘法表打印程序。

在图5.15中，使用了一个行间循环，其中，“打印一整行算式”这个复杂的过程，使用了一个“预处理”框，以表达这个步骤其实可以再进行细化，或是还有其他的流程图来说明这个步骤。

下面再仔细分析一整行算式是如何打印出来的，同样假设第3行。

算式行:|1×3=3|2×3=6 |3×3=9 |。

通过观察把如下括号内的内容进行分组。

分组:(|1×3=3)，由于算式可以通过变量来形成，那么这个分组就是(|算式表达式)，继续研究发现第1行有1组，第2行有2组，…，第9行有9组，使用内层行内的循环控制1至该行号的列。

经过详细的分析，那么可以扩展流程图，如图5.16所示。

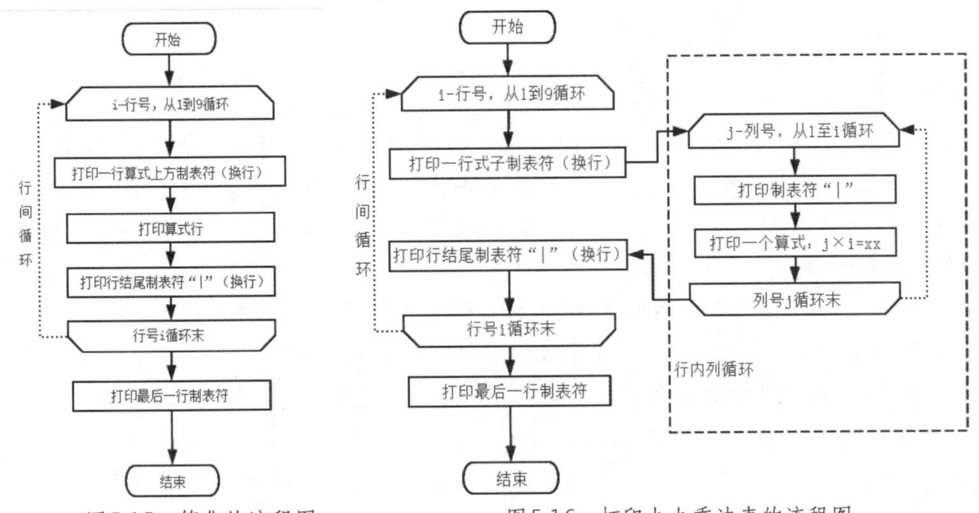

图5.15 简化的流程图　　图5.16 打印九九乘法表的流程图

图5.16中使用变量i表示行号，变量j表示列号，从一开始就初始化两个变量为1。总的流程由两部分组成，最外层的循环在左侧，内部循环在右侧；外层循环负责行内信息，内层的循环负责列中单个算式的打印。最外层循环：开始后，直接打印一行制表符，打印完毕后就交给内部的循环去控制打印的每列算式。行中所有的算式打印完成后，再补打印一个竖线“|”制表符。经过这个过程，一行的工作就完成了。在所有9行制表符和算式都打印完后，再完成最后一行的表格线。

需要说明的是，分析流程图必须由外到内，采取剥洋葱式的分析过程，必要时不用关心每一个步骤是如何实现的。但把流程图转变为程序时，就必须先从核心步骤开始从内向外编写代码。只有解决了所有的细节问题，才能把所有的步骤组合成程序。

其实本程序最终写完只有6行，下面先从核心步骤来分析。

扫一扫，看视频

5.5　把流程图转成程序

本节把上节分析所得流程图由内而外一步步转换成程序代码，通过图形转代码的过程可以引导读者强化实现代码的能力。

5.5.1　打印的核心步骤

编写代码时要找出核心步骤，从内向外慢慢进行。这里的核心步骤之一是：打印出单个的算式。在算式中，有两个变化的数字，即行号和列号，如下所示：

2× 3 =6

列 × 行 = 结果

占用：2、1、2、1、2 共计8个字符。

```
print("┃%2d×%-2d=%2d"%(j,i,i*j),end='')
```

为固定住每一个算式的长度，通过格式化字符串把所有的数字格式都设置成了两位，这样就不会出现因为长度不固定而不好计算表格线要划多长的问题。在print()函数参数中使用end=''可以让系统在打印完算式之后不换行。

下面分析表格线的打印，表格线字符可以通过输入法的特殊字符来输入“制表符”（也可以直接在网上搜索制表符并且复制粘贴到程序中）。制表符是一种特殊的字符，但对计算机来说它们与用户输入的文字没有不同，一套完整的制表符由9个特殊字符组成，如图5.17所示，有了制表符就可以画出表格来。

┌ ┬ ┐
├ ┼ ┤
└ ┴ ┘

图5.17　一套完整的制表符

5.5.2　表格线

每行的制表符基本类似，假设目前循环处于第i行，各种不同的制表符打印的位置与数量具有一定的规律，为便于观察，下面断开不同表线之间的连接，分析如下：

表线：├──────────┼ …──────────┐

1个├　　8个─、　1个+　　　　8个─、　1个

规律：1个　　　(*i*−1)组　　　　　1组

利用字符串的乘法，可以写出如下代码：

```
print('├' + ('─'*8 + '┼') * (i-1) + '─'*8 + '┐')
```

除上面的情况外，第1行表格线稍有不同（即当i==1时），其首字符为┌，程序中使用两个不同的print()并结合条件判断语句可以完成打印不同表格线。下面介绍更简单的方法。

5.5.3 三元操作符

为了更灵活地根据不同条件返回不同的值，Python使用三元操作符，格式如下：

```
值1 if 条件 else 值2
```

当条件满足要求时返回值1，当条件不满足要求时返回值2。

三元操作符是简化的条件语句，适合应用在只有返回值不同的情况下。设行号为变量i，当i==1时返回┌，其他情况返回├，三元操作符表达式如下：

```
'┌' if i==1 else '├'
```

比如，某次考试的分数为变量x，如果x>50返回合格，x<=50返回不合格，可以使用如下的三元操作符表达式：

```
'合格' if x>50 else '不合格'
```

那么本节中打印每行制表符的代码再引入三元操作符后可以简化，如下所示：

```
print(('├' if i>1 else '┌') + ('─'*8 + '┼') * (i-1) + '─'*8 + '┐')
```

在所有数据打印完成后，还缺少最后一行的制表符，其打印代码如下所示：

```
print('└' + ('─'*8 + '┴')*8 + '─'*8 + '┘')
```

完整的打印9×9乘法表和其表格线的程序如下：

```
for i in range(1,10):
    print(('├' if i>1 else '┌') + ('─'*8 + '┼') * (i-1) + '─'*8 + '┐')
    for j in range(1,i+1):
        print("│%2d×%-2d=%2d"%(j,i,i*j),end='')
    print('│')
print('└' + ('─'*8 + '┴')*8 + '─'*8 + '┘')
```

本程序运行后，可以在屏幕上打印出与图5.14一样的带表格框的九九乘法表。通过对流程图的学习，再经过我与Joe的反复分析，应用双层循环、字符串乘法、三元运算与制表符等知识，成功打印出了完整的表格线与算式。

此时，我们可以准备出发去执行任务了。从Henry的口中我们得知，曾经有从北境来的魔法使者Snow来到曾经四季如春、生机勃勃的雪山，他非常喜欢这里，于是定居下来。他的女儿Aya告诉他有点怀念下雪，想和爸爸一起堆雪人。为在女儿生日时完成她的愿望，Snow在山上某处布置了魔法球，准备给女儿一个惊喜。谁知，魔法球最后不受控，无法停止运转，给魔法王国造成了巨大的困惑。

5.6 本章小结

在本章中，我和Joe为了做合格的指挥官，在城堡主人Henry的指导下学习了程序流程图的

制作，了解了制表符与三元表达式，并通过九九乘法表的示例，明白完成复杂的程序规划和设计是非常重要的。

5.7 课后作业

（1）画出我们与计算机玩三局两胜剪刀、石头、布的流程图。

（2）试着帮助妈妈做一次饭，并试着画出煮水饺的流程图。

第6章 函数与其他高级特性

而在出发去雪山之前，Mark和小朋友们要开始把工具整理打包。日常生活中，人们会把一套运动动作编排成一套广播体操，或是把武术动作编排成一套拳法。在编写计算机程序的过程中，一系列前后连续的计算机语句组合在一起的结构称为函数。本章主要介绍如何在程序中定义和使用函数。

扫一扫，看视频

6.1 函数

函数的定义是一段连续相关的语句的集合，这段语句如果有名称就是普通函数，如果没有名称就是匿名函数。函数定义完毕后，可以在任何地方随时被调用。在探险中，为了做出破解程序来破解阵法中的12个魔法球，我们需要在12个地方同时调用同一段代码，这就应用到了函数可以被反复调用的特性。

6.1.1 函数很简单

函数可以看成是某段语句的节选，通常把一段完成特定功能的计算机语句组成函数，请注意节选的这段语句不是无意义的组合，而是用来完成单个比较完整的功能（比如计算面积）。这样在下次需要这个功能的时候，能通过函数的调用实现，而不需要重复写相同的语句。

使用def 函数名()的形式来定义函数，以下定义了打印Hello的函数：

```
def sayHello():
    print( 'Hello' )
```

函数定义完成后可以在程序的任何地方通过sayHello()语句打印出Hello。

函数定义的语法如上所示，要求函数内部所有的语句都需要多缩进4个空格以表示如下相关语句隶属于函数，缩进的要求与循环、条件语句异曲同工。

在1.8.3小节中制作的变换人名生日祝福程序中，通过input()函数来获得用户输入的姓名，如果在程序中使用参数会给程序员增加一定的灵活性，写程序时可以通过调用sayHappy('King')给国王送去祝福。

在定义带参数的函数时，直接把参数变量写在函数定义括号的内部。参数可以自由命名，在函数语句中，可以把参数直接当变量使用，因此，在写函数内部的语句时，括号内部的参数值并不需要关心，生日祝福的函数可以这样写：

```
def sayHappy(name):
    print("Happy Birthday, "+ name)
sayHappy('Queen')
sayHappy('King')
```

在函数sayHappy()定义后的主程序中（与def语句同样的缩进等级）包括两个函数调用语句，即使用函数名称sayHappy直接调用该函数两次，运行程序后的结果如下所示：

```
Happy Birthday, Queen
Happy Birthday, King
```

6.1.2 参数与返回值

函数的完整定义如下所示，def表示函数定义，系统通过语句的缩进判断语句是否在函数体内部，如果下面某行语句不使用缩进就表示函数定义结束：

```
def 函数名(参数1,参数2=默认值1,参数3=默认值2):
    程序语句1
    程序语句2
    …
    return 返回值
主语句1
主语句2
```

在Python系统中，有很多已经编写好的函数，比如使用过的input()就是一个系统内置函数，其完成的功能是：根据括号内的参数来显示提示的字符串，接收用户输入，并返回用户输入的值。

函数的参数和返回值类似于函数的输入和输出。参数用来处理调用者传递进来的值，返回值把计算结果返回给调用者。为重复利用洗牌功能，现在定义一个洗牌的函数，传递进入的牌可以被当成参数，洗好的乱序牌可以被当成是返回值返回给调用者。如下代码定义了函数washCard，主程序通过print()函数打印出它返回的结果。

```
01  import random
02  def washCard(cards=None):
03      if cards is None:
04          cards = [str(x) for x in range(2,11)] + ['J','Q','K','A']
05      for i in range(len(cards)):
06          cards.append(cards.pop(random.randint(0, len(cards)-1)))
07      return cards
08  print(washCard())
```

仔细分析一下上面的代码有何玄机：

第1行：import random，这是主程序的一部分，告诉计算机本程序将会使用到random这个系统内置的工具包。

第2行：def washCard(cards = None)，其中，def是定义函数必须使用的关键字；washCard是这个函数的名称，可以随便命名，但是建议使用有意义的英文单词；接着必须跟着一对括号才表示是函数，括号里可以有参数，也可以不使用参数而直接使用一对括号。

None是Python内置的类型，表示“空”值。在很多没有值的情况下，把变量的值赋值成None是一个好习惯。

cards是函数的参数变量，可以由使用者随便命名，建议使用英文有意义的单词进行命名，这个变量的值是被系统自动赋值的，在其他地方调用这个函数，比如washCard(1234)时，那么cards 的值就是1234。

cards=None表示的是当用户不明确传入参数值时，参数变量cards的值是None。

本行还可以写成def washCard(cards)即这个参数没有默认值，那么就意味着调用这个函数时，必须要指定数值，否则调用语句就会出错。

第3行：if cards is None，是一个判断语句，它判断cards是不是一个空值，在这里is是运算，会判断两边的变量是否是同一个对象，是就返回True，在这里也可使用 == 来进行判断。

第4行：cards = [str(x) for x in range(2,11)] + ['J','Q','K','A']，作用是生成一副排好顺序的新牌，结合第3行，这两行其实表示的是，如果不传入任何值，程序就会自动生成一副新牌。

第5行：for i in range(len(cards))，其中len(cards)是指传入的牌的长度，如果是列表，那么就是列表中元素个数，整个语句表示开启一个次数为牌个数的循环。

第6行：cards.append(cards.pop(random.randint(0, len(cards)–1)))，这个语句在前面洗牌的程序时已经详细解释过，它从牌中随机抽出（pop()函数）一张牌，然后放在牌的最后（append()函数），这个随机的位置是从序号索引0开始，一直到最后一张牌的序号len(cards)–1。

结合第5、6行，意味着随机抽放牌的动作会重复整副牌数量的次数，这样可以保证牌会被洗得足够乱，当然也可以定义抽100次或是2倍的次数。

第7行：return cards，这是定义函数语句的一部分，表示函数运行结束且程序的控制权返回调用函数的地方，返回给调用者cards这个变量的值。

如果return语句不在条件语句内，就意味着整个函数运行的结束。

由于Python使用缩进来表示一系列同级别的语句段落，在def语句后面，不再出现缩进即表示函数定义结束，即说明函数也可以没有return语句，也可以没有返回值，这就类似于print()函数，该函数会在运行的过程中在显示器中打印出字符，但是从来不会返回给调用者任何值，因为不需要。此外，当然也可以在return语句后面继续编写属于函数的语句程序，系统虽然会把这些语句当成函数的一部分，但永远得不到执行。

第8行：print(washCard())，这是显示语句，虽然它是第8行，但是从系统的角度来看，其实质上是跟着import语句，紧接着第2个执行的，因为本语句与第2行def语句是拥有相同的缩进格式，是同级语句，def定义函数的语句在没有调用之前是不会被执行的，只起到定义的作用。本语句的作用是显示洗牌的结果。

扫一扫，看视频

6.2 函数与变量的关系使用

正如小朋友们天马行空的想象力一样丰富，Python的变量也是多变的，变量可以变成系统中任何的东西，其中包括数字、字符、列表、字典等数据，而且变量也可以变成函数。本节介绍如何把函数赋值给变量，并且加以应用。

6.2.1 函数变量的使用

掌握了函数的定义后，读者们可以再继续发挥想象，在计算机中，函数与数字、字符串也没有什么不同，变量既然可以代表数字和字符串，也可以代表函数。

试试把函数装进一个变量里，使用6.1.1小节中生日祝福的函数，如下两条语句所示：

```
01  sh = sayHappy
02  sh('zhang')
```

注意：在赋值时函数名后面不能跟()。

第1条语句使用了变量sh，并把sayHappy函数赋值给它。

第2条语句使用了这个变量sh，后面跟了()并且在括号内使用了参数，输入了一个字符串zhang。

整个程序如下所示：

```
def sayHappy(name):
    print("Happy Birthday, "+ name)
sayHappy('Queen')
sayHappy('King')
sh = sayHappy
sh('zhang')
```

运行之后的结果如下所示：

```
Happy Birthday, Queen
Happy Birthday, King
Happy Birthday, zhang
```

使用变量代表函数后，这个变量调用就和调用函数形式一模一样，上面的代码并没有定义sh为函数，而是通过把另一个函数赋值给它而让sh有了和这个函数一样的功能。

6.2.2 参数中使用函数变量

在函数的定义中，参数变量起到输入数据的作用。那么如何在参数中使用函数变量呢？继续扩展6.2.1小节的生日祝福程序。现在有两个程序分别是sayHappy和sayHello，分别用来实现生日祝福和问候功能。如下的程序可以把函数名称作为参数值传递进去，在合适的时候执行生日祝福或是问候功能。

```
def sayHappy(name):
    print("Happy Birthday, "+ name)
def sayHello(name):
    print("Good days, "+ name)
def meet(name,say):
    print('You meet ' + name)
```

```
    say(name)
meet('zhang',sayHappy)
meet('zhang',sayHello)
```

以上代码定义meet()函数，参数say是一个函数类型的参数变量（根据语句中其带括号的调用方式看出来）。meet()的作用是：显示你遇见了谁，然后打招呼。通过传递进来的函数类型的参数变量来决定打"生日快乐"的祝福还是"普通问候"，因此定义meet()时，对于打什么招呼并不用多关心。

但是，程序在调用meet()函数时必须要把使用什么"方式"打招呼确定好，便于最后两行调用语句分别使用不同的函数来完成meet的动作。

这样做的好处是，增加了程序的耦合性，使得多人在编写各自的模块时，可以专注自己负责的部分，而不用在乎别人程序的具体功能实现。在编写meet()的代码时，不需要提前知道太多的细节（比如使用英文还是中文、生日祝福还是普通问候），只要知道传进来函数的功能即可，具体细节可以通过在其他程序进行定义。

6.2.3 参数的名称调用方式

Python的参数的调用方式非常灵活，继续以打招呼为例。Henry说在他们的国度打招呼，必须带上星期和天气，否则就会很不礼貌；而在雪山这里因为天气不好，见面打招呼绝不能带上天气，否则气氛就会很尴尬。

定义打招呼的函数，如下所示：

```
def sayHello(name,week='',weather='')
```

先不考虑具体代码的内容，本函数共有3个参数，第一个参数是name，没有默认值，因此是必须参数，第二、三个参数是week和weather，是可选参数。

如下调用方式既有星期也有天气：

```
sayHello('zhang','Wed','fine')
```

这种调用函数的方式的参数称为"位置参数（值）"，即通过逗号把所有参数的值顺序依次在括号内排开。

也可以使用参数的名称来赋值，这种使用参数名称来传递值的参数调用叫关键字参数（值），如下所示：

```
sayHello(name = 'zhang',week = 'Mon',weather = 'rainy')
```

或是两种方式混合调用，只说天气不说星期：

```
sayHello('zhang',weather='sunny')
```

在混合调用时，必须确保关键字参数在位置参数的右边，如下的调用方式是不被允许的：

```
sayHello(name = 'zhang','sunny')
```

如下的代码通过应用上面提到的3种参数调用方式，展示出不同调用方式下不同的运行结果：

```
def sayHello(name,week='',weather=''):
    print("Hello " + name + ". ",end = '')
    print(("Wish you have a nice " + week + ". ") if week !='' else '',end
= '')
    print(("We have a " + weather + " day,isn't it?") if weather !='' else
'')
sayHello('zhang')
sayHello('zhang','Friday','good')
sayHello(name = 'zhang',weather = 'fine')
sayHello('zhang',week='Monday')
```

运行结果如下所示：

```
Hello zhang.
Hello zhang. Wish you have a nice Friday. We have a good day,isn't it?
Hello zhang. We have a fine day,isn't it?
Hello zhang. Wish you have a nice Monday.
```

函数定义了带有默认值参数的函数，并且灵活地用了不同的参数调用方式，完成了给不同地区的人，使用不同的方式进行打招呼的功能。

6.2.4 位置参数的*运算

"其实这样还不是最方便的"，Joe继续说道："有的时候，根本不知道要传过来几个参数。就拿打招呼来说，比如你能知道要碰到几个人、要和几个人打招呼吗？" 这时Wenny拿出一个*号，说它可以解决。

在函数的参数里，可以使用*号运算，把所有的使用位置参数值压缩成一个元组参数，顺序与位置参数的顺序一样。继续举sayHello的例子，假设早上起床时Henry要和迎面过来的勇士们打招呼，定义如下的函数：

```
def sayHello(*args):
```

这时，在参数前加一个*号运算符，表示把传入的所有参数当成一个元组中所有的元素传给args，那么给多人sayHello的程序是否就可以这么写：

```
def sayHello(*args):
    for name in args:
        print("Hello "+ name)
sayHello()
sayHello('Henry','Partinton')
sayHello('Henry','Partinton','Tony Spark')
```

运行上述程序可以发现，即使不填参数值，程序也可以运行。

如果定义函数时想要一个必填的参数，可以把必填参数写在*args的左边。如下述代码所示，加入一个必填的天气问候参数：

```
def sayHello2(weather,*args):
    for name in args:
        print("Hello "+ name)
    print("It is a " + weather + " day.Isn't it?")
sayHello2('windy','Henry','Partinton')
sayHello2('cloudy','Henry','Partinton','Tony Spark')
```

上面程序中的函数定义增加了必填参数weather，因此调用时，必须要填上天气的字符串，随后从传入的第2个参数起所有的位置参数都会被压缩进args这个参数变量中。上面程序的运行结果如下：

```
Hello Henry
Hello Partinton
It is a windy day.Isn't it?
Hello Henry
Hello Partinton
Hello Tony Spark
It is a cloudy day.Isn't it?
```

此外，需要说明的是，如果调用函数的参数中有“关键字参数”，这个参数的值是不会被放在*操作变量中的，在命令行有如下的运行结果：

```
>>> def sayHello2(*args,weather):
...     print(','.join([x for x in args]))
...     print('we have a ' + weather + ' day')
...
>>> sayHello2('zhang','huang',weather='good')
zhang,huang
we have a good day
```

6.2.5 关键字参数的**运算

参数的**运算与参数的*运算有着类似的作用，当参数数量不确定的时候，**运算后面的参数变量可以存储所有参数的值，但是**运算只是适用于关键字参数，**运算产生的值是一个字典。这个字典保存了所有使用关键字调用方式的参数值。

定义的方式如下：

```
def 函数(**args):
```

如果调用的方式如下：

```
函数(key1=value1,key2=value2)
```


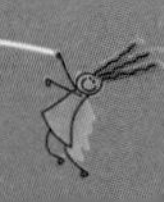

那么在函数内部，args的值就是如下结构的字典：

```
{'key1':value1,'key2':value2}
```

继续使用上面打招呼的例子进行说明。在函数代码中增加了直接显示参数的值：

```
def sayHello(**args):
    print(args)
    print('Hello ' + args['name'])
    print('We have a ' + args['weather'] + ' day')
    print('What a nice ' + args['week'] + ' today')

sayHello(name="Joe",week="Monday",weather="sunny")
```

程序通过最后一行语句调用这个函数，在调用时全部使用了关键字参数，这个程序的运行结果如下：

```
{'name': 'Joe', 'week': 'Monday', 'weather': 'sunny'}
Hello Joe
We have a sunny day
What a nice Monday today
```

在显示的第一行可以看到Python的**非常聪明地把关键字组合成了一个字典，在这个字典里包括了所有以“关键字参数”传入的值。

那么，在这里有一个小问题，如果使用如下的调用方式，系统会报错吗？在以下的调用语句中把Joe当成位置参数：

```
sayHello("Joe",week="Monday",weather="sunny")
```

是的，系统会报出如下的错误：

```
TypeError: sayHello() takes 0 positional arguments but 1 was given。
```

这个错误告诉用户函数有0个位置参数，但是在调用时却有1个。系统虽然提供了一定的灵活性，但是要注意在调用函数时有如下的原则：

（1）位置参数在左边，关键字参数在右边。

（2）不同类型的参数数量要对应一致。

所以，如果既要动态处理位置参数又要动态处理关键字参数，可以这样定义函数：

```
def 函数(*args,**kwargs)
```

这个函数就会把所有位置参数放在args变量里形成一个元组，把所有的关键字参数放在kwargs变量里形成一个字典。Python语言可以说是为所有类型的参数都提供了足够的数量上的灵活性，这在其他语言里是做不到的。

通过上述的处理，打招呼函数定义更加完善，函数中存在必选参数myname，用以介绍我的名字，这个就更加复杂，又是必选项又是灵活项，代码如下所示：

```
def sayHello(myname,*args,**kwargs):
    print('My name is ' + myname,end=', Hello:')
    print(','.join(list(args)))
    print('We have a ' + kwargs.get('weather','good') + ' day')
    print('What a nice ' + kwargs.get('week','day') + ' today')
sayHello("Joe","Pony","Tony",week="Monday",weather="sunny")
sayHello("Joe")
```

可以看到，函数定义包括：必选参数myname；紧跟着为灵活的位置参数args，代表一系列碰见人的姓名；最后面为灵活的关键字参数kwargs，代表星期与天气。

上述代码使用了字典的get()函数，语法如下：

```
字典.get(关键字,默认值)
```

参数的意义如下：关键字、默认值。本函数用来返回字典某个关键字的值，如果关键字不存在，就返回默认值。当使用类似sayHello('joe')而不传入weather的方式参数调用函数时，如果在函数内部还使用传统调用方式，如kwargs['weather']来强行获得weather值，会产生“无关键字”的运行错误。程序运行的结果如下：

```
My name is Joe, Hello:Pony,Tony
We have a sunny day
What a nice Monday today
My name is Joe, Hello:
We have a good day
What a nice day today
```

通过比较程序运行结果的前3行与后3行，可以清楚地看到，如果只传一个值就会使用默认值good和day来替代特定的天气与星期。

扫一扫，看视频

6.3　模块与函数的关系

都说Python是最简单的语言，但函数参数有许多变化，其实这和表面简单却能施展出千变万化魔法的魔法棒一样，正因为Python包罗万象，才能给程序员提供简单方便的强大功能。在学习和剖析Python时，如果碰到难以掌握的复杂概念，只需弄懂原理，然后在程序里试着从简单的方式开始应用，同样也可以做出很棒的效果。

程序语句是零件，函数就是由零件组成的单个工具，一组功能相似和互补的函数就好比是各种不同工具组成的工具箱，这个工具箱就叫模块，本节介绍模块的定义。

6.3.1　系统内置模块使用

模块的引用语法如下：

```
import module1[, module2[,... moduleN]]
```

为产生随机数，程序必须使用系统内置的random模块，在本书之前章节中多次使用了random模块里的randint(min,max)函数，此函数可以产生从min到max之间的所有整数值的随机数值。

以下是random这个模块中常用的函数。在命令行中输入以下的语句，以测试模块中不同函数的作用，函数的说明在#符号之后。

```
>>> import random
>>> random.random()         # 获得0到1之间随机数，0.0 <= x < 1.0
0.37444887175646646
>>> random.uniform(1, 10)    # 获得1到10随机数 x，1.0 <= x < 10.0
1.1800146073117523
>>> random.randint(1, 10)    # 获得1到10随机整数，包括10
7
>>> random.randrange(0, 101, 2)  # 0到100随机偶数
26
>>> random.choice('abcdefghij')     # 随机挑选其中一个元素
'c'
>>> items = [1, 2, 3, 4, 5, 6, 7]
>>> random.shuffle(items)         # 对这个列表进行洗牌
>>> items
[7, 3, 2, 5, 6, 4, 1]
>>> random.sample([1, 2, 3, 4, 5],  3)  # 随机挑3个元素
[4, 1, 5]
```

random模块包提供了非常多的随机函数，其中，shuffle()的洗牌功能可以直接替代4.3.1小节中介绍的洗牌的程序，sample()的挑选功能也可以直接应用于3.2 节挑选勇士的程序中。多利用系统和第三方模块的强大功能，可以减少程序编写的工作量，并且使代码更加简洁。

6.3.2 from...import 语句

from模块导入语句可以把模块中指定的部分导入到当前模块(命名空间)中，使用语句如下:

```
from modname import name1[, name2[, ... nameN]]
```

例如，如需导入模块random的randint()函数，使用如下语句:

```
from randmon import randint
```

以上声明不会把整个randmon模块导入到当前的主模块(命名空间)中，它只会将randmon里的 randint()单个函数引入到执行这个声明的模块。

有了这个引入方式，如果程序中只需使用randint()函数，就完全可以这么做:

```
>>> from random import randint
```

```
>>> randint(1,3)
3
```

第2行不再使用random.randint(1,3)，而是把.号前面的模块名省略，通过from语句的引用，randint()本来是外来函数，但似乎变成了本地模块的函数。这就是应用from导入语句的特性，模块在后续调用时，不需使用前缀。

另一种特别情况，声明如下：

```
from ... import *
```

这个星号*代表把这个模块所有的内容都导入本模块中。通过这种导入操作，把外来模块所有的代码导入本地，示例在后面的章节会涉及。

另外，在导入的过程中，可以使用as语句，写法如下：

```
import 模块 as 别名
```

导入时，语句后面加as + 别名，这样就可以避免导入的模块和现有的模块名称相冲突。还是拿随机函数为例，程序导入时把random模块的别名设置为rd，以下命令行代码说明如何声明和调用randint()函数：

```
>>> import random as rd
>>> rd.randint(1,3)
3
```

第2行通过别名rd代替原先的random名称，引用随机模块。

6.3.3 自定义模块

随着程序变得越来越长，把代码拆分成多个文件，可以更加方便地维护和重复使用。比如，某公司首先开发打桥牌的程序，后来根据需要又开发了斗地主的程序，这两个程序之间有非常多的相同操作和数据结构，比如都均包含54张扑克牌，都拥有洗牌函数、发牌函数。基于此，可以把两个程序中相同的函数和数据定义放在共同的模块中，而在上述两个不同的程序导入这个模块，这样既节约开发成本，又方便后期维护。

为支持这些复用特性，Python允许用户自定义模块，与使用系统模块一样，自定义模块中的函数和数据结构定义可以被导入到其他模块或者主模块中。

以扑克牌游戏为例，本例把生成扑克和洗牌的函数放在文件pokeTools.py里，这些代码在第4章时已经详细解释。为更好地展示import语句作用，本示例把游戏过程和其他功能分开，分别保存于不同的py文件中，通过import引用以完成两个文件之间的联通。

编写如下代码并保存进pokeTools.py文件，语句如下所示：

```
#牌的字符
cardText = [str(number) for number in range(2,11)] + ['J','Q','K','A']
#牌的花色
```

```
cardSuit = list(reversed(['♠','♡','♣','◇']))
#牌的牌力
#生成整个52张牌
cardsPower = {s + t:cardText.index(t) for t in cardText for s in cardSuit}
#加入小鬼和大鬼
cardsPower.update({'Joker-':13,'Joker+':14})
#形成有顺序的一套牌，此时没有大小鬼
cards = [s + t for t in cardText for s in cardSuit]
#洗牌
import random
def washCards():
    random.shuffle(cards)
    return cards
```

上述语句定义了如下几个变量：

- cardText——牌面的字符
- cardSuit——牌面花色
- cardsPower——牌面牌力
- cards——所有不包括大小鬼的牌。

上述语句定义洗牌函数：washCard()。

第2行定义4个花色语句的内层使用reversed()函数会产生倒序生成器，最外层使用list()函数把倒序转换成列表。黑桃、红桃、梅花、方块的花色大小是依次递减的，为了从小到大排序，所以使用了倒序。

在pokeTools.py文件的相同目录下创建文件：pokePlay.py，本文件就是运行游戏的主文件，在其第1行添加引用：

```
import pokeTools
```

导入pokeTools.py模块后，就可以使用上述模块中定义的4个变量，并可以打印出上述4个变量的值：

```
import pokeTools
print('牌字',pokeTools.cardText)
print('花色',pokeTools.cardSuit)
print('牌力表',pokeTools.cardsPower)
print('牌',pokeTools.cards)
print('洗牌',pokeTools.washCards())
```

在通过import语句导入自定义模块后，使用"模块.变量"的形式可以使用模块中预定义的变量。上述程序运行结果如下：

```
牌字 ['2', '3', '4', '5', '6', '7', '8', '9', '10', 'J', 'Q', 'K', 'A']
花色 ['◇', '♣', '♡', '♠']
```

```
牌力表 {'◇2': 0, '♣2': 0, '♡2': 0, '♠2': 0, '◇3': 1, '♣3': 1, '♡3': 1, '♠3': 1, '◇4': 2, '♣4': 2, '♡4': 2, '♠4': 2, '◇5': 3, '♣5': 3, '♡5': 3, '♠5': 3, '◇6': 4, '♣6': 4, '♡6': 4, '♠6': 4, '◇7': 5, '♣7': 5, '♡7': 5, '♠7': 5, '◇8': 6, '♣8': 6, '♡8': 6, '♠8': 6, '◇9': 7, '♣9': 7, '♡9': 7, '♠9': 7, '◇10': 8, '♣10': 8, '♡10': 8, '♠10': 8, '◇J': 9, '♣J': 9, '♡J': 9, '♠J': 9, '◇Q': 10, '♣Q': 10, '♡Q': 10, '♠Q': 10, '◇K': 11, '♣K': 11, '♡K': 11, '♠K': 11, '◇A': 12, '♣A': 12, '♡A': 12, '♠A': 12, 'Joker-': 13, 'Joker+': 14}
牌 ['◇2', '♣2', '♡2', '♠2', '◇3', '♣3', '♡3', '♠3', '◇4', '♣4', '♡4', '♠4', '◇5', '♣5', '♡5', '♠5', '◇6', '♣6', '♡6', '♠6', '◇7', '♣7', '♡7', '♠7', '◇8', '♣8', '♡8', '♠8', '◇9', '♣9', '♡9', '♠9', '◇10', '♣10', '♡10', '♠10', '◇J', '♣J', '♡J', '♠J', '◇Q', '♣Q', '♡Q', '♠Q', '◇K', '♣K', '♡K', '♠K', '◇A', '♣A', '♡A', '♠A']
洗牌 ['♡7', '♠5', '♣5', '♣6', '♠6', '♠10', '♠8', '◇4', '◇6', '♡K', '♠K', '♡3', '♣4', '♡5', '♠J', '◇Q', '◇8', '◇J', '♡4', '◇5', '♡6', '♠9', '♣9', '♠3', '♡Q', '◇A', '♣10', '♠7', '♠2', '♠Q', '♠4', '♡A', '♡8', '♡2', '♣A', '◇2', '♠A', '♣J', '♣2', '♣8', '♣3', '♡9', '◇10', '♣K', '◇K', '♡J', '◇7', '♣Q', '◇3', '♡10', '◇9', '♣7']
```

6.4 变量的作用范围

扫一扫，看视频

程序中出现的语句越来越复杂，程序结构也越来越复杂。程序既包括函数也包括模块，而变量则是编程的核心元素之一，在如此复杂的程序结构中，变量并不能在程序运行的过程中一直起作用。本节介绍不同类型的变量在程序中不同的作用范围。

6.4.1 局部变量

Python函数中如无特别声明，所有的变量均是局部变量，这种变量只能在函数中起作用，在函数外或在其他函数中都无法起作用。假设两个函数就是两张牌，它们分别是card_1和card_2，错误的代码如下：

```
def card_1():
    number = 'J'
    print(number)
def card_2():
    print(number)
```

可以看到在card_1()函数中定义了牌面数字number为J，card_1()函数的执行正确无误；在card_2()函数中，print()函数直接打印出number变量，由于本函数内部没有number变量的定义，

所以函数执行会出错。

虽然number变量在card_1()函数中已被定义，但由于函数内部的局部变量无法作用于本函数之外，因此写法错误。

需要说明的是，局部变量作用范围为整个函数，不作用某个语句段。在函数内，无论局部变量在某段子语句（比如循环或是条件）里被定义，均在函数内部有效，系统使用变量之前会检查变量有无被赋值定义，下面语句是正确的：

```
def card_1():
    if True:
        number = 'J'
    print(number)
```

本函数内的变量number使用正确，number的定义虽然在if的子语句内，打印语句却在if语句之外，number依旧可以被打印出来。

6.4.2 全局变量

全局变量是指在函数体之外，在模块当中被直接定义的变量，这种变量可以被所有的函数使用。如果文件作为模块被其他程序引用，那么其他程序也可以使用这些全局变量。

6.3.3小节的pokeTools.py模块中定义的4个变量就在主程序中被使用了多次。接下来的程序展示了全局变量的另一个应用，主程序中定义单次下注筹码数量stake为2，玩家都依据该值进行相关运算。

如下的程序里定义了两个全局变量，Me和Computer分别代表我与计算机的筹码数量，win()函数表示我赢了，lost()表示我输了，show()函数用来显示两家的筹码数量。无论输赢，都要同时对两个玩家的手持筹码变量进行增减操作，所以这两个变量对于输赢动作来说，必须是全局变量。在本示例中，假设我赢了2次输了1次。那么这个程序可以这么写：

```
#如果我赢了就把计算机的筹码给我
def win():
    global Me,Computer #声明这两个变量是全局变量
    Me += stake
    Computer -= stake
#如果我输了就把我的筹码给计算机
def lose():
    global Me,Computer #声明这两个变量是全局变量
    Me -= stake
    Computer += stake
#显示两家的筹码数量
def show():
    print("Me:%d,Computer:%d"%(Me,Computer))
stake = 2 #每次下注两个筹码
```

```
Me = 10             #我的初始筹码
Computer = 10       #计算机的初始筹码
show()              #显示初始状态
win()               #我赢了一次
show()              #显示两家数量
win()               #我赢了一次
show()              #显示两家数量
lose()              #我输了一次
show()              #显示两家数量
```

在上述程序中，Joe发现程序的两个函数win()和lose()中出现了新的语句：global 与逗号分隔变量名。

global用来声明全局变量。本示例全局变量的声明非常重要，不做声明系统会认为这些变量是局部变量，从而造成函数无法保存对全局变量值的修改，上述程序运行的结果正确，如下所示：

```
Me:10,Computer:10
Me:12,Computer:8
Me:14,Computer:6
Me:12,Computer:8
```

读者会发现在show()中没有使用global这个声明。因为在show()函数里，没有对两个全局变量有赋值操作，系统会自动寻找到两个全局变量。

因此，如果在函数中有对全局变量赋值的语句，比如win()当中的+=操作，必须使用global声明，否则要么会产生语法错误，要么会产生意想不到结果。

为进一步说明，此处仍然以筹码为例，如下程序设置初始筹码为0，开局前会一次性给所有玩家换取10个筹码，其程序如下，读者可以判断是否会出错。

```
#显示两家的筹码数量
def show():
    print("Me:%d,Computer:%d"%(Me,Computer))
#各买10个筹码
def buy():
    global Me
    Me = 10
    Computer = 10
Me = 0 #我的初始筹码
Computer = 0 #计算机的初始筹码
show() #显示初始状态
buy() #买10个筹码
show() #显示
```

为了方便就变量声明的异同进行比较，买筹码buy()的函数只声明了一个变量Me为global，

另一个Computer变量虽未声明，但也同样赋值10。程序可以成功运行，但根据结果，计算机的筹码出错了，不是10而总是0，即使在buy()函数运行后，它的值仍旧是0。如下所示：

```
Me:0,Computer:0
Me:10,Computer:0
```

问题的根源在于程序没有把Computer变量加入global的声明，系统会把语句Computer = 10 当成对新的局部变量赋值，所以当函数执行完毕，此局部变量便不复存在。

Python变量的定义和使用都有着严格的规范，以上只涉及函数与模块相关的部分，在此读者只需了解局部变量声明优先于全局变量即可。

6.5 程 序 包

扫一扫，看视频

Henry通知大家打包准备好明天出发去雪山。Joe说带上食物，Wenny说带上工具。类似于在旅行前打包的问题，Python中完成任务往往需要多个工具和文件模块相互配合，当有多个模块文件时，创建文件夹可以让程序更加易于分类管理，这些文件夹和文件模块组成的集合通过一定的操作可以变成Python的“包”（Package）。本节主要介绍如何制作并引用程序包。

6.5.1 引用py模块文件

在正式打包之前，必须得理解在多个文件模块之间相互引用需要注意的技巧。本小节讨论如何把随行的东西打包，如图6.1所示是准备打包的东西。

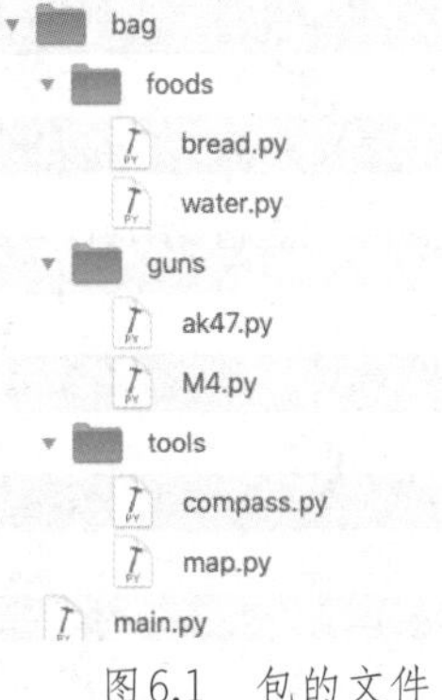

图6.1 包的文件

包bag里有食物foods、枪guns、工具tools，其中食物foods文件夹里有面包bread和水water，枪guns文件夹里有ak47和M4，工具tools文件夹里有指南针compass和地图map。

本章示例主程序写在和bag文件夹同一级的main.py文件中。

1. 直接引用

如果需导入tools目录下的map.py文件，代码如下所示：

```
import bag.tools.map
```

导入路径中依次把目录的名称用点号分隔开，在本例所有的.py文件模块里，事先已定义了类似如下的代码，不同的文件name值不同。

```
name = "ak47"
```

通过代码把变量name赋予不同的值，因此，在主程序中可以通过如下代码打印显示出map模块的name值。

```
print(bag.tools.map.name)
```

2. 相对引用

import后可以跟.和..以表示路径的相对引用，比如在ak47.py里如果要使用map.py里的name属性，可以通过如下的语句来实现：

```
from ..tools import map
print(map.name)
```

其中，..表示上一级文件夹；.表示本级文件夹。

注意：在进行相对引用时，直接执行使用相对引用的文件（如本例中的ak47.py文件）会出错，因为“相对引用”是针对被引用“模块”，并不能应用于“主程序”的。

在ak47.py文件中使用如下的代码：

```
from ..tools import map
name = "ak47"
print("模块引用:ak47")
print('Ak47 finding a '+ map.name)
```

在上述代码中，首先通过..引用了map，然后给name属性定义了值为ak47，并且打印本模块的标识ak47，最后为了表示map从ak47中引用成功，打印信息：Ak47 finding a <地图名称>。

map.py中有如下的代码：

```
name = "map"
print("模块引用:map")
```

在这段代码里，设置地图模块的名称为map。

为显示相对引用的效果，执行ak47.py的代码，在main.py可以通过import文件夹guns中的ak47来执行这段代码：

```
import bag.guns.ak47
```

虽然只有一句import导入语句，但也意味着直接运行ak47文件中的模块级的代码，运行结果如下：

```
模块引用:map
```

```
模块引用:ak47
Ak47 finding a map
```

以上程序示例使用了.和..相对位置导入模块，并且通过主程序验证了导入效果。

6.5.2 __name__的应用

多个模块互相引用运行时，关系错综复杂，在程序运行过程中不知道用户到底会运行哪个文件，或是运行某个文件的代码时，程序可以判断本段代码是被用户直接运行，还是因为别的模块把此段代码导入运行。

变量__name__会随着运行环境的不同而变化，当程序被直接运行时，该变量的值就为“__main__”，当程序是被别的程序导入运行时，这个变量值就为文件名。如下代码所示:

```
import water
print("bread:",__name__)
```

在water中加入如下的语句:

```
print('water:',__name__)
```

bread文件导入了water，同样的两处都有显示__name__的语句。此时看看直接运行的bread和被导入运行的water有什么不同，运行bread的结果如下:

```
water: water
bread: __main__
```

的确，当直接运行本模块时，变量__name__值不是文件名，而是值__main__。

此功能的作用是根据情况的不同执行不同的代码。

6.5.3 __init__.py文件

为了让文件夹变成程序包的一部分，需要在每一个文件夹下创建一个__init__.py文件，这个文件夹是package包。

如图6.2所示，在树状打包的每一个文件夹下创建__init__.py文件。

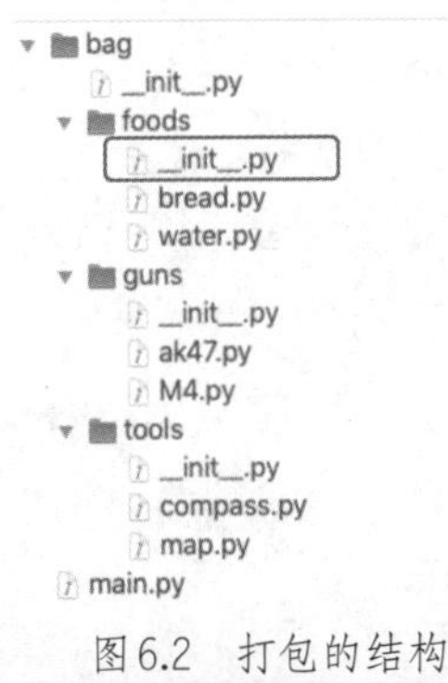

图6.2 打包的结构

此文件中的代码会在包中任何模块被引用时被执行。如下的代码是写在food文件夹中的__init__.py文件中，如图6.2标注框内的文件：

```
print("init文件:" + __name__)
```

根据6.5.3小节的知识，__name__会显示出当前模块的“名称”，一般是所在py文件的文件名。由于这是包中的__init__文件，直接运行后看看运行的结果：

```
init文件:__main__
```

由于直接运行了__init__文件，__name__变量值都是值__main__。所以应该通过引用来进行测试，在main.py中输入导入语句：

```
import bag.foods
```

然后运行main.py，得出了如下的结果：

```
init文件:bag.foods
```

从引用的方式和显示的结果可以发现，如果文件夹下面有__init__.py文件，文件夹会被系统当成类似的模块。其实Python系统会把文件夹及下面所有的模块都当成程序包，并且在导入时系统自动运行文件夹下的__init__文件。

6.5.4 __all__变量

此变量在__init__.py文件当中用来定义*号可以导入的模块。在使用import导入语句中可以这么使用：

```
from 包路径 import *
```

在__init__.py文件中把所有模块名称列表赋值给这个变量，这样就可以一次性地导入所有的模块。在food文件夹中的__init__.py文件中，编写如下语句：

```
__all__=['bread','water']
```

该语句表示当其他程序使用*方式导入本food包时，将会通知系统导入bread.py和water.py两个文件。

在bread、water、ak47、M4、map和compass 6个文件中使用如下的代码，以bread为例，其他文件的“name =”后分别为文件模块名。

```
name = "bread"    #在其他文件里分别为water\ak47\M4\map\compass
if __name__ == '__main__':
    print("运行了" + name)
else:
    print("模块引用:" + name)
```

在main.py文件使用*方式的导入语句：

```
from bag.foods import *
print(water.name)
```

运行后可以看到如下的运行结果：

```
模块引用:bread
模块引用:water
water
```

从运行结果可以看出，系统运行main.py时，首先运行了代码第1行的from语句，导入了"食物(food)"，而通过__all__变量的作用，把"食物(food)"中包含的water和bread两个模块都打包一起进行了导入。

```
from bag.foods import *
```

这个语句成功地导入了water和bread两个模块中的全局变量。当然在__init__.py中可以实现的功能非常多，下面将详细介绍。

6.5.5 通常的做法

如果一个包里包含很多文件夹与文件，用户希望通过如下类似的语句一次性地导入这个包里很多的功能：

```
import bag
```

那么这个包应该怎么组织编写呢？

（1）在所有的文件夹的__init__.py里把__all__变量的值赋值好，这样就可以方便其他用户使用*的方式来全部导入，在本节的例子里，在foods文件夹的__init__.py里，填上如下的代码：

```
__all__ = ['bread','water']
```

在guns文件夹__init__.py填上如下代码：

```
__all__= ['ak47','M4']
```

在tools文件夹__init__.py填上如下代码：

```
__all__= ['compass','map']
```

（2）在顶层文件夹下的__init__.py里填上如下的代码，以把所有的子模块都导入进来，如下所示：

```
from bag.guns import *
from bag.tools import *
from bag.foods import *
```

（3）如果此包需要被其他模块复用，建议把包复制、粘贴到Python的默认路径中。这个路径在Windows中是设置在PythonHome系统变量中的。

（4）经过上面的步骤就完成了包的全部制作过程。现在，用户可以在任何模块中使用如下的

语句：

```
import bag
print(bag.foods.water.name)
```

上面的语句引用了这个包，这个包的每个模块里面都对全局变量name进行了相应赋值，所以示例中可以打印出water的名字。

经过上述一系列操作，bag文件夹变成了程序包，可以自动导入包中的多个模块，如果要使用包中任何物品，用户只需输入import bag，是不是很方便呢?

回到故事里，虽然行军的物品比较多，但经过这一系列的打包程序，队伍成员都有序地收拾好各自的行囊，做好准备出发。我、Joe和10个勇士跟随着Henry以及Wenny开始向充满着危险的12个魔法球前进。

扫一扫，看视频

6.6 函数的递归

结伴同行的路上，我们帮助有趣的小伙伴们解决了很多有意义的问题，其中有两个问题是通过Python的递归来解决的，本节主要介绍函数的递归调用。

递归函数是一种特殊的函数调用方式，在Python和很多高级语言的内部，为了让函数发挥重要的作用，系统提供递归函数以便让系统符合人类的思维去调用函数。了解并掌握递归函数可以快速解决数字上的归纳推理问题。

6.6.1 猴子吃桃问题

函数调用是指函数定义完成后，在函数外可以被别的语句所执行。特殊的情况下，在函数定义中的语句如果执行函数本身，这就是递归调用。系统被设计成允许递归调用，其实更加符合现实的情况和人类数学化的思维，人们经常通过对相同逻辑的东西归纳以推理出计算结果。

其中“猴子吃桃”问题就是通过相同的逻辑，从后向前推理，数字上称为逆向推导。故事是这样的，那天我们路过一片桃林时，遇到了一只猴子，这只猴子的记性很差，一直在计算自己10天前摘了多少桃子。它记得第1天摘了一堆桃子吃了一半又多吃了一个，第2天又将剩下的桃子吃了一半又多吃了一个，以后每天都吃了剩下的一半又多吃一个，到了第10天早上发现剩下一个桃子，问第1天一共摘了多少个桃子?

首先分析当天与前一天桃子的数量关系，定义第n天早上剩下桃子的数量y与第n+1天早上剩下桃子的数量x有如下计算关系：

$$x=y/2-1$$

可以看出第n天剩下桃子的数量$y = 2*(x+1)$，在数学上这是一系列的等比和等差数列的组合，这个数学问题可以应用数列的公式来解决。从人类的思维看，知道了第10天早上桃子的数量，通过相同逻辑来反推第1天早上就比较方便了，通过递归函数可以更方便地做到。

在应用递归函数的过程中，找准函数的作用非常重要，当前情况可以定义如下的函数，用来返回第day天早上剩下桃子的数量：

```
def peach(day):
```

知道了第10天早上剩1个，这个表达式可以这么写：

```
if day==10:
    return 1
```

根据猴子的吃法，第day天早上剩下的桃子是第day+1天早上剩下桃子数量多1个的2倍，而day+1天早上剩下的桃子，自然是本函数的递归调用：

```
return (peach(day+1)+1)*2
```

经过分析下来，解决问题的程序如下：

```
def peach(day):
    # 如果是第十天就返回1(1个桃子)
    if day == 10:
        return 1
    else:
        return (peach(day+1) +1) * 2
print(peach(1))
```

经过运行后得出最终结果为1534，下面继续对递归的过程进行详细分析。调用此函数时，是从第1天开始调用，但实际上计算过程却是倒过来的，是从第10天开始计算到第1天。为帮助读者理解这个过程，现把上面的程序改造一下，加入print()语句来显示中间的过程，就可以看出计算过程，如下所示：

```
def peach(day):
    # 如果是第10天就返回1(1个桃子)
    if day == 10:
        return 1
    else:
        print("求第%d天"%day)
        y =(peach(day+1) +1) * 2
        print("第%d天，结果:%d"%(day,y))
    return y
print(peach(1))
```

在调用递归函数之前和之后使用了print()来显示过程，按照一般的顺序，打印“求第1天”之后就应该显示“第1天，结果:xxxx”，但是由于这两个打印语句中间是一个递归调用，所以第1天的第2个print()语句是等到所有10天都执行完毕后才显示出来的。看看结果，再思考一下和你想的是不是一样：

```
求第1天
求第2天
求第3天
求第4天
求第5天
求第6天
求第7天
求第8天
求第9天
第9天，结果:4
第8天，结果:10
第7天，结果:22
第6天，结果:46
第5天，结果:94
第4天，结果:190
第3天，结果:382
第2天，结果:766
第1天，结果:1534
```

解决了猴子吃桃子的问题，大队人马继续前进。

6.6.2 汉诺塔问题

路上出现了一座宏伟的寺庙，寺庙内有三根金刚石柱子，在一根柱子上从下往上按照大小顺序摞着许多片黄金圆盘，寺庙的祭祀告诉我们，相传这是大梵天(印度传说中创造世界的神)创造世界时做的，如果他们可以把圆盘从下面开始按大小顺序重新摆放在另一根柱子上，就可以得到这个世界的真理。并且规定，任何时候，在小圆盘上都不能放大圆盘，且在三根柱子之间一次只能移动一个圆盘。

这在现代数学家眼里是典型的汉诺塔问题，如图6.3所示。

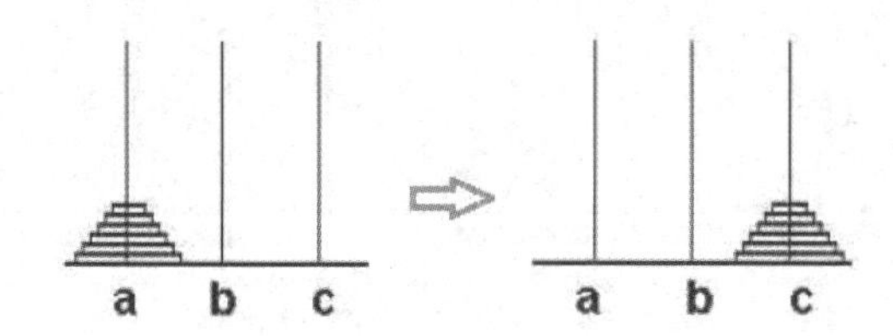

图6.3 汉诺塔问题

经过分析，得出汉诺塔问题的关键步骤，如图6.4所示。

图6-4(a)是初始状态。

图6-4(b)是先把a中除了最后一片的n-1个圆盘移到b，如何移的过程先不管。

图6-4(c)是把a中的最后一片移到c。

图6-4（d）是把b中$n-1$个圆盘移到c。

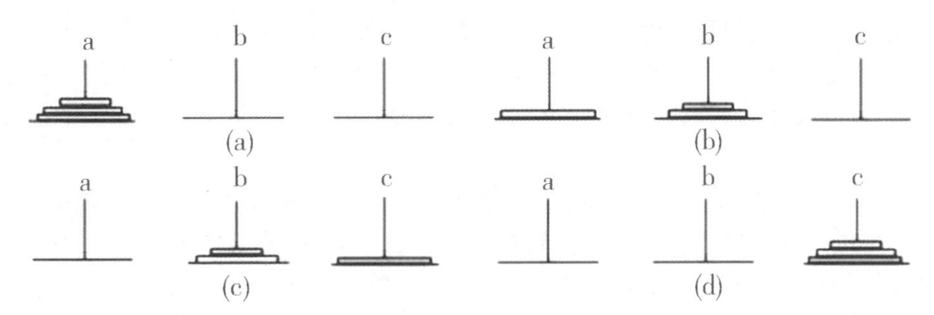

图6.4　汉诺塔问题解法

有了这几步就可以编写递归函数，本递归函数的作用是把n个圆盘从a移动到c柱，在进行第2步把$n-1$个圆盘从a移到b时，可以通过交换参数的顺序实现该功能，具体程序如下所示：

```
def move(n, a, b, c):
    if(n == 1):
        print(a,"->",c)
        return
    move(n-1, a, c, b) #把n-1个圆盘从a移动到b
    move(1, a, b, c)    #把最后一个圆盘从a移动到c
    move(n-1, b, a, c) #n-1个圆盘从b移动到c
```

直接调用以求解3个圆盘的难题，如下所示：

```
move(3,'a','b','c')
```

结果如下所示，完全正确：

```
a -> c
a -> b
c -> b
a -> c
b -> a
b -> c
a -> c
```

解答完毕后把程序交给祭祀，完美地解决了汉诺塔问题，不知道10个圆盘他们何时才可以搬运完毕……

6.7　匿名函数

Python允许函数不使用名称，即存在没有名字的函数，这在一些特殊的场合非常有用，通过在语句当中简单写一些函数表达式，让阅读程序的人能更加清楚语句的真正作用。

6.7.1 在map()中使用匿名函数

map(函数,集合)函数起到映射集合元素的作用，即把第2个参数传入集合的变量中，每一个元素依次当成第1个参数函数的参数进行调用，并把返回的值组成一个新的生成器。该函数的参数当中就有一个参数为函数类型，由于平常使用的映射函数的计算比较简单，因此在这里可以应用匿名函数。

一般匿名函数无法单独使用，总是作为参数传入其他的函数中发挥作用。以map()函数为例，假如有一系列的数，需要计算这一系列数的绝对值，如1的绝对值是1，-2的绝对值是2。在系统中用内置abs()函数就可以求绝对值，它传入一个数字然后返回这个数字的绝对值。

使用map()这么操作：

```
print(list(map(abs,[2,3,-4,-1,3])))
```

map()函数外层使用list()把结果转换成列表，使用print()把结果显示出来，结果如下：

```
[2, 3, 4, 1, 3]
```

在上面的语句中，abs是系统内置的函数，但它却作为参数，传入map()函数的第1个参数中，第2个参数就是列表。在运行的时候，map()会把第2个参数的每一个元素传入第1个函数中，把单个结果形成新的可枚举集合的结果。

如果想把现有的数都扩大1倍，可以自定义如下的函数：

```
def double(x):
    return 2*x
```

然后使用：

```
map(double,[3,4,5,6])
```

这种分开的写法造成double()函数只使用了一次，却还占用系统资源，为提升系统的效率并且使程序易读，在这里就可以使用匿名函数完成。

匿名函数与普通函数不一样，它没有名称但必须要有输入变量与返回值。此示例中可以定义一个类似于double()功能的匿名函数，如下所示：

```
lambda x:2*x
```

其中，lambda表示后面的表达式是一个匿名函数，冒号分隔参数与函数语句，冒号左边是参数变量且不一定为x，可以使用任何变量名称，冒号右边是返回表达式。

把所有数字扩大1倍的语句可以这么写：

```
map(lambda x:2*x,[2,3,4,-1,3])
```

练习：给出一组数字列表[567,443,234,2345]，依次打印出这组数字是否是3的倍数。返回True，否则返回False。

```
print(list(map(lambda x:x%3==0,[567,443,234,2345])))
```

运行结果：

```
[True, False, True, False]
```

6.7.2 在sort()中使用匿名函数

在对较复杂的列表进行排序时，可以使用sorted()函数进行排序。sorted()函数的第1个参数是列表或是可排序的数列，sorted()函数第1个参数是可以自定义排序函数的key，自定义排序函数参数接受待排序元素的输入而返回影响排序的值，此外参数reverse设置成True(默认升序排列)可以实现倒序排序。

如下代码均可以实现倒序排列：

```
org = [1,-2,3,4,5,]
print(list(sorted(org,key=lambda x:-x)))
print(list(sorted(org,reverse =True)))
```

代码运行的结果如下：

```
[5, 4, 3, 1, -2]
[5, 4, 3, 1, -2]
```

此处继续介绍列表的另一个排序函数，它是从属于列表的方法，可以通过如下的方式对列表进行排序，本方法不会返回排序后的列表，只能对原来的列表进行改变，使用方式如下面的程序，输出的结果与上面一样：

```
org = [1,-2,3,4,5,]
org.sort(key=lambda x:-x)
print(org)
```

使用匿名函数对于列表包含比较复杂数据类型的排序比较有效，假设列表当中，有如下的元组用来记录勇士们的打牌分数：

```
scores = [('黄忠',23),('张飞',45),('赵云',10)]
```

如果想要对上述列表进行按分数排序，在key这个参数中传入如下的匿名函数：

```
scores.sort(key = lambda x:x[1])
```

运行结果如下：

```
[('赵云', 10), ('黄忠', 23), ('张飞', 45)]
```

如果不使用这个匿名函数进行自定义排序，运行结果如下：

```
    scores.sort()
    print(scores)
[('张飞', 45), ('赵云', 10), ('黄忠', 23)]
```

从这个排序结果看，既没有按姓名排序，也没有按分数排序，属于没有意义的排序结果。

因此，对于包含复杂元素的列表，为了得到有意义的排序结果，必须使用匿名函数或是其他函数指定key关键字。

扫一扫，看视频

6.8 生成器函数

再次回到历险故事中，Henry告诉我在12个魔法球矩阵中，密钥把这个魔法程序加密在内部，让外面的人无法探索内部的情况，密钥的来源是“斐波那契数列”。

要算出这个数列必须理解什么是Python中的生成器，只有它可以根据实际需要产生出无限多的结果。在Python中，生成器是一种特别的函数。如果在一个函数里面有yield()语句，则这个函数就是生成器。

yield语句用来返回值，它与return类似，但是它是可以返回元素级别的值。一个普通函数如果执行到return，就意味着这个函数完全结束了，但是一个生成器函数如果执行到yield，就意味着函数返回值并且暂停运行，等待调用者继续读取下一个值时，从此处继续运行。

所以，yield语句用来循环不停返回单个元素，这种机制是Python中非常独特的设计。其他语言有非常多的语句可以实现“消费”列表中的元素，即读取和使用。但唯独Python设计出可以生产元素的生成器。

将return与yield进行比较，斐波那契数列中要返回1至100的这个数列，先使用return来编写程序，这个数列如下所示：

1，1，2，3，5，8，13…

这个数列中的每一项都是前一项与前二项的和。为了形成这个数列，当要生成后一项时，必须要知道前面两项的值。一般的写法如下：

```
#包含有几项的数列
def fab(max):
    n, a, b = 0, 0, 1
    fab_result = []
    while n < max:
        fab_result.append(b)
        a, b = b, a + b
        n = n + 1
    return fab_result
print(fab(9))
```

程序中的a,b=b,a+b这个表达式，实际上相当于如下表达式的简写，由于“,”逗号运算符可以让“=”等号两边的赋值语句同时运行，这就节约了一个临时变量。

```
Ta = b
b = a+b
a = Ta
```

打印出的9项数列如下：

```
[1, 1, 2, 3, 5, 8, 13, 21, 34]
```

max的存在会引来性能上的问题，有经验的开发者会指出，该函数在运行中占用的内存会随着参数max的增大而增大，如果要控制内存的占用，最好不要用列表List。此时生成器就横空出世了，它是访问集合元素的一种方式。生成器对象从集合的第一个元素开始访问，直到所有的元素被访问完结束。生成器只能往前不会后退，因为人们很少在迭代途中往后退。

另外，生成器的另一大优点是不要求事先准备好整个迭代过程中的所有元素，仅仅在迭代到某个元素时才计算该元素，而在这之前或之后，元素可以不存在或者被销毁。这个特点使得它特别适合用于遍历一些巨大的或无限的集合，比如几个GB的文件，或是斐波那契数列等。

上面的程序可以改写，如下所示：

```
#包含有几项的数列
def fab2(max):
    n, a, b = 0, 0, 1
    while n < max:
        yield b
        a, b = b, a + b
        n = n + 1
for f in fab2(100):
    print(f,end=',')
```

可以看出，在原函数中的yield返回的是单个的值，但是其他程序调用这个函数时的返回值却似乎是一系列的值组成的“可迭代”的生成器，这样可以减少系统的负担。另外，从极端的条件来讲，使用yield给无限迭代提供了可能，因为每次执行程序占用的系统资源相当节省，就是无限的运算也只占用部分资源。试试能不能创造这样的函数，只要用户不输入n，程序就无限地输出斐波那契数列的下一个值，如下所示：

```
#包含无限项的斐波那契数列
def fab3():
    a, b =0, 1
    while True:
        yield b
        a, b = b, a + b
f= fab3()
while True:
    print(next(f))
    if input()=="n":
    break
```

本程序使用了next()这个函数，这个函数可以一次读取“生成器”返回的单个值，如果不使用next()函数，就会像上一个示例一样返回整个生成器。

新的fab3()函数把max<n这个条件删除了，并且换成了无限循环的条件True，只要一直不输入n，这个函数就可以在每按一个回车键时，产生一个数列，并且理论上可以产生无限项的数列，并保证系统不会资源崩溃，运行的结果如下：

```
1

1
2
3
5
8
13
21
...
365435296162
591286729879
956722026041
```

通过yield制作的生成器，可以通过next()一次一个地返回单个元素，也可以直接使用生成器来进行循环遍历。

generator生成器是一种特别的类型，与列表和元组不同，它没有固定的长度，不能使用len()函数来获得它的长度，更不能使用[0]下标的操作来获得第0个元素。生成器只能通过next()来不断读取下一个元素的值，或是通过for…in循环来进行遍历。

生成器的重要作用体现在yield语句不仅可以返回值，还可以接受来自调用者发送过来的值，通过yield和send就可以实现异步的函数调用。如果对这个知识点感兴趣，可以继续从如下的网址获得帮助。

https://www.cnblogs.com/xc1234/p/9156192.html这篇文章从过程之间的协同演化，讲述了通过yield和async等语句实现多任务——协程。

6.9 本章小结

本章的内容非常丰富，主要包括如下内容：

- 函数的定义
- 函数参数的使用
- *参数与**参数的用法
- 全局变量与局部变量
- 如何使用程序包和模块
- 如何使用递归函数

- 如何使用匿名函数

6.10 课后作业

（1）请自行编写程序打印出前20项斐波那契数列。

（2）有这么一个数列0,1,2,2,3,5,7,10,15,22…

斐波那契数列公式：$f(n) = f(n-1)+f(n-3)$，请编写程序列出前20项。

（3）把如下的菜单转换成由元组组成的列表，并且使用匿名函数给如下的菜单按单价排序。

菜单	单价
Salad	5
Hamburger	10
Juice	12
Apple Pie	9

（4）利用递归函数打印第20项的斐波那契数列数值。

斐波那契数列公式：$f(n) = f(n-1)+f(n-2)$。

第7章

面向对象与类

我们在魔法王国行军，在Henry的工具包中，我发现了更高级的工具，那是可以变换形态的“类”。

本章可以说是Python语言中最有挑战性的内容, 在前面的章节中，介绍了不同的数据，也讲解了不同的程序组织方式。从数据看，既包括单个的数字和字符串，也有组合到一起的列表、字典等; 从程序看，有单个的语句，也有组合到一起的函数、模块和包。

面向对象编程，则是让这种集合的思想更向前迈了一步。现在几乎所有的语言都支持类与面向对象，从网页语言Javascript到脚本语言VisualBasic。“对象和类”其实就描述同一个“对象”的数据和程序的集合。

虽然“模块”提供了数据和函数在物理上的集中，一个模块中的全局变量和函数都可以被其他模块调用，但是在逻辑上，模块只能被其他程序导入使用，模块和模块之间本身没有什么逻辑关系，比如一个模块不会生出另一个模块，但如果是对象就可以。

7.1 对象的属性与方法

扫一扫，看视频

本节主要通过现实生活“对象”的类比来帮助读者理解什么是对象，并且介绍了对象必须包含的两种特性即属性与动作。什么是对象？不仅在高级语言编程中有此概念，最早的计算机科学家们也是从真实的世界中受到启发来引入对象这个编程概念的。

7.1.1 真实世界的缩影

对象在英文中是object，其实翻译过来可以当成是物体，一个真实世界的物体，用什么语言来描述它？比如我和Joe曾经在行军前打包在行李中的“tools文件夹”，它里面有两个物品，分别是指南针compass和地图map。

可以用这样的属性描述指南针：形状为圆盘；半径为3cm；水平仪为有；指针为蓝红色。一般用如下的动作来使用指南针：把物品compass水平放好，就会返回北边的指向，如图7.1所示。

图7.1 compass对象的属性与动作

在真实的世界里，任何一个对象都有两个不同的特征：一是属性（即物品的数据特征），二是动作（即物品的动作特征），在Python的编程中也是如此，一个对象既有属性也有方法（即动作）。

7.1.2 对象的属性与动作

在Python中，对象的特征包括：一是属性（称为attribute）；二是方法（称为method）。以打包的物品为例，之前的bag.food.bread模块，如果使用对象来描述bread的话，bread可能包括以下属性。

- bread.color：颜色值可以是red、blue。
- bread.weight：重量值可以为28kg。
- bread.taste：口味值可以为apple、grape。
- bread.bad：好坏的值可以为True、False。

这些是关于面包bread属性的描述，它的方法可能包括以下两个方面。

● bread.slice(n)：切片函数分成n个切片。
● bread.spread(黄油)：在上面涂上黄油。

1. 属性

属性就是关于物品对象静态描述的各个方面，比如上例中bread的颜色、重量等。其实，属性在对象中就是变量，只不过这个变量包含在对象的定义当中。直接像对待变量一样可以使用print()语句把它显示出来，也可以把它赋值给其他变量。

```
print(bread.color)
print(bread.weight)
theColor = bread.color
theWeight = bread.weight
```

同样地，也可以把它进行赋值：

```
bread.color='red'
bread.weight=38
bread.color = theColor
bread.weight = theWeigth
```

2. 方法

方法就是物品对象的动作，如动作、流程、动态属性等方面。比如，面包有切片涂黄油的动作，其实这些动作就是函数，把黄油放在参数里，就变成了涂黄油，如果把果酱放在参数里，就变成了涂果酱。如下所示：

```
bread.spread(黄油)    在上面涂上黄油
bread.spread(果酱)    在上面涂上果酱
```

因此可以说：对象=属性+方法。使用属性和方法时，一样使用“.”操作符，这个操作符是使用对象的属性和方法唯一的方式。如下所示：

```
object.attribute
```

或

```
object.method()
```

点(.)操作符有很广泛的应用，在前文所讲的包中，它起的是分隔文件夹与文件的作用，在引入第三方模块中(比如random)，它起的是分隔模块与函数作用。

在Python中，任何数据类型都是对象，range()是range对象；字符串是str对象；整数是int对象；列表是list对象；生成器是generator对象；函数是function对象等。之前学习的所有概念，除了基本语句、模块和包以外，其他的都是对象。

7.2 创建对象

扫一扫，看视频

在Python中，创建对象必须首先定义类(class)，类可以理解为是对象的原型蓝图，其中就包括有什么属性，有什么方法。

类定义完毕后，再根据这个类实例化这个类，形成具体的多个对象实例，这些对象称为这个类的实例(instance)。实例化在真实的世界里，可以这么理解，定义“人”就相当于“类”，人有姓名、出生日期、性别等属性，以及跑、走等动作，然后才能根据这个人实例化出张三、李四等不同的人。接下来根据在探险中Henry打包的枪对象来看看简单的“类”是如何定义的：

```
#class语句表示将建一个类
class Gun:
    #fire为类中的一个函数，即为类的一个方法
    def fire(self):
        if self.bullets>0:
            self.bullets -= 1
        print("*")
```

上面的类即是枪的蓝图，其中创建了函数方法fire()，即开枪，开枪动作后子弹减少一个，同时打印*号来表示开枪动作。

7.2.1 创建实例

如果想创建Gun的实例，可以使用如下的代码：

```
myGun = Gun()
```

由于刚创建时，实例没有任何属性，可以直接给实例的属性赋值，如下所示：

```
myGun.color = 'Red'
myGun.size = '1.2'
myGun.bullets = 10
myGun.fire()
```

现在试一试实例的方法，目前只有一个方法:fire()用来表示开枪。把所有的程序放在一起，运行后再通过print()看看操作的结果如何：

```
#class语句表示将建一个类
class Gun:
    #fire为类中的一个函数，即为类的一个方法
    def fire(self):
        if self.bullets>0:
            self.bullets -= 1
        print("*")
```

```
myGun = Gun()
myGun.color = 'Red'
myGun.size = '1.2'
myGun.bullets = 10
myGun.fire()
print(myGun.bullets,myGun.color,myGun.size)
```

运行这个程序，看到的结果是正常的，如下所示：

```
*
9 Red 1.2
```

初始化子弹为10，经过fire()打枪的动作，子弹如期变得少1个，而成为9个，这正说明创建的fire()动作的确发生了作用。

7.2.2 初始方法：__init__()

与模块的__init__文件类似，__init__()函数也起着初始化的作用，在类定义中只要有对象“实例化”，__init__()函数就开始执行。

在上面Gun例子的代码中，类在“实例化”后就立即给实例的color、size和bullets进行赋值，虽然这样很方便，但会造成如下问题：当需要了解该种实例拥有的属性，必须通过看主程序才行，光看类的定义完全看不出来，其实有更好的方法。

所以约定俗成，“类”的定义在初始化方法__init__()中写实例属性的默认值代码，升级后的代码如下所示：

```
#class语句表示将建一个类
class Gun:
    #fire为类中的一个函数，即为类的一个方法
    def fire(self):
        if self.bullets>0:
            self.bullets -= 1
        print("*")
    #类的初始化方法
    def __init__(self):
        self.color = 'Red'
        self.size = '1.2'
        self.bullets = 10

myGun = Gun()
#myGun.color = 'Red'
#myGun.size = '1.2'
#myGun.bullets = 10
myGun.fire()
```

```
print(myGun.bullets,myGun.color,myGun.size)
```

可以看到，__init__()方法内“实例”创建时多个属性初始值通过self这个特别的变量进行了赋值，self在英文中是自身的意思，它代表着实例自己。

7.2.3 字符串方法：__str__()

创建类时会自动创建很多类的方法，这种方法通常被称为特殊方法（special method）。上述的__init__()函数就属于特殊方法，同样地，__str__()也是，其作用是返回实例的字符串描述。

当系统打印出该实例或是想把该实例通过str()函数转换成字符串时，打印出来（或是转换成字符串）的是这个“实例”在内存中的地址，当然这并不是我们希望的。打印出更加有意义的描述，比如类的名字或是类代表的意思，才是更好的选择。

首先试试看在使用这个方法之前打印的内容：

```
>>> print(myGun)
<__main__.Gun object at 0x103c14be0>
```

改造这个类的定义，增加如下的内容：

```
def __str__(self):
    return '%s gun has %d bullets'%(self.color,self.bullets)
```

通过应用__str__()方法，在函数中return一串有意义的字符串，就可以实现友好地显示本实例，调用print(myGun)显示的结果如下：

```
Red gun has 10 bullets
```

7.2.4 self变量

在定义“类”时，每个函数的第1个参数都使用了self参数变量，英文解释为“实例自身”，在此具体分析一下为什么必须存在这个参数变量。

在许多其他高级语言的类函数中是没有这个变量的，比如，在C++的类里是通过this或是其他语法词来代替。

首先，为什么要有这个变量？由于一个“类”（class）可以“实例化”很多的“实例”，就像一个“列表”可以“实例化”很多不同的扑克牌、成绩列表一样。系统希望把共同的功能都写在“类”里，而不是每一个“实例”都重新编写一遍。就像无论是哪杆枪，fire一次总会少一颗子弹一样。所以调用这个fire()时，系统得知道是哪杆枪调用了它，不同的枪，剩下的子弹不一定相同。

程序如下：

```
myGun = Gun()       #我的枪
myGun.fire()        #激发一次，应该剩9
JoeGun = Gun()      #Joe的枪
JoeGun.fire()       #激发了两次，应该剩8
```

```
JoeGun.fire()
print('My Gun',myGun)
print('Joe Gun',JoeGun)
```

在上述程序中，Gun就变化成了两杆枪——我和Joe的，我的枪激发了1次，而Joe的枪激发了两次。正是因为在“类”的fire中使用了第1参数self，系统在执行fire()时，并没有给fire这个函数传递第1个参数，但实际上Python做出的动作是这样：

```
myGun.fire() 完全等同于 Gun.fire(myGun)
```

其实，Python语言在执行实例方法时，在内部把实例方法转换成类的方法，并把实例作为第1个参数传递到本方法函数，所以每次fire时虽然执行的是同一个代码，由于传入的第1个参数是不同的实例，实际上给子弹减量的动作是应用在不同的枪(实例)上面的。这样就不会出现Joe激发了两次，造成我的枪里的子弹也无故地少了两颗这样不合常理的现象出现，上面程序的运行结果如下：

```
*
*
*
My Gun Red gun has 9 bullets
Joe Gun Red gun has 8 bullets
```

聪明的Joe提出如下的问题：既然self只是一个“位置参数”，那么不使用self名称而使用其他任何变量名称，比如this，是否具有相同的效果？对fire()方法进行修改，如下所示：

```
#fire在类中的一个函数，即为类的一个方法
    def fire(this):
        if this.bullets>0:
            this.bullets -= 1
        print("*")
```

程序仍然可以正常运行，不过Python的语言规范对于self是有约定的，为了减少混乱，Python的程序员均把这个变量命名为self。

扫一扫，看视频

7.3 示例类——面包bread

为了完整演示对象的使用，下面用行军途中带的面包来说明一下类的定义与实例的使用。在故事中，随着队伍行军，一天中午，Joe拿出了他随身带的切片面包和一个小烤箱，如图7.2所示，这是Joe最喜欢的食物。

图7.2 切片面包

7.3.1 面向对象分析

先分析一下面包的属性。

- slices：指使用了几片切片。
- condiments：面包上配料的列表，比如番茄酱、芥末酱等。
- cooked_level：一个数字，通过这个属性可以知道面包被烤的程度。
- cooked_string：一个字符串，描述面包烤出来的软硬程度。

再分析一下烤面包的方法。

- cook()：把面包片烤一段时间，这会让面包比较容易抹黄油。
- add_slice()：加入一个切片。
- add_condiment()：加入一些配料。
- __init__()：默认属性。
- __str__()：默认返回字符串的内容。

首先定义类。先定义__init__()方法，它会为面包设置默认属性，如下所示：

```
class bread:
    def __init__(self):
        self.cooked_level = 0
        self.cooked_string = 'Soft'
        self.condiments = []
        self.slices = 1
```

在上述的代码中，初始化方法中定义了一个烘烤时间为0，非常软并且没有任何酱料的1小片切片白面包。

7.3.2 面向对象的方法

Joe说这种面包烤3分钟口感稍软，烤6分钟适中，烤8分钟有点硬脆，10分钟以上就会焦煳。现在建立一个方法来烤面包片，传入烘烤的时间，如下所示：

```
def cook(self,time):
    self.cooked_level += time
```

```
        if self.cooked_level>=10:
            self.cooked_string = '焦煳'
        elif self.cooked_level>=8:
            self.cooked_string = '干硬'
        elif self.cooked_level>=6:
            self.cooked_string = '适中'
        elif self.cooked_level>=3:
            self.cooked_string = '稍软'
        else:
            self.cooked_string = '软嫩'
```

可以看出，程序可以根据实际面包烘烤时间情况返回烤面包片的文本状态，为了测试类中编写的方法效果，先运行一下程序，代码如下所示：

```
joeBread = Bread()
print("烤时间",joeBread.cooked_level)
print("切片数",joeBread.slices)
print("口感",joeBread.cooked_string)
print("配料",joeBread.condiments)
```

代码运行以后，可以看到Joe的"面包实例"已经创建完成，并且各项属性值也设置成了初始状态，完整的程序和运行的结果如下所示：

```
class Bread:
    def __init__(self):
        self.cooked_level = 0
        self.cooked_string = '软嫩'
        self.condiments = []
        self.slices = 1
    def cook(self,time):
        self.cooked_level += time
        if self.cooked_level>=10:
            self.cooked_string = '焦煳'
        elif self.cooked_level>=8:
            self.cooked_string = '硬脆'
        elif self.cooked_level>=6:
            self.cooked_string = '适中'
        elif self.cooked_level>=3:
            self.cooked_string = '稍软'
        else:
            self.cooked_string = '软嫩'
joeBread = Bread()
print("烤时间",joeBread.cooked_level)
print("切片数",joeBread.slices)
```

```
print("口感",joeBread.cooked_string)
print("配料",joeBread.condiments)
```

运行的结果如下所示：

```
烤时间 0
切片数 1
口感 软嫩
配料 []
```

到目前为止，定义类时均采取的是首字母大写的方式，在Python代码约定中，Word一般是作为类名，而word则是作为实例名称，这样通过观察变量或是类的名称，就知道其所代表的意义。

然后试试cook这个方法有没有效果，在上面的语句后面继续添加如下的语句：

```
print('Joe开始烤8分钟')
joeBread.cook(8)
print("口感",joeBread.cooked_string)
print("烤时间",joeBread.cooked_level)
```

这些语句的运行结果如下所示：

```
烤时间 0
切片数 1
口感 软嫩
配料 []
Joe开始烤8分钟
口感 硬脆
烤时间 8
```

以上编写的cook()方法可以正常工作，经验证明面包被烤了8分钟后，不仅烤时间发生了变化，而且面包的口味果然也变成了硬脆的状态。

7.3.3 全部程序

接下来需要为这个面包再加一些配料，因为Joe比较喜欢黄油，而黄油需配合较硬的面包吃，既有口感也不会太难抹。添加相关的方法之后整个程序如下所示：

```
class Bread:
    #初始化方法
    def __init__(self):
        self.cooked_level = 0
        self.cooked_string = '软嫩'
        self.condiments = []
        self.slices = 1
    #烤的方法
    def cook(self,time):
```

```
        self.cooked_level += time
        if self.cooked_level>=10:
            self.cooked_string = '焦煳'
        elif self.cooked_level>=8:
            self.cooked_string = '硬脆'
        elif self.cooked_level>=6:
            self.cooked_string = '适中'
        elif self.cooked_level>=3:
            self.cooked_string = '稍软'
        else:
            self.cooked_string = '软嫩'
    #添加配料的方法
    def addCondiment(self,condi):
        self.condiments.append(condi)
    #添加片的方法
    def addSlice(self,number=1):
        self.slices+=number
    #返回比较详细的信息数据
    def __str__(self):
        return  str(self.slices) + ' 个面包片，烤了' + \
        str(self.cooked_level) + '分钟，现在口感:' + \
        self.cooked_string + ',有配料:' + ','.join(self.condiments)
joeBread = Bread()
print(joeBread)
joeBread.addSlice(1)
joeBread.cook(8)
print("Joe加了1片，烤了8分钟")
print(joeBread)
joeBread.addCondiment('黄油')
print("Joe加了点黄油")
print(joeBread)
joeBread.cook(3)
print("Joe又烤了3分钟")
print(joeBread)
```

在上述增加的代码中，不仅添加了配料和面包片的函数，还添加了__str__函数，这样程序在输出时，只要打印这个实例就可以完整地显示出面包的状态。当键入比较长的语句时，可以使用\（反斜杠）把一个长语句分割成多行短语句。

运行这个程序，看看Joe对他的面包做了什么：

```
1个面包片，烤了0分钟，现在口感:软嫩,有配料:
Joe加了1片，烤了8分钟
2个面包片，烤了8分钟，现在口感:硬脆,有配料:
```

```
Joe加了点黄油
2个面包片，烤了8分钟，现在口感:硬脆,有配料:黄油
Joe又烤了3分钟
2个面包片，烤了11分钟，现在口感:焦煳,有配料:黄油
```

此外，系统中使用了字符串的join()函数，这个函数的作用是使用字符串把列表中的元素“拼接”起来。本程序中使用的是英文逗号，这样做的好处就是如果列表中只有一个元素不会显示逗号，如果列表中有两个或两个以上才会使用逗号分隔，这样保证了“拼接”的格式整齐。

程序中Joe先加了片面包，烤了8分钟后抹了黄油后，又烤了3分钟。由于Joe特别喜欢吃脆脆的面包片，一不小心烤过了，浪费了一整片面包和黄油。

7.3.4 实例与变量的特殊性

综上，实例似乎就是变量的概念，但是本质略有不同，很多中小学编程竞赛中会把这个概念当成考点。变量并不一一对应实例，可以看看如下的代码，还是以Bread为例。

1. 实例之间比较

数字或是字符串变量之间的比较是比较值是否相等？两个实例之间如何比较？所有属性方法都一样就是相等的吗？示例如下：

```
joe = Bread()
henry = Bread()
print(joe==henry)
```

由于上面两个变量都是实例，并且未经过加工，因此它们各项的值应该都是相等的，但是系统显示的却是False，这是为什么？

系统认为上面两个变量joe和henry是两个不同的“面包”，虽然这两个面包所有的特性都一样。因为joe和henry都经过了“实例化”，Bread()这个函数会调用类的__init__()函数，在内存中“生出”两个。

2. 变量赋值

那么不通过“实例化”直接给变量赋值，会有什么情况呢？再看如下代码：

```
joe = Bread()
me = joe
print(me==joe)
```

上面的代码运行后，系统的结果是True，可以看到me这个变量没有经过“实例化”，只是简单地赋值了joe的值。这时，系统在内存中不会重新“创建”一个“面包”，而是把me这个变量“指向”了joe的实例。这时me和joe其实代表的都是同一个东西。

既然这样，通过改变me的属性，joe会不会受影响呢？试试如下的代码：

```
me.name = 'Me的面包'
print(me.name,joe.name)
```

```
joe.name = 'Joe的面包'
print(me.name,joe.name)
```

程序运行的结果如下：

```
Me的面包 Me的面包
Joe的面包 Joe的面包
```

可以得出，无论改变me还是改变joe的name的属性，两个变量输出的值都是完全一样的。

因此，使用同一个实例对许多变量赋值时，实际是给这个实例贴上不同的“别名”，所有的别名都是指的同一个实例。其实实例的变量就是一个指向和别名的作用。

扫一扫，看视频

7.4 类中不同的变量

变量在类的不同的位置与采用不同的命名方式，具有不同的作用，本节将介绍类定义中不同类型变量的作用。在探险故事中，指南针（Compass）用来指明继续前行的方向，这也是本节主要的示例。

7.4.1 类变量与实例属性

编写Compass类定义的代码，如下所示：

```
class Compass:
    inventedBy = '中国'
    usedFor ='导航'
    #初始化方法
    def __init__(self):
        self.shape = 'round'
```

可以看到和Bread不同，Compass类定义了两个变量，分别是inventedBy发明者和usedFor用处。这两个变量代表的意义是所有“指南针”同时具有的，它们的值与“类”实例化出的“实例”无关。在面向对象中，把这样的变量叫作类变量（也可以叫作类属性、静态变量）。

类变量定义完成后通过“实例名.变量名”的形式进行读取数值，如下所示：

```
com1,com2 = Compass(),Compass()
print(com1.inventedBy,com2.inventedBy)
```

运行的结果如下：

```
中国 中国
```

如类变量需要改变值，必须通过“类名.变量名”这样的形式进行赋值，请参看下面的代码把这两个属性值改成英文牌：

```
Compass.inventedBy = 'CN'
```

```
print(com1.inventedBy,com2.inventedBy)
```

上面的代码改变了类变量的值，但从Compass类实例化出来的所有实例的值都会改变，运行结果如下：

```
中国 中国
CN CN
```

需要说明的是，类变量无法通过“实例.变量名”这种形式赋值，如果这样做了，Python是会根据规则做出误判断，认为这种形式的赋值是给“实例属性”赋值，而不是给类变量赋值。系统并不会出错，只会产生一个与类变量相同名称的实例属性名，从而把类的变量给“覆盖”掉，继续在上面的语句后面添加如下的语句：

```
com1.inventedBy = 'Korean'
print(com1.inventedBy,com1.__class__.inventedBy,com2.inventedBy)
```

在上面的语句中，使用了特殊变量——__class__指向该实例的类。可以对比一下第2句显示的两个值有什么不同：

com1.inventedBy：指的是com1实例的inventedBy属性，可以是“实例属性”，也可以是“类变量”，但“实例属性”优先。

com1.__class__.inventedBy：__class__变量会返回实例的类，因此inventedBy一定表示“类变量”。把com1实例的“类变量”inventedBy“错误”赋值后，再看看会不会产生“覆盖的效果”，整个程序的运行结果如下所示：

```
中国 中国
CN CN
Korean CN CN
```

通过实例来对“类变量”进行赋值Korean，只会新创建一个该实例的变量并且赋予新值Korean，而且这个值只会覆盖企图通过“实例名.类变量名”方式来取得类属性的值。

对于“类变量”，一般是把类的一些通用的属性、共同的数据或是需要集中的数据，通过类变量的方式存储，这样就可以操作实例共同的属性或是方便批量操作。

比如，使用类Student来管理学生信息，一般会把学生的成绩数据库存储在类变量（类属性）里，操作员只要访问类，就可以获取所有同学的成绩。

7.4.2 私有变量

在进行类定义时，可以定义某些变量只能在类的内部使用，外部无法使用，这种变量称为私有变量。要声明私有变量，需使用两个下划线开头来进行命名，比如指南针实例有一个私有变量__magnetism记录了指针的磁性，这个数据一般不使用，但是可能在实现内部功能时有用。

```
class Compass:
    inventedBy = '中国'
```

```
    usedFor ='导航'
    #初始化方法
    def __init__(self):
        self.shape = 'round'
        self.__ magnetism = 4
```

上面代码定义了实例属性shape形状，默认值是round（圆形），定义了“私有变量”，将__magnetism设置为4用来表示指针的磁力。试试从“外部”来访问这个私有变量能不能访问成功：

```
com1,com2 = Compass(),Compass()
print(com1.__ magnetism)
```

这时系统运行的结果出错，出错信息如下：

```
AttributeError: 'Compass' object has no attribute '__magnetism'
```

中文意思为属性错误：“Compass”对象没有__magnetism的属性。

由于私有变量不能被外部访问，这种机制起到了保护变量的作用，但它的值并不是不能改变的，可以用普通的方法设置私有变量如下：

```
def setMag(self,mag_level=4):
    self.__magnetism = mag_level
```

上面的setMag()方法完成了设置私有变量值的任务，上例中私有变量__magnetism用来反馈指针的磁性，只要指针可以正常工作，一般我们不太关心它的值，但如果这个值太小，就会造成指南针根本无法工作，人们更加关心的是指南针能否正常工作，所以有一个返回工作状态的方法，写法如下：

```
def getStatus(self):
return self.__magnetism>=1 if "正常" else "失效"
```

可以看出代码结尾返回了“三元运算”表达式，当磁性大于等于1时，返回工作状态为“正常”，否则就返回“失效”。

看看这个私有变量能否正常地工作，所有的程序代码如下所示：

```
class Compass:
    inventedBy = '中国'
    usedFor ='导航'
    #初始化方法
    def __init__(self):
        self.shape = 'round'
        self.__magnetism = 4
    def setMag(self,mag_level=4):
        self.__magnetism = mag_level
    def getStatus(self):
        return "正常" if self.__magnetism>=1 else "失效"
```

```
com1,com2 = Compass(),Compass()
com1.setMag(1)
com2.setMag(0.5)
print(com1.getStatus(),com2.getStatus())
#下面的语名会出错
print(com1.__magnetism)
```

在上面的程序的最后一行，我们试图访问类的私有变量，因此会出错。如下所示：

```
正常 失效
Traceback (most recent call last):
  File "/Users/.../books/第7章 类和对象/7.4.2 类内部变量.py", line 18, in
<module>
    print(com1.__magnetism)
AttributeError: 'Compass' object has no attribute '__magnetism'
```

从运行结果的第1行看，把两个指南针的磁性分别设置成1和0.5，就会分别得到正常和失效的状态，程序的前半部分运行成功。

此处稍作延伸，编写类的方法时，即类中定义的函数，也有一类叫私有函数，其命名的方式就是以两个下划线开头__MethodName()。这部分的内容读者可以自行学习，因为后面不会用到。

最后，读者应该了解一下私有变量的实现原理。在Python中，默认所有的变量与方法都是外部可访问的，在内部为了实现私有变量的功能，比如在类cls下定义一个私有变量__a，系统在运行时会把这个变量改写成_cls__a，即单下划线+类名+私有变量名。举一反三，本例如想从外部显示__magnetism的值真正应该写什么样的语句？

7.5 类的派生继承

扫一扫，看视频

人们使用类和实例来进行编程，并不是简单地要把数据与函数集中在一起，而是要实现“继承”的目的。比如在现实世界，儿子会“继承”父母的双眼皮、肤色等。

故事中，Henry在行军之前，假设使用了“对象”来打包它的物品，通过“继承”拿出“枪”类，然后稍一改动，就形成了“手枪”的类，为什么要这么做？这是为了防止编写“手枪”程序的人重复地把枪的特性再写一遍。在业内，一般把这种做法叫作“不造重复的轮子”。

7.5.1 属性的继承

先举一个最简单的示例，在打包的行军物品中假如有类Map，继承的语法如下：

```
class 子类(父类)
```

在子类名称后面使用括号把父类名称括起来，如下所示：

```
class Map:
    name = 'Map'
    pass
class ChinaMap(Map):
    pass
print(ChinaMap().name)
```

在Map类中，定义了一个类属性name（类静态属性）值为Map；ChinaMap这个类继承了Map没有定义任何属性，但是从代码中“实例”化一个ChinaMap类的实例，然后打印出它的属性“name”，能否打印成功？

运行后的情况如下所示：

```
Map
```

上述示例运行的情况可以验证，当一个子类继承父类后，即继承了父类中的变量和函数。那么，上述示例使用的是“类属性”，那么类的“实例属性”能不能被顺利继承？看看如下的代码：

```
class Map:
    name = 'Map'
    def __init__(self):
        self.weight = 10


class ChinaMap(Map):
    pass
cm = ChinaMap()
print(cm.name,cm.weight)
```

实例属性是通过在__init__()初始化函数中对self进行定义来实现的，上面的程序运行的结果如下：

```
Map 10
```

上述两个程序示例证明了无论是类的变量还是实例化后实例变量，子类都会继承。在实例化后实例属性的继承方面，并不是直接继承下来的，而是通过继承__init__()函数形成的，如果重写__init__()函数，就需要添加运行父类__init()__函数的代码。

7.5.2 属性的重写

对父类来说，子类可以完全使用父类的属性，也可以和其他普通类一样增加并使用自己独立的属性，但是父类使用的属性也可以进行改写，使之有不同的意义，比如上述示例提到的name，可以改写其意义，如下所示：

```
class Map:
    name = 'Map'
```

```
    def __init__(self):
        self.weight = 10
class ChinaMap(Map):
    name = 'China Map'
cm = ChinaMap()
print(cm.name,cm.weight)
```

在上面代码的子类中，ChinaMap类的name属性与父类的属性一样，但是经过重写后就会覆盖原来父类的值，变成了两个不同的属性。运行后会发现父类的值被改变了，如下所示：

```
China Map 10
```

7.5.3 方法的重写

同样地，不光是继承和属性可以重写，方法也可以重写。在Map类中如果有这么一个方法用来返回当前地图的中心点坐标getCenter()，在子类中重写这个函数以适合ChinaMap的不同要求，如下所示：

```
class Map:
    name = 'Map'
    def __init__(self):
        self.weight = 10
    def getCenter(self):
        return(0,0)
class ChinaMap(Map):
    def getCenter(self):
        return(32.1234,112.6789)
cm = ChinaMap()
print(cm.name,cm.weight,cm.getCenter())
```

运行后，发现实例运行的是子类ChinaMap中的函数getCenter()，而不是父类的，结果如下所示：

```
Map 10 (32.1234, 112.6789)
```

结果返回的是ChinaMap的中心位置。

7.5.4 初始化函数的重写

在类中比较特殊的__init__()和__str__()等函数可不可被子类所重写？答案是可以的，试试看在如下的代码中会发现什么：

```
class Map:
    name = 'Map'
    def __init__(self):
        self.weight = 10
```

```
class ChinaMap(Map):
    def __init__(self):
        pass
cm = ChinaMap()
print(cm.name)
print(cm.weight)
```

上面的代码中，子类ChinaMap中重写了初始化函数__init__()，但是这个函数却什么也不做，在父类中初始化函数定义了一个“实例属性(变量)”weight。在这种情况下，访问子类的属性weight，会不会让系统出错？如下所示：

```
Map
Traceback (most recent call last):
    File "/Users/.../books/第7章 类和对象/7.5.4 初始化函数的重写.py", line 11,
in <module>
    print(cm.weight)
AttributeError: 'ChinaMap' object has no attribute 'weight'
```

系统出错，由于程序重写了__init__()，却没有任何给对象属性赋值的操作，系统认为weight根本不存在，所以出错。但是类变量name却打印出值Map，所以可以看到，子类并不是无条件地继承父类的所有变量，只是实质上继承父类的“类变量”，子类实质上是通过继承并执行父类的__init__()初始化函数中实例变量的定义来最终实现“继承属性”这个特性的，因此当这种机制被中断，就会打断继承并出错。

为了避免上面的情况发生，还是需要在子类中运行父类的某些代码，那么如何才能实现呢？在上例中，可以通过如下的语句来实现：

```
Map.__init__(self)
```

上面的语句可以运行父类的__init__()函数，整个程序代码如下所示：

```
class Map:
    name = 'Map'
    def __init__(self):
        self.weight = 10
class ChinaMap(Map):
    def __init__(self):
        Map.__init__(self)
        self.weight += 2
cm = ChinaMap()
print(cm.name)
print(cm.weight)
```

运行的结果如下所示：

```
Map
```

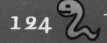

```
12
```

在子类ChinaMap的初始化函数里执行了父类的初始化函数，之后还把weight这个属性自增了2，并且运行顺利通过了。

由于在子类是使用“直接书写名字”（在本例中是Map）的方式执行父类的方法（函数），其实这非常不方便。假设父类在一次更新中，由于某些原因，如和Python的map()函数冲突，不方便使用者阅读，要改成GlobalMap，那么代码中所有的相关引用都要手工改动，为避免这种情况，使用super()函数来访问与子类相关的父类。

7.5.5 类继承的示例

继承就是向父母学习，例如想制造“手枪”（Hand Gun），那么它的父母应该是Gun，制造出的类称为派生类（derived class）或是子类（subclass）。先看看Hand Gun的“父母”——枪是什么代码来实现的，如下所示：

```
class Gun:
    def __init__(self,name,typeOf,bullets = 0):
        self.name = name
        self.type = typeOf
        self.bullets = bullets
    def __str__(self):
        return self.name + ":" + str(self.bullets) + "发弹匣的 " + self.type
```

从__init__()初始化函数中看，定义的Gun主要有3个属性，分别是名字(name)、类型(type)和子弹(bullets)。

还有一个类__str__用来返回枪上面的3个描述信息。在Hand Gun的属性里会多出一种属性action（激发方式有：单发single和双发double两种），同时不需要的一个属性就是type，因为type就是手枪。

Hand Gun的代码如下所示：

```
01 class HandGun(Gun):
02     def __init__(self,name,action='单发',bullets=0):
           #重写子类的方法，也使用了父类
03         super(HandGun,self).__init__(name,'手枪',bullets)
04         self.action = action                    #增加的属性
05 hg = HandGun('FN Five-seveN','双发',20)         #使用了重写的__init__()函数
06 print(hg)                          #使用了Gun父类的__str__()函数
07 print('激发:' + hg.action)                      #增加了一个属性
```

分析上面的7行代码，第1行为子类定义的语句，括号里指定父类为Gun，意味着HandGun将会继承Gun的所有属性和方法，在之前定义的Gun的__str__()方法和__init__()方法，3个属性是名字（name）、类型（type）、子弹（bullets）。

第2行开始，这个HandGun的类又重新定义了__init__()，加入了action的参数，取消了typeOf参数。

第3行，使用了一个函数super(类名,实例)，这个函数在类中使用可以指向它的上一级父类，在这个知识点中，要提醒读者，super(类名,实例)在上级父类(们)只有一个类时，是指的父类。但是当上级父类有两个以上的类时，根据定义的类和实例，Python 会计算出一个方法解析顺序(Method Resolution Order, MRO)列表，它代表了类继承的顺序，super()函数准确的表达是根据实例对象的MRO列表，返回参数“类名”在MRO列表中的上一个类。本示例中没有必要继续研究，但如果想研究super()函数的运作机制，可以参考中文文章https://segmentfault.com/a/1190000007426467 和英文文章https://realPython.com/Python-super/。

在Python 3中，可以直接使用没有参数的super()函数，来返回本实例、本类继承关系中的上一个类。在这一行里，通过调用Gun类的__init__()函数，传入固定的type值，来减少对Gun类相同属性值的处理。

第4行，处理HandGun中增加的属性action。

第5行，创建了一个HandGun的实例，可以看到程序根据HandGun重写的方式进行了参数的传入。

第6行，打印了HandGun的实例，虽然在HandGun中并没有写__str__()函数，但可以看到运行结果是执行了Gun类中的__str__()函数，这个特性就是类的继承性。

第7行，打印了在HandGun中添加的属性action。

通过上面详细的讲解，相信读者对于继承单个类的操作应该有一个大概的了解，由于在现实的编程实践中，近80%的系统代码基本上都是由类组成的，因此如果没有办法使用类来编写自己的程序，起码要学会看懂别人根据类来写的相关程序。

以上代码运行的结果如下所示：

```
FN Five-seveN:20发弹匣的手枪
激发:双发
```

在上述代码中，在继承Gun类时，应用了重构初始化函数，并且介绍了如何应用新增的属性。

扫一扫，看视频

7.6 面向对象的应用——树

Python世界中万物均是对象，学习类的很多知识，是为了能够创建新形式的类。

再回到历险世界，行军途中，Henry告诉我们，为管理好这个队伍，他要把所有人编成有层次的、真正的军队，他是总指挥官，并且在这个军队里，每一个人都只有一个上级，这个队伍的结构就像一个倒着的树一样。

7.6.1 树的结构

在计算机王国，树的结构非常重要，除了部队结构是树，其他任何有层次的数据结构都可以转化成树。比如人口数据，可以从国家–省–市–区的树状结构来组织；再如计算机里的资源，可以依照“我的电脑”—硬盘—文件夹—文件来进行组织；又如所有的网页，其实文件的源代码都是树状的XML文件。

树是一种数据结构，它是由有限结点组成的一个具有层次关系的集合。把它叫作“树”是因为它看起来像一棵倒挂的树，也就是说它是根朝上叶朝下的。

树具有的特点是：每个结点有零个或多个子结点；没有父结点的结点称为根结点；每一个非根结点有且只有一个父结点；除了根结点外，每个子结点可以分为多个不相交的子树，没有子结点的结点称为叶结点。

树由结点和分支构成，如图7.3所示。

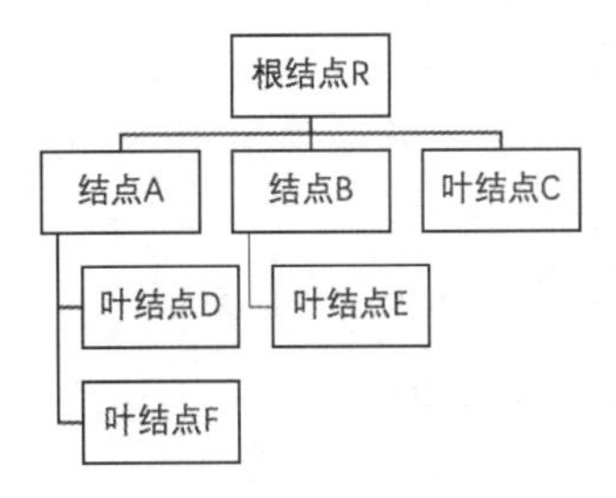

图7.3 树结构的示意图

定义结点到根结点之间经过的分支数量为深度，那么图7.3中R结点的深度为0，A、B、C的深度为1，D、E、F的深度为2。读者会质疑在Python中有树类型，但有很多第三方的组件可以完成树的各种操作，本小节可以通过简单的类实现树。

首先，树是由一个个结点组成的，看看树的结点（假设是TreeNode类型）有什么特征：

- 有数据，比如行军队伍名单，数据应该是姓名。
- 有下一层结点的列表，这个列表中的元素就是TreeNode类型，能包含和其结构相同的多个结点。

7.6.2 结点的定义

根据7.6.1小节的分析，定义结点的类如下代码所示：

```
class TreeNode:
    def __init__(self,treeNodeData=''):
        self.data =treeNodeData
        self.deep = 0
        self.__children = []
        self.parent = None
```

根据上面代码定义的树结点包括4个属性，分别是字符串类型的data(数据)、指示深度的deep、所有下级子结点的children和指向父结点的parent。

在创建这个结点时，通过__init__()初始化函数，规定了传入新结点的“数据”，默认值设置成空字符串。在这个定义的结点里，在children这个属性使用了[]，即是一个空的列表。虽然同级结点本质上是无序的，可以使用无序的集合来完成，但是为了显示方便，使用列表。

有了类就可以实例化3个类，如下所示：

```
HenryTreeNode =  TreeNode('Henry')
JoeTreeNode =TreeNode('Joe')
MeTreeNode =TreeNode('Me')
```

这里实例化了3个类，分别是Henry、Joe和我的结点，结点的数据就是所有人的名字。

7.6.3 结点的添加

下面要解决如何使结点对象通过一定的方法形成连接。在这里，TreeNode是有属性__children的，这是内部变量，不可以直接通过列表的append()函数进行添加。下面是错误的方法：

```
HenryTreeNode.__children.append(JoeTreeNode)
```

不这样做的目的是“封装”，如果这样做，其他使用这个类的程序员，通过这种方式来添加结点，就会丢失deep和parent的属性值。

根据封装的要求，需要编写一个add的功能，该功能就是把一个结点添加为当前实例的子结点，需要进行当前实例__children列表的添加，需要对当前实例deep、parent进行赋值，通过这种机制就能够进行数据完整性的保护。

应该存在add()函数可以实现把下层的结点加入进来的功能，一旦这个下层结点进入当前的结点，它的deep就是上一层的deep+1，其parent就是上一级结点。主要的程序如下所示：

```
01  def add(self, subTreeNode):
        #这是一个判断对象是否是某个类的实例
02      assert isinstance(subTreeNode,TreeNode)
        #子结点的深度是上级结点+1
03      subTreeNode.deep = self.deep +1
        #子结点的父结点是上级结点
04      subTreeNode.parent = self
05      self.__children.append(subTreeNode)
06      return subTreeNode
```

通过详细解释上面的程序，希望读者们开始熟悉类的创建。

第2句为判断语句，用来判断传入的下级结点的“实例”，是否也是TreeNode类型，用法如下：assert isinstance(实例变量，类名)，如果不是的话，系统将会引发一个错误，这样就保

证了加入树结构数据的一致性。

在第6个语句返回了本身子结点，返回这个子结点其实是给后面的程序提供了一个非常方便的功能，能够在加入结点的同时，返回这个被加入的结点。假设要建立这么一个特别的只有一个分支的树：A -> B -> C，其中A是根结点，就可以使用如下的一段代码：

```
TreeNode('A').add(TreeNode('B')).add(TreeNode('C'))
```

这个程序是不是已经很完美了？ Joe思考了一会，提出了以下两个问题。

一是上面的程序在add(叶子结点)时完全没有问题，问题是定义的结点是允许有子结点的，如果把一个拥有子结点的结点（即已经形成2层树状结构的根结点）加入，根据上面的程序，add()函数根本没有办法给subTreeNode下层的所有子结点设置好deep这个属性，因为add()函数中只遍历了当前结点的deep属性。

二是当把已经是该父结点的子结点重复add(真实子结点)时，这个程序会重复地把同一个结点加入，因为列表允许重复的特性，会造成树结构的混乱。

解决第一个问题可以使用递归，把新加入子结点的所有子结点都用这个add()方法重新加一遍，这样就可以让所有子结点都能更新到deep的值。解决第二个问题，使用条件判断即可。

因此，最终add()方法的代码如下：

```
def add(self,subTreeNode):
    #这是一个判断对象是否是某个类的实例
    assert isinstance(subTreeNode,TreeNode)
    #子结点的深度是上级结点+1
    subTreeNode.deep = self.deep +1
    #子结点的父结点是上级结点
    subTreeNode.parent = self
    #防止递归的时候，重复把结点加入列表
    if subTreeNode not in self.__children:
        self.__children.append(subTreeNode)
        #下面通过枚举，把所有子结点的deep值重新进行更新
        for node in subTreeNode.children:
            TreeNode.add(subTreeNode,node)
        return subTreeNode
```

7.6.4 结点的显示

为了对这个树进行输出，需要一个打印函数，打印的方法要能显示出层次关系，因此，在打印下一层结点时，需要进行空格的缩进，这样就可以看出哪个结点是上层结点。

为了遍历出树中所有的结点，使用了递归，如下所示：

```
def print(self):
    print('  '* self.deep + self.data)
```

```
    for subTreeNode in self.children:
        TreeNode.print(subTreeNode) #调用递归函数
```

在上面程序的第2个语句，根据“深度”数值进行了空格缩进，这样就可以看出哪个结点属于哪个结点，使用如下的代码来构造一个树状结构，这个树状结构就是行军队伍，由Henry为最高指挥官，我、Joe、Wenny为下属，我和Joe各带5名勇士。根据之前的分析，代码如下所示：

```
01  HenryTreeNode =  TreeNode('Henry')
02  JoeTreeNode =TreeNode('Joe')
03  MeTreeNode =TreeNode('Me')
04  WennyTreeNode =TreeNode('Wenny')
05  HenryTreeNode.add(JoeTreeNode)
06  HenryTreeNode.add(MeTreeNode)
07  HenryTreeNode.add(WennyTreeNode)
08  JoeTreeNode.add(TreeNode("Joe's man1"))
09  JoeTreeNode.add(TreeNode("Joe's man2"))
10  JoeTreeNode.add(TreeNode("Joe's man3"))
11  JoeTreeNode.add(TreeNode("Joe's man4"))
12  JoeTreeNode.add(TreeNode("Joe's man5"))
13  MeTreeNode.add(TreeNode("My man1"))
14  MeTreeNode.add(TreeNode("My man2"))
15  MeTreeNode.add(TreeNode("My man3"))
16  MeTreeNode.add(TreeNode("My man4"))
17  MeTreeNode.add(TreeNode("My man5"))
18  HenryTreeNode.print()
```

本程序一共18行，第1行定义了一个顶层的结点Henry；第2~4行定义了第二层的3个结点；第5~7行把第2层的结点add()进了Henry根结点；第8~17行定义并把第二层的10个结点add()进了第2层；第18行进行打印，打印出来的结果如下所示：

```
Henry
  Joe
    Joe's man1
    Joe's man2
    Joe's man3
    Joe's man4
    Joe's man5
  Me
    My man1
    My man2
    My man3
    My man4
```

```
    My man5
  Wenny
```

根据空格缩进的多少，知道了这个树状结构所有结点的归属与位置。虽然打印的代码不多，由于使用了递归，既简洁又高效地完成了打印的任务。

7.6.5 子结点属性

根据第7.6.2小节的定义，为了防止人为“修改”子结点__children，将其设置成私有变量。但有的在程序外部必须“读取”子结点，因此，需要创建children属性以返回子结点，为了保证“封装”的效果，在这个属性里只返回__children的值，并不允许修改。

通常“返回”操作必须通过函数的return语句才能完成，比如调用input()返回的是用户用键盘输入的字符串，而调用函数必须加括号来实现，一个函数如何变成不用加括号的属性？在Python中，有“装饰器”，其写在函数的上一行，用@符号来开头，它的作用就是当访问函数前，装饰器就会被首先执行，通过这样的方式来改变函数的行为。它的使用格式如下：

```
@装饰器
def 正常函数():
    函数语句
```

其中有一个系统内置的装饰器property，作用就是把函数变成属性，如果要给TreeNode类增加一个属性children，只需要在类中添加如下的代码即可：

```
@property
def children(self):
    return self.__children
```

输入并试试如下的语句，有没有正确返回添加的3个结点，语句如下所示：

```
HenryTreeNode =  TreeNode('Henry')
JoeTreeNode =TreeNode('Joe')
MeTreeNode =TreeNode('Me')
WennyTreeNode =TreeNode('Wenny')
HenryTreeNode.add(JoeTreeNode)
HenryTreeNode.add(MeTreeNode)
HenryTreeNode.add(WennyTreeNode)
print([x.data for x in HenryTreeNode.children])
```

语句当中定义了4个结点，其中Joe、Me和Wenny是从属于Henry这个结点，该处使用了生成器，把Henry这个结点的所有的children结点的data属性打印出来，程序运行的结果如下所示：

```
['Joe', 'Me', 'Wenny']
```

从运行的结果来看，虽然children是一个方法，但是在类中使用了property这个装饰器后，就变成了一个属性。

它是如何做到的呢？可以通过http://zhaochj.github.io/2016/05/10/2016-05-10-property%E7%9A%84%E5%AE%9E%E7%8E%B0/链接来研究它的作用机制。通过这个机制可以书写自己的property装饰器，其原理就是如果不加括号来调用这个函数，其实就是返回这个函数在内存中的位置，这个装饰器把这个过程改造成了返回实例当中这个函数的返回值。

7.6.6 父系链条

在整棵树中，除了根结点没有父结点，其他的某个结点会问其父亲是谁，父亲的父亲是谁……，每一个结点都可以根据这个追溯到根结点为止。比如，Joe的下级勇士知道Joe是他的上级，那么Joe的上级又是谁呢？把某个结点的父系关系排成一个链条，称作父系链条。下面通过程序来返回这个父系链条，这与递归打印子结点使用了相似的递归方法，只是方向为向上，方法是递归访问某个结点的parent属性，来完成递归向上的操作。

建立一个方法parents()来查找某个结点的所有上级，希望这个方法可以返回其所有上级的列表，这个列表是从根结点开始的：

```
01  def parents(self):
02          if self.parent is None:
03              return []
04          return TreeNode.parents(self.parent) + [self.parent]
```

本程序只有4行，是一个递归函数，其含义为“参数实例所有上级”，如果把“本人”作为参数，即“parents(本人)”，这个表达式就表示本人的所有上级；parents（本人直接上级），这个表达式就表示本人直接上级的所有上级，那么公式如下所示：

parents（本人）= parents（本人直接上级）+ 本人直接上级

因此，上述语句的第4行就是这个公式的简化，由于递归会一直递归到根结点，而根结点的parent是None，所以要返回一个空的列表，这个递归在执行到第3行时就会中止。

通过如下的语句试试这个方法是不是有效：

```
01  HenryTreeNode =  TreeNode('Henry')
02  JoeTreeNode =TreeNode('Joe')
03  HenryTreeNode.add(JoeTreeNode)
04  man = JoeTreeNode.add(TreeNode("Joe's man1"))
05  print("Man's parents:")
06  for m in man.parents():
07      print(m.data)
08  print("Joe's parents:")
09  for m in JoeTreeNode.parents():
10      print(m.data)
```

语句前4行构造了一个三层树，分别是Henry、Joe和Joe's man1；语句5~7行打印了

man的父系图谱；语句8~10行打印了Joe的父系图谱。

程序运行的结果如下所示：

```
Man's parents:
Henry
Joe
Joe's parents:
Henry
```

看到代码正确打出了两个不同层次结点的所有父系链条。

7.6.7 树状图打印

在第7.6.4小节中通过缩进显示出了树的结构，其实还是比较不太清楚结点之间的关系，可以使用树状图的方式来显示，如图7.4所示。

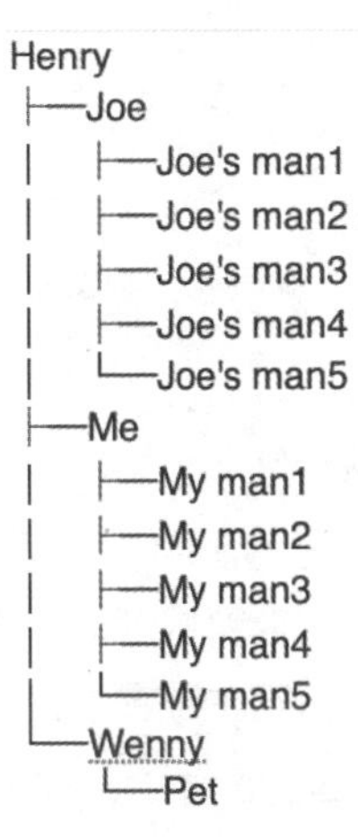

图7.4 队伍树状图

通过上面带有树状线条件示意图，队伍中每个人的隶属关系，以及队伍的结构一目了然，其实这个图与打印九九乘法表一样，都是制表符的具体应用。

由于这里的制表符比较复杂，仅在此做简单介绍，本节读者只作理解原理和代码即可，可以对照源代码再继续消化。

在制表符中，有如下的规律，在任何结点之前的制表符，都可以按照位置分成两类：I类是该结点的所有父系链条结点的制表符；II类是紧邻该结点的制表符。

以第2层的两个结点My man4和Pet结点为例，分类如下所示。

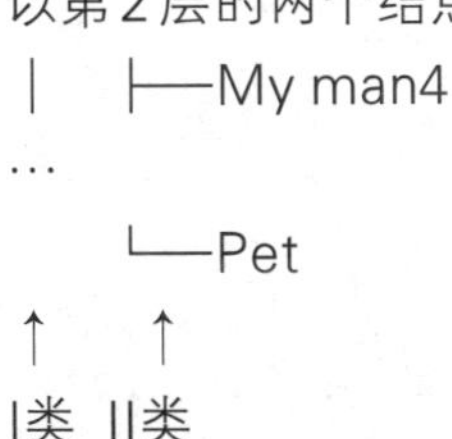

I类 II类

I类包含两个符号，要么是竖线(|)，要么是空格。它们各有不同的含义，竖线(|)表示这个结点的当前级别(如果是第1个制表符就是第1个深度)的上级结点还可以向下延伸，即这个上级结点还有下一个兄弟；空格表示这个结点的当前级别的上级结点是最后一个。

以Pet为例，Pet的这个级别的上级结点(也是父结点)是Wenny，已经是本级最后一个，所以是空格；以My Man4为例，它的这个级别的上级结点是Me，不是本级最后一个结点，还有Wenny，所以是竖线(|)。

II类中其实也包含了两个符号，要么是├，表示这个结点不是本级最后一个结点；要么是└，表示这个结点是本级最后一个结点。

以上涉及制图原理的分析，如果读者不明白，可以直接看源代码加深理解：

```
def tree_print(self):
    #以下代码画出制表线，根结点parent为空，不需要制表符
    if self.parent:
            lines = ''
        #以下画出这个结点上层结点的制表符
        for node in self.parents():
            if node.parent is not None:
                if node !=node.parent.children[-1]:
                    lines += '|  '
                else:
                    lines += '  '
    #以下画出这个紧邻结点前的制表符
    if self.parent.children[-1]==self:
        #如果当前结点已经是同级最后一个结点，线条就不向下延伸
                lines += '└──'
    else:
                lines += '├──' #默认还可以向下延伸
        print(lines ,end ='')
    print(self.data) #打印出数据
    #如果存在子结点，那么就递归打印
    for subTreeNode in self.__children:
        TreeNode.tree_print(subTreeNode) #调用递归函数
```

在上面的源代码里，使用了7.6.6小节的parents()父系链条，同时还应用了[-1]的操作，-1在列表索引中表示的是倒数第1个元素，即最后一个元素。

运行的结果如下所示：

```
Henry
├──Joe
|  ├──Joe's man1
|  ├──Joe's man2
|  ├──Joe's man3
|  ├──Joe's man4
|  └──Joe's man5
├──Me
|  ├──My man1
|  ├──My man2
|  ├──My man3
|  ├──My man4
|  └──My man5
└──Wenny
   └──Pet
```

7.7 本章小结

本章为了建立有效的战斗队伍，使用了Python面向对象的编程特点，通过对象建立了树结构的队伍，并且打印出来，读者可以学习并掌握如下的知识点：

- 定义类并且创建对象实例
- 在类中使用私有和公用属性
- 类的继承和方法的重写
- 使用类去构建树这样的新类型
- 对复杂的类型使用递归操作

7.8 课后作业

（1）定义一个Person类，包含出生日期（born date）和姓名（name）两个属性，并且有一个age()方法，可以根据当前日期计算出年龄。

（2）根据Person类，实例化如下两个实例对象，并计算年龄之差。

姓　名	出生日期
Stannis	1983-10-1
Lannister	1998-5-1

（3）通过继承Person类，定义Student类，增加学号（StudentID），属性（字符串）、成绩列表属性（整数列表），并增加getAvg()方法，用来获取所有分数的平均分。

（4）根据上题，实例化如下的数据，并且打印出每个人的平均分和年龄。

姓　名	出生日期	学　号	分　数
Stannis	1983-10-1	17210691006	80，89，100，90
Lannister	1998-5-1	18220690260	60，80，74，69

第8章 爱画图的“小海龟”

在城堡主人Henry和熊助手Wenny的带领下，我们穿过一片大海来到了那座雪山面前。在海岸的沙滩上一个可爱的小海龟探出了头，它在沙滩上爬过的地方形成了漂亮的图形。小海龟告诉我们，它可是知道雪山的秘密，如果完成了海龟编程任务，就可以解救雪山。

Python中有爱画图的小海龟Turtle，可以画出非常绚烂的图形。当程序在运行时，屏幕中心有一个朝右的小箭头，通过指挥这个小箭头的运动，就能画出各种各样精美绝伦的图形来。图8.1是工程师们建造房屋所使用的简化图纸。

图 8.1　简化的图纸

复杂多变的图形其实是由简单的正方形、三角形、圆形等基本的图形根据一定的规律组合而成。本章循序渐进，从画出简单图形开始，再慢慢升级到复杂的图形，本章最后还会讲解如何制作动画。

扫一扫，看视频

8.1 “小海龟”学走路和转体

Turtle的原理其实很简单，可以把它想象成一只在沙滩上爬行的小海龟，在它的身后留下了深深的轨迹，沙滩就是画布，轨迹就是图形。在计算机中，可以把计算机屏幕当成这片沙滩的画布，用户就是指挥员，这只小海龟在计算机屏幕上会显示成一个箭头，箭头经过的轨迹就是图案。图8.2所示的这只小海龟通过指挥，绘制了一个圆形的图案。

图8.2　原理示意图

通过本节的学习，读者将学会安装Turtle的编程环境，并且理解坐标系、角度等基本概念，学会指挥小海龟直行与拐弯，从而画出基本的图形。

为更好地理解，读者可以先做一个热身，请直接把如下的代码输入编程环境：

```
import turtle
turtle.forward(100)
turtle.done()
```

运行一下，看看会有什么效果？运行时单击如图8.3所示的三角形按钮。

运行后会出现如图8.4所示的结果，前面带路的小箭头就是“小海龟”。

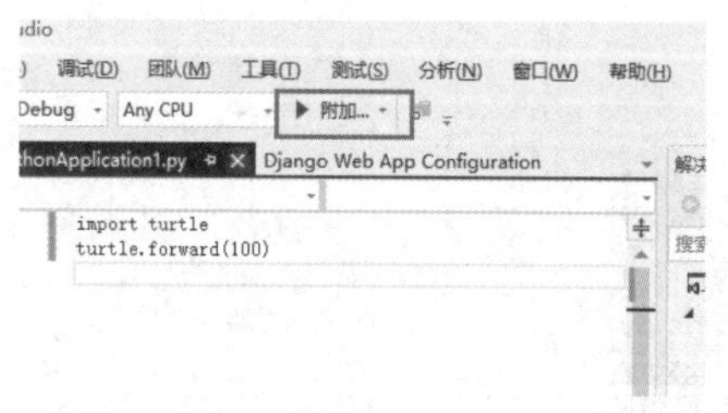

图8.3　运行程序

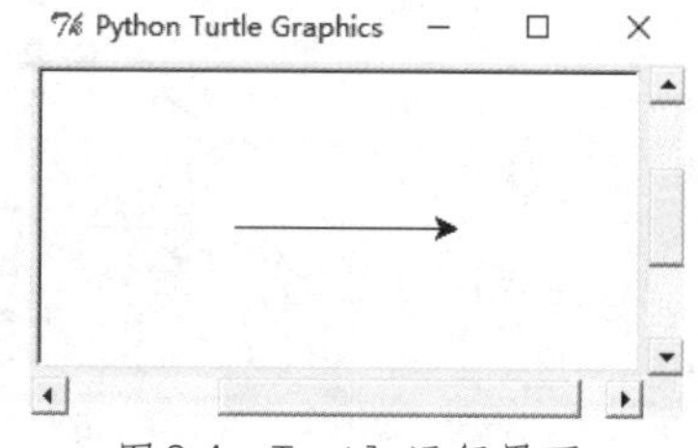

图8.4　Turtle运行界面

“小海龟”如期画出了一条直线，详细解释一下上面3行代码的意思。

- import turtle：召唤“小海龟”。
- turtle.forward(100)：让“小海龟”向前走100步。
- turtle.done()：表示程序结束。

是不是很简单？由于“小海龟”一开始是向右的，向前走100步就会画出一条横线。下面读

者可以自由发挥，让“小海龟”走200步，是不是能画出更长的直线呢？

那么问题来了，怎么控制画图的位置？“小海龟”总是出现在屏幕中心，怎么移动它而又不产生轨迹呢？这就涉及在计算机画布系统中，如何给一个点定位的问题。告诉你们一个秘密，当你拿放大镜看屏幕时，会发现屏幕其实是由一个个的小点组成，上面画出10步长度的直线其实就是10个小点。

所以屏幕上的任何位置，都可以用第几行第几列来表示，这种表示方式就叫坐标系，有了这个坐标系就可以让“小海龟”实现瞬间移动。

8.1.1 瞬间移动：直角坐标系

在计算机系统中，使用逗号分隔两个数字的方式来表示某个点处于什么位置，即第几列，第几行，也就是(x，y)，其中x是列，y是行，如(2,4)表示第2列第4行，(–2,4)表示第–2列第4行，那么(0,0)在哪里？就是“小海龟”出发的位置，也就是屏幕的中心位置。

同时，为了和数学中的坐标系保持一致，行号从下向上排序，并不是通常人们认为的从上往下，因为计算机屏幕中的每一幅图片都是由极小的点构成，“小海龟”出发的位置为零点(0,0)，往右走一步，坐标是(1,0)，从零点出发往上走一步是(0,1)。向右的方向定义为x坐标，向上的方向定义为y坐标。通过这个坐标系就可以给屏幕上的任何一点定位，具体如图8.5所示。

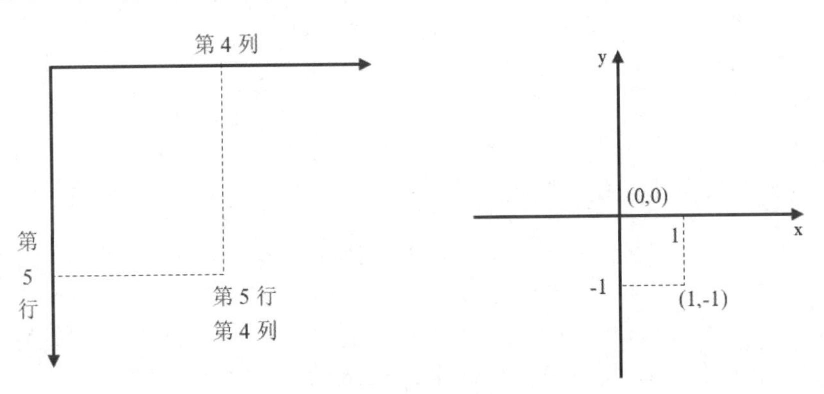

图8.5 Turtle直角坐标系

坐标系(右半图)和之前的行列(左半图)相似，只不过这个行是从下往上排序，并且还存在负数，因为把原点定在了屏幕中心位置。

下面3个函数可以设置海龟的位置，通过坐标能够快速地移动海龟。

```
turtle.goto(x,y=None)
turtle.setpos(x,y=None)
turtle.setposition(x,y=None)
```

参数中的“=”号是指在使用这个参数时，即使不设置它的值，也具有默认的等号后面的值。下面的代码可以获得小海龟现在的位置，如果程序一开始就运行,就会得到(0,0)结果。

```
turtle.position()
turtle.pos()
```

下面的代码可以画两条横向平行线（类似于=号形状的两条横线）。两条平行线距离间隔50，长度都是100。

```
import turtle
turtle.forward(100)
turtle.pu()
turtle.goto(0,50)
turtle.pu()
turtle.forward(100)
turtle.done()
```

8.1.2 移动“小海龟”

上面的例子中，使用了forward向前移动“小海龟”，直接使用缩写fd也能达到相同的效果。需要说明的是，距离可以是负数，即向后移动。如下所示：

```
turtle.forward(距离)
turtle.fd(距离)
```

除了向前，小海龟也可以倒着走。向后移动的代码如下所示：

```
turtle.back(距离)
turtle.bk(距离)
turtle.backward(距离)
```

注意：本函数不会使小海龟的头转向。

向后再试试画一条直线，运行的结果如图8.6所示，你会发现小箭头并不会转向，线条画在了它前面。

```
turtle.back(50)
```

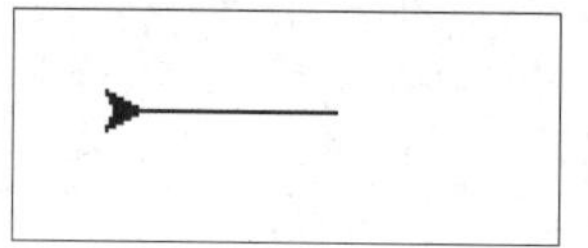

图8.6 运行结果

8.1.3 转圈圈：角度

画图时一个重要的知识点就是使小海龟转动，那么问题来了，物体转动的程度就是角度，角度是如何用数字度量的呢？可以参考图8.7。

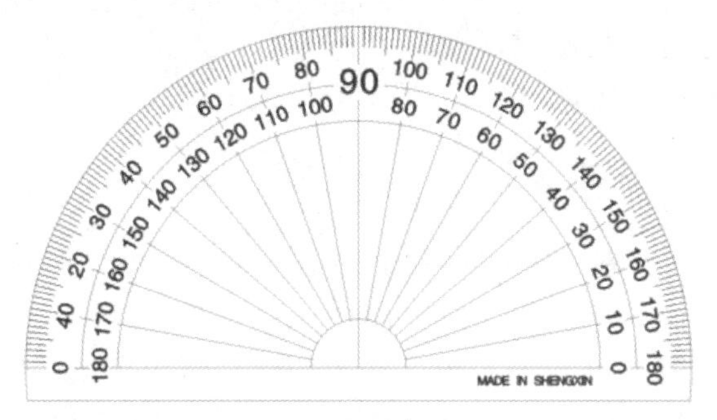

图8.7 量角器

图8.7所示是一个量角器，把角的中心放在器具的底边中心，一边与底边0读数相重合，另一边所指示的读数(与底边0读数相一致的刻度)就是这个角的度数。当从前方转到正左方时，可以说是向左转动了90°，就是一个直角。常用的角度如图8.8所示。

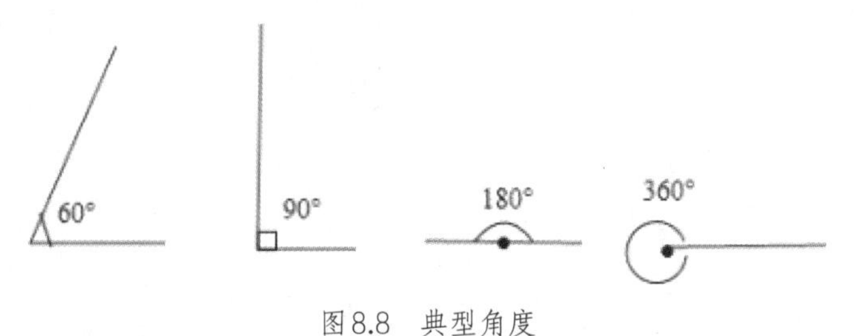

图8.8 典型角度

比如，小海龟转身时可以向左或是向右转动180°，而转动360°就回到了原方向。同时运用角度和直线的知识，就能让小海龟按指挥走到任何地方。

在Turtle中，通过如下的函数可以实现转体，使小海龟向右转动一定的角度。

```
turtle.right(角度)
turtle.rt(角度)
```

小海龟一开始是朝向右边的，如图8.9的左边，如果让它右转30°就会变成右边的位置，turtle.rt(30)。这时如果再前进就会沿着下面的虚线画出线来。

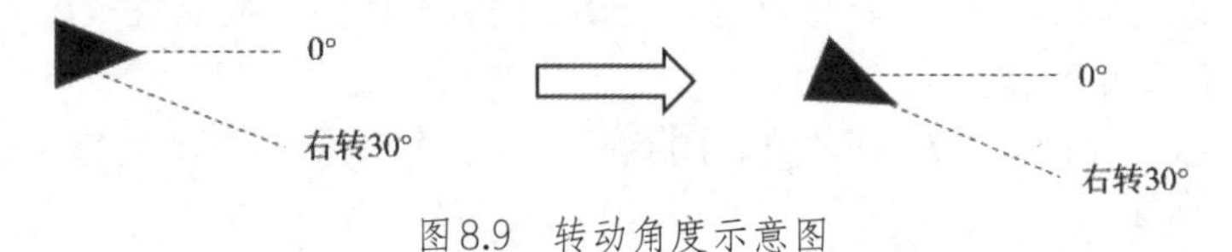

图8.9 转动角度示意图

向左转动一定的角度，如下所示：

```
turtle.left(角度)
turtle.lt(角度)
```

在复杂的编程中，经过很多次的指挥，“小海龟”已经转晕，因为它根本不知道东南西北。

能否以x轴的方向(同时也是右方)为基准，即以水平右方为0°，按照逆时针方向直接设一个角度，让小海龟直接朝向这个方向呢？如下的语句就可以实现：

```
turtle.setheading(to_angle)
turtle.seth(to_angle)
```

比如，想让它直接朝向上方，就使用seth(90)，这样不用管它原来在什么位置。

具体的主要角度如图8.10所示，从右边起的0°直到逆时针转一圈的360°回到原来初始的方向。以上所有的函数在使用时，传入参数的角度值均可以是任意数字，不一定非要在0~360°。假设参数是720°就转2圈；假设参数为-90°，就反方向转90°。比如，left(-30)意味着右转30°，seth(-90)意味着从右顺时针转90°，即正下方。

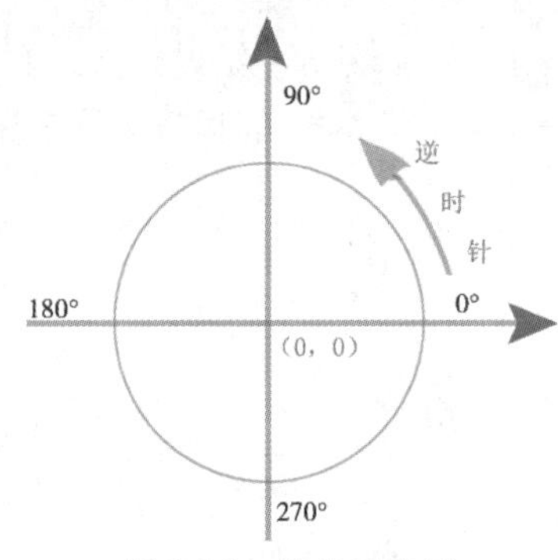

图8.10　转角示意图

8.1.4　编程大挑战

(1) 在Turtle中，left(90)可以使小海龟左转90°，那么如何画出一个边长为50像素的正方形？

(2) 在Turtle中，同样利用left()，如何画出一个边长为50像素的等边三角形？

扫一扫，看视频

8.2　用彩笔来写字画圆

通过基本的走路和转体就可以画出线条和由线条组成各式图案，可是这个世界并不是只有冷冰冰直来直去的线条，还有圆和圆弧。而且，这个世界也并不是只有黑与白，还有五彩斑斓。同样地，如果我想打印一个文字，怎么办？难道需要一笔一画地画出来？通过本节的学习，读者不仅能学会如何画出圆形、方形等各种各样的形状，还能设置颜色和打印各种各样的文字。

8.2.1　圆的半径

首先复习一下几何，决定圆大小的是圆的半径，如图8.11所示，就是图中标为*R*的部分，*AB*叫作直径(直径是半径的2倍)，*BC*之间的叫作弧，弧的度数就是∠*E*的度数。

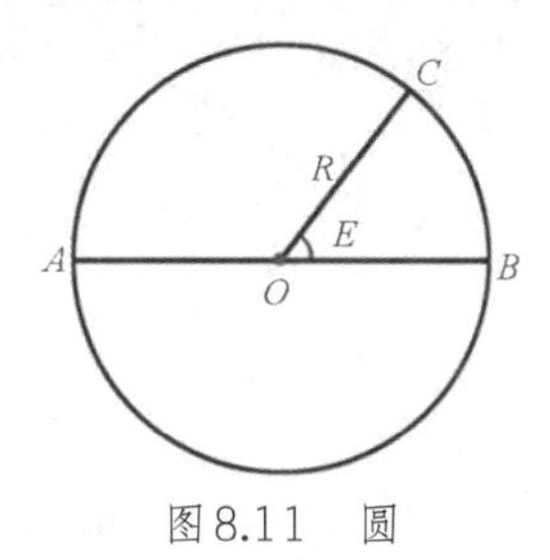

图8.11 圆

读者们想想圆规，是不是只要张开一个角度，就能画出一个圆。因此要画一个圆，只要告诉计算机它的半径；要画一个弧（圆的一部分），应该告诉计算机半径和角度。

8.2.2 绘制多边形和圆

如果小海龟只能一次一根线地画图形，这可不够酷炫，那可以一笔画出各种形状吗？当然可以！这就要使用到另一个函数，即circle()。

使用如下函数的同时，给定不同的参数就可以画出任意的多边形。

```
turtle.circle(radius,extent=360,steps=None)
```

这个函数有3个参数，如下所示。

- radius：必需的，表示半径，正值时，逆时针旋转。
- extent：表示度数，用于绘制圆弧。
- steps：表示边数，可用于绘制正多边形，如果这个参数不使用就直接绘制出圆来。

例如，使用turtle.circle(50)就可以画出半径为50的圆；使用turtle.circle(50,steps=4)，就可以画出如图8.12所示的方形，其中，中心点到4个顶点的距离是50，注意50是正方形外接圆的半径，不是正方形的边长。

使用turtle.circle(50,steps=3)可以画出图8.13的三角形，其中，中心点到3个顶点的距离是50像素。

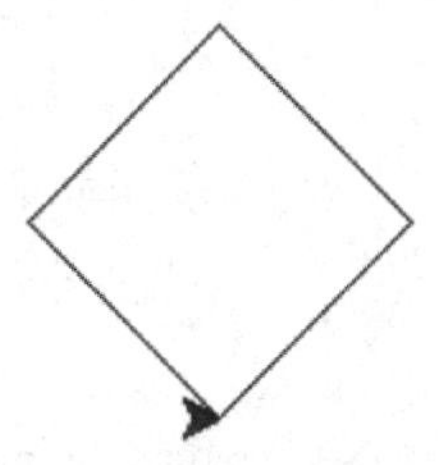

图8.12 正方形

图8.13 正三角形

8.2.3 如何画出一个半圆

下面挑战一个任务：画出一个半圆。如图8.14所示，半圆其实可以看成是由一条线和一个

180°的圆弧组成，如果要画出半径为50的半圆，可以按如下的步骤进行编程:

(1)向右画出长度为100的直线。

(2)向左转向90°，使方向向上(因为画圆均是从海龟左手开始逆时针画出)。

(3)画出180°的圆弧。

代码如下:

```
import turtle
turtle.forward(100)
turtle.left(90)
turtle.circle(50,180)
turtle.done()
```

效果如图8.14所示。

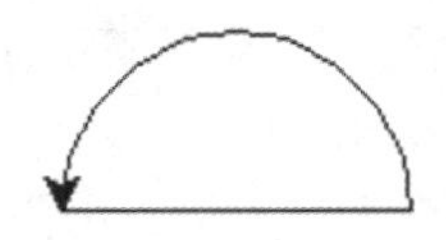

图8.14 半圆

8.2.4 文字的输出与画笔控制

如下的函数可以根据格式要求把文字显示在屏幕上。

```
turtle.write(文字,move=False,align="left",font=("Arial",8,"normal"))
```

该函数的参数分别如下所示。

文字:要输出的内容(必须有值)。

move:False/True，打印完毕“小海龟”是否移动到文字的右侧(默认False)。

align:left(默认)、center或right，对齐方式，3个字符串。

font:字体格式，如名称、字号、类型。

虽然函数看起来很复杂，但应用却很简单。如果要打印“你好”，直接使用如下代码:

```
turtle.write('你好')
```

运行完毕后，箭头会原地不动(在“你”字的左边)，如果使用如下的代码:

```
turtle.write("你好",True)
```

箭头会随着文字出现在“好”字的右边。

有了可以直接输出文字的功能，就可以利用小海龟打印出各种各样的漂亮文字。假定今天是小头爸爸的生日，我们一起来帮大头儿子做一个漂亮的祝福文字送给爸爸。

下面试试看让小海龟打印出霓虹灯效果的文字。为了显示出多彩的文字，需要把小海龟画笔设置成彩色。

8.2.5 设置笔头与颜色

所有的颜色都是由三原色使用不同比例混合而成的，那么如何表示一个颜色？就是使用三原色红（R）、绿（G）、蓝（B）不同的深浅值来表示，这个深浅值范围为0~255，对应的十六进制就是0~FF。

黄色是由绿色和红色混合而成，那么它的值就是#FFFF00，或是（255，255，0），设置笔的颜色使用如下的代码，如果不带参数运行，此函数可以获得当前画笔的颜色。

```
turtle.pencolor(颜色)
```

设置笔的颜色，可以使用英文black、orange或#AAFFBB形式的字符串，也可以使用比如（红R,绿G,蓝B）的元组。

如果不知道什么值是什么颜色，可以在百度上搜索颜色表，或是直接通过https://www.114la.com/other/rgb.htm网址来查询什么样的值对应什么颜色。

下面的函数可以设置笔的大小，直接使用数字即可。如果设置的数字大，画出来的线条会比较粗；反之则会比较细，默认值是1。

```
turtle.width(宽度=1)
turtle.pensize(宽度=1)
```

8.2.6 落下抬起笔头

有时不希望小海龟在爬行时留下轨迹，只希望它走到预计的地点，这时就需要把小海龟抬起来，这就类似于把笔头抬起来，这样在指挥它前进时就不会留下一条不希望看到的线。

```
turtle.pendown()
turtle.pd()
turtle.down()
```

以上三个函数都可以落下笔，当然小海龟一开始就是这个状态。

```
turtle.penup()
turtle.pu()
turtle.up()
```

以上三个函数都可以抬起笔。

8.2.7 多彩的生日祝福

有了上面的知识做铺垫，读者不仅可以写出文字，还能打印出各种各样颜色的字。下面就要帮助大头儿子写出给爸爸的生日祝福，把对爸爸的美好祝愿大方地表达出来。

代码如下所示：

```
import turtle
turtle.pu()  #不用画线了
turtle.pencolor("black") #颜色设置成黑色
```

```
turtle.write("爸爸:",True,font=('黑体',14,'normal')) #显示爸爸黑体14号字
turtle.right(90)   #右转，使方向向下
turtle.forward(30) #向下移动30
turtle.pencolor("green") #绿色
turtle.write("生",True,font=('黑体',14,'normal'))
turtle.pencolor("red") #红色
turtle.write("日",True,font=('黑体',14,'normal'))
turtle.pencolor("orange") #橙色
turtle.write("快",True,font=('黑体',14,'normal'))
turtle.pencolor("brown") #棕色
turtle.write("乐",True,font=('黑体',14,'normal'))
turtle.forward(30)  #再向下移动30
turtle.pencolor("black")
turtle.write("大头儿子",True,font=('黑体',14,'normal'))
turtle.done()
```

上述代码中，我们手动地逐个设置了字的颜色，但其实可以有更简单的方法。读者想出更好的方法了吗？答案在下一节揭晓。

运行结果如图8.15所示。

图8.15　打印文字示例

8.2.8　编程大挑战

在Turtle中，如何画出图8.16所示的3/4圆形呢？

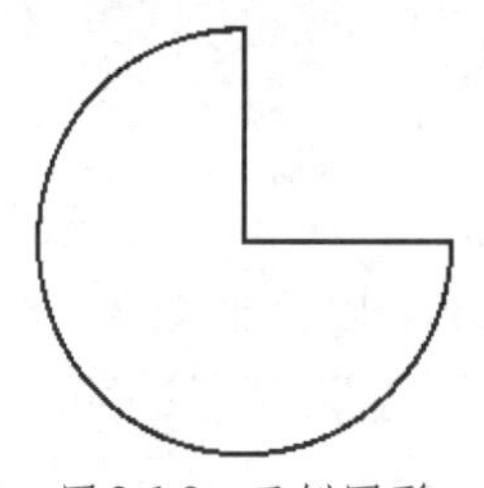

图8.16　示例图形

8.3 利用循环画出复杂的图形

扫一扫，看视频

想一下，是什么构成了这个美丽的世界？其实再复杂的图形都是由最基本的图形构成的，比如，一朵美丽的雪花是由6片几乎一样的花瓣组成。所以要想画出美丽的图案，需要利用我们已经学过的点、线、圆等，通过不断地重复组合而形成。

利用之前章节学过的Python循环语句，1分钟就可以画出百年前科学家需要使用各种工具画出的美妙图形。

8.3.1 如何画出虚线段

通过前面学过的循环知识点，可知虚线段其实也是由一个个短的实心线段组成，可以通过循环不断地抬起(penup)、落下(pendown)笔头来画出虚线，下面的代码通过重复执行这个动作40次，来实现了画虚线的功能。

```
import turtle
for i in range(40):
    turtle.pendown()
    turtle.forward(5)
    turtle.penup()
    turtle.forward(5)
turtle.done()
```

执行的效果如图8.17所示。

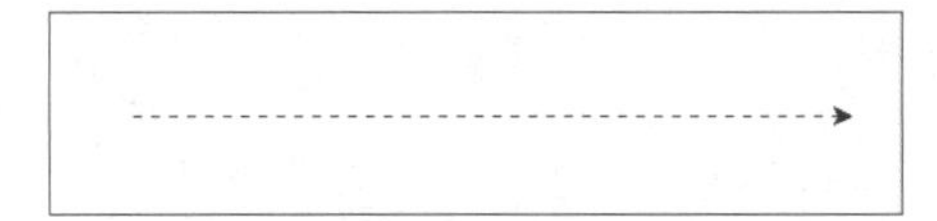

图8.17 虚线

那么虚线的圆形呢？读者想一想，是不是可以通过不断地画很小度数的圆弧来实现呢？在这个画虚线圆形的过程中，需要分析的问题是，如果虚线圆半径为50，想通过不断地画1次实线再画1次空白，共需要画40次实线+空白，那么每次应该画多少度的圆弧？

答:360÷40次÷2（1实1虚）

经过分析得出turtle.circle(50,360/40/2)这个代码，其实只要掌握了思路，写代码是很简单的事。看看下面的代码能否实现虚线圆形的绘制？

```
import turtle
for i in range(0,40):
    turtle.pendown()
    turtle.circle(50,360/40/2)
    turtle.penup()
```

```
    turtle.circle(50,360/40/2)
turtle.done()
```

效果如图8.18所示。

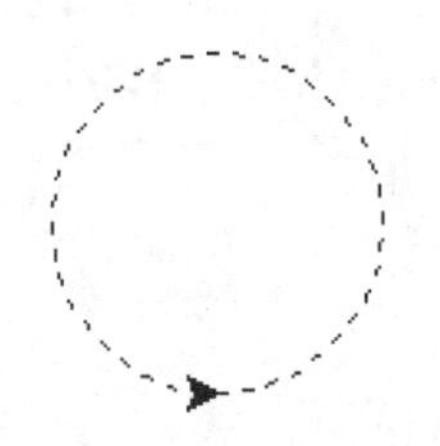

图8.18 虚线组成圆

8.3.2 用循环改造彩色文字

8.3.1小节里逐字设置了文字的颜色，其实可以使用循环把色彩预先存在一组数组中，自动打印出任意长度的彩色字体。

代码如下所示：

```
import turtle
turtle.pu()  #不用画线了
colors = ["#FF0000","#FFB90F","#EEC900","#00FF00","#0000FF","#FFB90F",
"#A020F0"]
text = "爸爸:|今天是您的生日，生日快乐！|大头儿子"
for i in range(len(text)):
    if text[i]=="|":
        turtle.right(90)
        turtle.fd(30)
        turtle.seth(0)
    else:
        turtle.pencolor(colors[i%7])
        turtle.write(text[i],True,font=('黑体',14,'normal'))
turtle.done()
```

通过循环和判断，把20行的程序简化成10行多，并且可以任意地在变量中输入任意字符，程序在for循环中通过判断是不是字符“|”来决定是否向下移动。

现在复习一下余数的知识，如下所示：

$$\frac{\text{被除数}}{\text{除数}}=\text{商}\cdots\cdots\text{余数}$$

余数始终比除数小，比如当除数为3时，余数只可能是0、1或2。在程序中定义了7个颜色值的列表，但文字却不止7个，所以使用%运算，即取余数，这样保证了在循环读取字符串

时，选取第几颜色时，顺序值始终不超过7。

通过%取余数操作来循环地设置数组colors中的颜色，如图8.19所示。

爸爸：

今天是您的生日，生日快乐！

大头儿子

图8.19 循环打印彩色文字

8.3.3 快乐地涂色

到目前为止，只是画出了各种各样的线条和形状，但是它们只有轮廓和线条的颜色，那么如何把形状的内部涂色？小海龟有如下的函数完成这些功能：

```
turtle.fillcolor(颜色参数)
```

fillcolor()函数可以设置填充的颜色，参数和上面的函数类似。

```
turtle.color(画笔颜色,填充颜色)
```

color()函数可以同时设置pen的颜色和填充颜色，如果只设置一种颜色，那么就同时把这两种颜色设置成相同的。

```
turtle.filling()
```

返回是不是正在填充的状态。

```
turtle.begin_fill()
```

告诉计算机从现在开始画的图形需要填充颜色。

```
turtle.end_fill()
```

告诉计算机从现在开始画的图形结束了，可以填充了。为了更好地帮助读者理解这个过程，下面开始进行实战练习。

1. 红色的五角星

如何用一笔画出一个五角星？其实画五角星，只需要以下的两个步骤并重复5次即可。

（1）向前画一段线。

（2）向右后方转一定的角度。

其实只要知道五角星每个角的角度是36°，就知道第2步里需要向右转（180° –36°），代码如下所示：

```
import turtle
turtle.color("#FF0000") #设置填充和线条的颜色都为红色
```

```
turtle.begin_fill() #下面的代码画出的形状要填充
for i in range(5):  #重复5次
    turtle.forward(100)    #向前画一条线长度为100
    turtle.right(180-36)   #向右转体
turtle.end_fill() #填充颜色
turtle.done()
```

如图8.20所示，通过循环很快就画出完美的红色五角星图形。

既然是聪明的小海龟，当然不仅可以画简单的五角形，还要挑战*N*角形，读者有信心吗?

图8.20　红色五角星

2. 挑战任意角的多角星

其实到这里读者可能会发现，要画出美丽的图形来，必须要有很好的数学知识。计算机其实是数学家和物理学家共同研究的成果，所以学好数学才能更好地学习编程。

在画五角星时，读者会发现，其实计算转向的角度非常重要，而且所有的多角星角度之和为180° 。

那么问题就很简单了，根据前面我们学习过的变量，设变量*N*为多角星的角，画多角星的步骤如下：

（1）请用户输入*N*=。

（2）把如下的步骤再重复*N*遍。

（3）向前画一段线。

（4）向右后方转一定的角度。

转的角度=180–角的角度=180–180/*N*

用户进行变量输入，可以使用小海龟的turtle.numinput(标题，文字)，这个函数会弹出提示框，如图8.21所示，要求用户进行数字的输入。

输入15得出15角星，如图8.22所示。

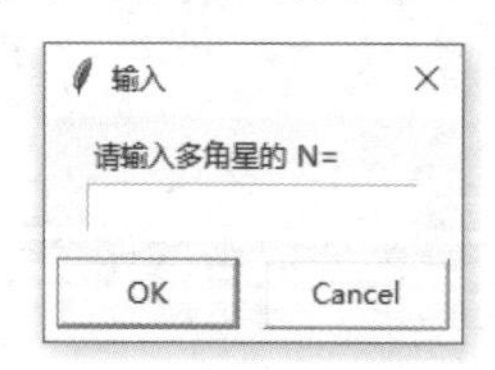

图8.21　turtle输入框

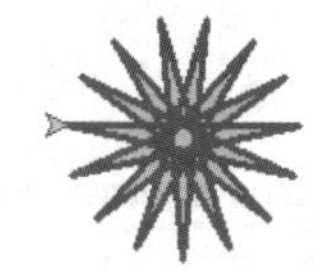

图8.22　15角星

所有的代码如下所示：

```
import turtle
turtle.color("#c2002a","#f0ae00") #设置填充暗黄色和线条暗红色
turtle.width(3)
```

```
turtle.begin_fill() #下面的代码画出的形状要填充
N=int(turtle.numinput("输入","请输入多角星的 N="))
                        #输入函数默认是float类型，要转换成整数
for i in range(N):  #重复5次
    turtle.forward(100)   #向前画一条线长度100
    turtle.right(180-180/N)  #向右转体
turtle.end_fill() #填充颜色
turtle.done()
```

通过上述程序的学习，相信读者应该知道如何去创造美丽的图案，学会运用好之前学习的循环和条件语句，就可以构建无比复杂的世界。

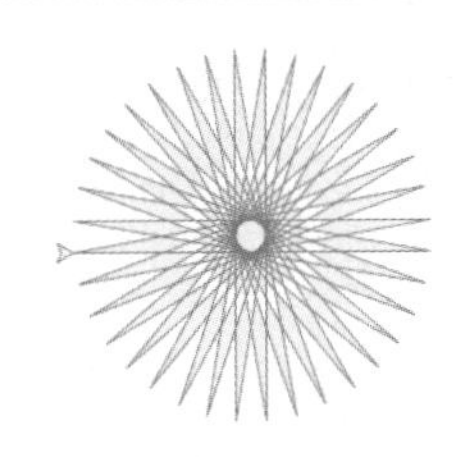

图8.23 太阳花

3. 编程大挑战

如图8.23所示是一个太阳花，它也是一个多角星，角的数量未知，每个角的度数都是10°，如何使用While True循环画出图形？（提示：当笔回到原点时就是最后一笔）

8.4 游戏挑战：如何画出带秒针的时钟

扫一扫，看视频

和小海龟在海边玩得很开心，它说它知道雪山为什么会长年下雪，因为雪山的时钟坏了，从前有一个魔法师来雪山时和小海龟一起使用Python做了一个时钟。

魔法师从家乡带来了魔法球，可以让这座山在他孩子生日的那天下起漫天大雪，用的就是海龟时钟来控制时间。可是后来小海龟发现海龟时钟程序里有一个严重的Bug，它的运行慢了1000倍，所以这个曾经美丽的大山就漫天大雪下个不停。

为了解决这个问题，需要立刻制造出新的正常运行的时钟，在到达雪山时安装上。

8.4.1 静态的时钟面

到现在为止，只是画静态的图形，下面开始进入真正有意思的环节，那就是创造动画。想象一个挂在墙上的挂钟，它的秒钟是不是在不停地运动？在经过一系列的学习后，相信读者能很有信心地画出一个静态的时钟，然后从静态的时钟慢慢升级到动态的时钟。

首先画出钟表的表面，通过circle画出一个圆并且设置较粗的边框来实现类似钟面的效果，设置半径为150，边框为30，颜色采用暗黄和淡黄色。画出的效果如图8.24所示。

图8.24 钟面

钟面的代码非常简单，如下所示：

```
from turtle import *
color('#ffa500','#ffbb00') #框是深黄色，面是浅黄色
```

```
goto(0,-150)      #把画笔向下移动1个半径的圆
#表盘
begin_fill()      #需要填充
width(30)         #边框30
circle(150)       #圆的半径为150
end_fill()        #填充
```

在画圆之前，把海龟向下移动一个半径的距离，这样可以保证这个圆的圆心与系统坐标的0点是相重合的，这样方便计算指针的位置。如下所示：

```
goto(0,-150) #把画笔向下移动1个半径的圆
```

通过from语句，可以在后面的程序中不再使用turtle这个单词，而是直接使用turtle提供的各种语句，在import后用*号，表示导入所有的函数。如下所示：

```
from turtle import *
```

也可以只导入单个函数，如goto或width（用逗号分隔）。如下所示：

```
from turtle import goto,width
```

那么除了导入的goto，width不用写，其他语句还是要写类名turtle的。

8.4.2 时钟小时文字

图8.25所示的时钟内是有小时文字的，并且从1到12也就是绕一圈，即走12小时正好绕了360°，相当于360° /12 = 30°。即走1个小时为–30°。为什么会有负号？考虑到小海龟沿逆时针方向转动，时钟正好相反，是顺时针方向变化度数。设小时数字的循环变量为Hour，是否可以这么写？度数=–Hour*30，不对，因为钟表的0小时可不是对应0°，而是等于海龟的90°，那么这就需要加上90，最后的换算关系为

度数=–Hour*30+90

如图8.26所示为一个漂亮的秒针圆盘。为了使代码更加简洁，只打印了12，3，6，9。

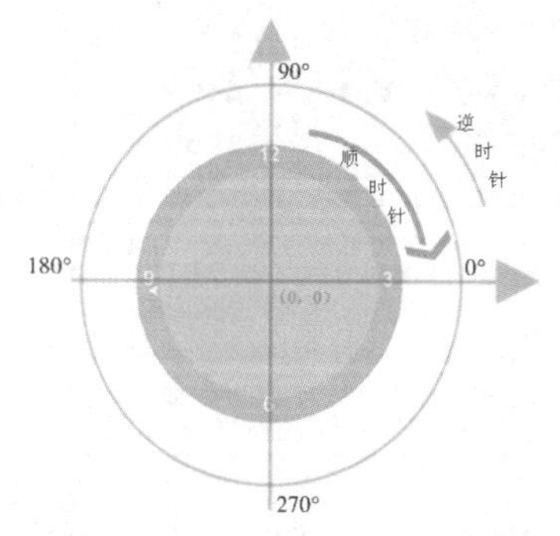

图8.25 钟表的转动与Turtle角度关系

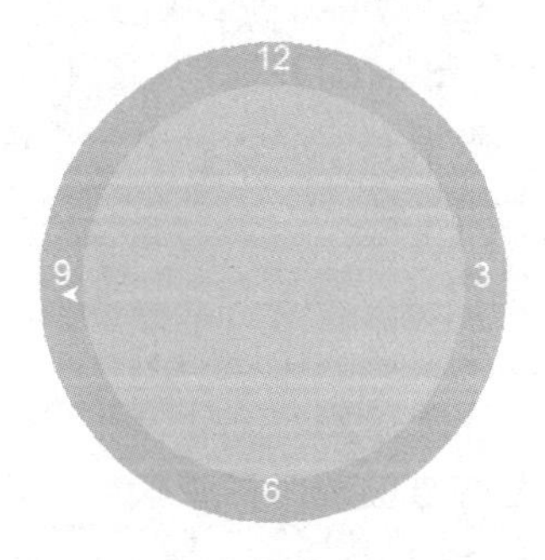

图8.26 钟表与小时文字

钟表与小时文字的代码如下：

```
from turtle import *
color('#ffa500','#ffbb00') #框是深黄色，面是浅黄色
goto(0,-150) #把画笔向下移动1个半径的圆
#表盘
begin_fill() #需要填充
width(30) #边框宽为30
circle(150) #圆的半径为150
end_fill() #填充
#文字12, 3, 6, 9点
color('#FFF')
pu()
for hour in [12,3,6,9]:
    home() #回到原点
    goto(0,-9)
  #为了保持18大小的字在中间垂直，先把笔下沉一半高度(因为字是在笔正上方打印的)
    seth(-hour*30+90) #向不同小时方向前进,
    fd(148) #前进到表框边缘写时间的文字
    write(str(hour),False,'center',('Arial',18,'normal'))
done()
```

8.4.3 多个海龟

到目前为止，只有一个海龟在作画，其实，在画图中，可以使用多个海龟，这样有什么好处呢？多个海龟就像不同的画家，除了可以设置画笔不同的颜色、宽度以及同时作画外，当要擦除某个画家所画的痕迹时，可以只擦除某一个画家留下的痕迹，而不去影响其他已经完成的图案。

```
变量 = Turtle()
```

把新的海龟赋值给变量(注意首字母大写)，本语句的作用其实就是基于Turtle这个类创建了一个新的实例。

```
turtle.clear()
```

清除这个海龟画出的所有图案。

要注意到时钟的时针、分针、秒针都是随着时间的变化而变化，所以要不断地擦除这3个指针，并且不断地绘制新的指针，所以我们会使用3个海龟，分别去绘制分针、时针和秒针。

```
turtle.reset()
```

重置这个海龟，清除图案并且指针归原点。

```
turtle.hideturtle()
```

隐藏海龟的三角形的标识。

8.4.4 小时指针

假设现在是h小时m分钟，小时指针转动的角度怎样计算呢？小时指针转一圈是12小时，1小时是60分钟，那么小时指针转360°，即是12×60分钟，那么1分钟就是$\frac{360°}{12\times60}$。

现在共过去了$h\times60+m$分钟，就应该转$\frac{360°}{12\times60}\times(h\times60+m)$。

在小海龟的逆时针并且右方向算零度的坐标系中应该加一个负号表示反方向，并且要再加上90°。

因此，这个度数计算的公式应该是$-\frac{360°}{12\times60}\times(h\times60+m)+90$。

为了获得当前的时间，可以使用time这个模块，需要在文件的开头插入如下代码：

```
from time import *
```

可以通过下面的代码获取当前时间：

```
localtime().tm_hour           #获得当前小时数
localtime().tm_min            #获得当前分钟数
localtime().tm_sec            #获得当前秒数
```

那么画出当前小时指针的代码也很简单，如下所示：

```
h=localtime().tm_hour           #几点了
m=localtime().tm_min            #几分了
hour_deg = -360/(12*60)*(60*h+m)+90          #时针转动的度数(以海龟坐标系统)
hour_pointer = Turtle()         #使用一个新的海龟
hour_pointer.width(8)           #把时针宽度设置为8
hour_pointer.color("white")     #把时针设置成白色
hour_pointer.seth(hour_deg)     #转动度数
hour_pointer.fd(60)             #画出时针
```

8.4.5 分钟指针

分钟的问题与小时类似，假设现在是h小时m分钟，分钟指针转一圈是60分钟360°，1分钟就是360°/60=6°，那么现在m分钟，就应该转$m\times6°$。

因为小海龟(逆时针并且右方向算零度)的坐标系统中应该加一个负号表示反方向，并且要再加上90°。因此，这个度数计算的公式应该是$-6m+90$。

最终写出来的代码和时针很像，除了长、宽和转角略有不同，代码如下所示：

```
min_deg = -6*m+90               #分针转动的度数(以海龟坐标系统)
min_pointer = Turtle()          #使用一个新的海龟
min_pointer.width(4)            #把分针宽度设置为4
```

```
min_pointer.color("white")    #把分针设置成白色
min_pointer.seth(min_deg)     #转动度数
min_pointer.fd(110)           #画出分针
```

8.4.6 秒针指针

秒的问题与上面类似，假设现在是*s*秒，秒针指针转一圈是60秒 360°，1秒就是360°/60=6°，那么现在*s*秒，就应该转$s\times6°$。

因为小海龟（逆时针转并且右方向算零度）的坐标系统中应该加一个负号表示反方向，并且要再加上90°。因此，这个度数计算的公式应该是$-6s+90$。

最终写出来的代码和分针很像，除了长、宽和转角略有不同，代码如下所示：

```
s = localtime().tm_sec          #几秒
sec_deg = -6*s+90               #秒针转动的度数(以海龟坐标系统)
sec_pointer = Turtle()          #使用一个新的海龟
sec_pointer.width(2)            #把秒针宽度设置为2
sec_pointer.color("white")      #把秒针设置成白色
sec_pointer.seth(sec_deg)       #转动度数
sec_pointer.fd(140)             #画出秒针
```

8.4.7 动画相关函数

1. 画笔跟踪函数：tracer(True或False)

True意味着海龟作画的过程会像慢动作一样被看见，就好像面对画板，看作画慢动作过程一样。当使用tracer(False)时，小海龟作画的过程是背向你进行的，既看不见过程也看不见结果，就像画板是背对着你，但由于计算机运算速度非常快，所以执行过程会非常快。

由于动画的原理是在1秒内显示很多静态图片，所以在显示时、分、秒指针运动的过程中必须使用这个函数把作画的慢动作关闭。

2. 延迟执行：ontimer(函数名，毫秒)

使参数中的函数名代表的函数按照参数中的毫秒延迟执行。为了达到重复执行的目的，可以把函数名这个参数直接填入正在执行的函数中。

动画技术应用中，程序不断地绘制静态的图画，并且间隔时间很短，那么在屏幕中看到的就会是动态的。

8.4.8 让画面动起来

根据上面的分析和相关函数的介绍，如果要制作动画，需要把3个指针的绘制部分做成一个函数，并且让这个函数不间断地执行绘制，并且在绘制前把原来已经绘制的清除。

但在开始前，为了让主程序可以清除3个指针海龟，要把下面3个海龟的创建放在函数之外，成为一个主程序和子函数都可以访问的全局变量。

```
hour_pointer = Turtle()        #使用一个新的时针
min_pointer = Turtle()         #使用一个新的分针
sec_pointer = Turtle()         #使用一个新的秒针
```

另外，在函数开头要增加关闭慢动作的语句tracer(False)，并且让所有指针海龟重置。写到这里，读者是不是已经把后面的代码改造完成了？最终的效果如图8.27所示。

图8.27　会动的时钟

代码如下：

```
from turtle import *
from time import *
#这是绘制指针的函数
def drawPointers():
    tracer(False)                          #关闭慢动作
    hour_pointer.reset()                   #重置时针
    min_pointer.reset()                    #重置分针
    sec_pointer.reset()                    #重置秒针
    h=localtime().tm_hour                  #几点了
    m=localtime().tm_min                   #几分了
    hour_deg = -360/(12*60)*(60*h+m)+90    #时针转动的度数(以海龟坐标系统)
    hour_pointer.width(8)                  #把时针宽度设置为8
    hour_pointer.color("white")            #把时针设置成白色
    hour_pointer.seth(hour_deg)            #转动度数
    hour_pointer.fd(60)                    #画出时针
    hour_pointer.hideturtle()              #隐藏海龟的标识(时针较粗，有这个不好看)
    min_deg = -6*m+90                      #分针转动的度数(以海龟坐标系统)
    min_pointer.width(4)                   #把分针宽度设置为4
    min_pointer.color("white")             #把分针设置成白色
    min_pointer.seth(min_deg)              #转动度数
    min_pointer.fd(110)                    #画出分针
    s = localtime().tm_sec                 #几秒
    sec_deg = -6*s+90                      #秒针转动的度数(以海龟坐标系统)
    sec_pointer.width(2)                   #把秒针宽度设置为2
```

```
        sec_pointer.color("white")          #把秒针设置成白色
        sec_pointer.seth(sec_deg)           #转动度数
        sec_pointer.fd(140)                 #画出秒针
        tracer(True)
        ontimer(drawPointers,500)
#这是主程序
hour_pointer = Turtle()                     #使用一个新的时针
min_pointer = Turtle()                      #使用一个新的分针
sec_pointer = Turtle()                      #使用一个新的秒针
color('#ffa500','#ffbb00')                  #框是深黄色，面是浅黄色
goto(0,-150)                                #把画笔向下移动1个半径的圆
#绘制表盘
begin_fill()                                #需要填充
width(30)                                   #边框30宽
circle(150)                                 #圆的半径为150
end_fill()                                  #填充
#文字12，3，6，9点
color('#FFF')                               #文字使用白色
pu()                                        #提笔不画线只写字
#表盘文字
for hour in [12,3,6,9]:
    home()                                  #回到原点
    goto(0,-9)
    #为了保持18大小的字在中间垂直，先把笔下沉一半高度(因为字是在笔正上方打印的)
    seth(-hour*30+90)                       #向不同小时方向前进
    fd(148)                                 #前进到表框边缘写时间的文字
    write(str(hour),False,'center',('Arial',18,'normal'))  #写小时文字
hideturtle()                                #隐藏海龟的标识
drawPointers()
done()
```

此时，Joe和Henry欢呼起来，终于制作出可以正常动起来的时钟了，拿着这个时钟程序开始一步一步地向雪山走去，感觉让这座美丽的大山变得绿意如春的期望更近了一步。

至此，经过一步步的努力，通过对Turtle组件各方面的学习，相信读者对此组件已经驾轻就熟了，但如果想要编写更好玩的程序，建议多参考网上现成的源码，通过百度或谷歌来找到需要的资料。除了作者提供的网站外，还可以参考网址https://docs.Python.org/3.6/library/turtle.html。

上面是官方Python 3.6对于Turtle的介绍，如果使用的是Python其他版本，把URL中的3.6改成现有版本号即可。

https://www.cnblogs.com/nowgood/p/turtle.html#4084602 链接上还有如何绘制小猪佩奇的代码，非常有趣。

离开了美丽的白色海滩，我们进入了一片小丛林，走着走着，前面豁然开朗，一座巍峨巨大的三角形建筑耸立在我们面前，它共有4面，每一面都呈三角形，巨石垒起了一层一层的塔身，我数了一下共有10层。我忽然想起Candy公主说过，这就是山边那个10层的金字塔，下面会发生什么有趣的事情呢？

8.5 本章小结

与海边的小海龟的奇遇，让我们得知雪山大雪纷飞的秘密，通过对Turtle组件的使用让我们完成了动画时钟的制作并学习了如何使用Turtle组件来进行作画。

8.6 课后作业

（1）使用Turtle画出一个小汽车的外形。

（2）使用Turtle画出一个小汽车的外形并让它进行移动。

第9章

Pygame 游戏开场

我们来到了金字塔内部，经过Henry之前的侦察，金字塔内安放有12个魔法水晶球，当我们正要进入金字塔内时，突然被一条蛇挡住了去路。长长的蛇身，血盆大口，好像永远吃不饱肚子一样。这时，10个勇士立刻举起长矛准备战斗，忽然这条蛇说话了：

“尊敬的先生们，我是这个金字塔的守护兽，最早是Snow先生让我守护这里的，原本只需守护三天，可不知道为什么Snow先生忘记把我召回去，希望你们可以放我回去。”

“那么，怎么放你回去？”Joe问道。

“其实，Snow先生最早是把我从一个叫‘贪吃蛇’的游戏里召唤出来的，那里有我最喜欢吃的树莓，可惜我很久都没有吃到了，你们谁能编写出这个游戏，我就可以自己回去了”。

“好吧，我们帮你完成这个愿望！”接过任务，我和Joe马上研究起如何完成贪吃蛇游戏的编写，如图9.1所示。

图9.1　贪吃蛇

9.1 Pygame简介

扫一扫，看视频

在Python中，许多有意思的游戏都是使用Pygame来进行编写的。Pygame在低层对Python的SDL进行了包装，SDL技术用来直接在屏幕上画出图形的API，在使用Pygame写游戏时，不用直接使用SDL相关的技术。

官网地址：https://www.pygame.org，目前Pygame的版本是1.9.6，在读者阅读本书时，版本还会继续更新，但本书介绍的使用方法不会改变。同时，PyWeek是一个非常有名的游戏制作竞赛项目，其中大部分的游戏都是使用Pygame来完成的，这个竞赛给参赛者7天时间，用来完成一个游戏进行比赛。

9.1.1 安装

Pygame与Random不一样，后者是系统自带的程序包，而Pygame是需要通过Python的安装工具pip来进行安装的，一般安装Python的第三方工具，是通过如下操作系统的命令行来完成：

```
python3 -m pip install -U pygame --user
```

运行后，就可以看见如下提示结果：

```
Collecting pygame
  Downloading https://files.pythonhosted.org/packages/32/37/453bbb62f90f
eff2a2b75fc739b674319f5f6a8789d5d21c6d2d7d42face/pygame-1.9.6-cp37-cp37m-
macosx_10_11_intel.whl (4.9MB)
    100% |████████████████████████████████| 4.9MB
1.7MB/s
Installing collected packages: pygame
Successfully installed pygame-1.9.6
```

为了判断有没有安装成功，可以使用如下语句来进行测试：

```
python3 -m pygame.examples.aliens
```

如果运行成功，那么就表示Pygame安装成功，这个项目成功运行后，会显示如图9.2所示的“外星人”游戏界面。这是一个非常好玩的射击游戏，使用方向键躲避，使用空格键发射子弹。

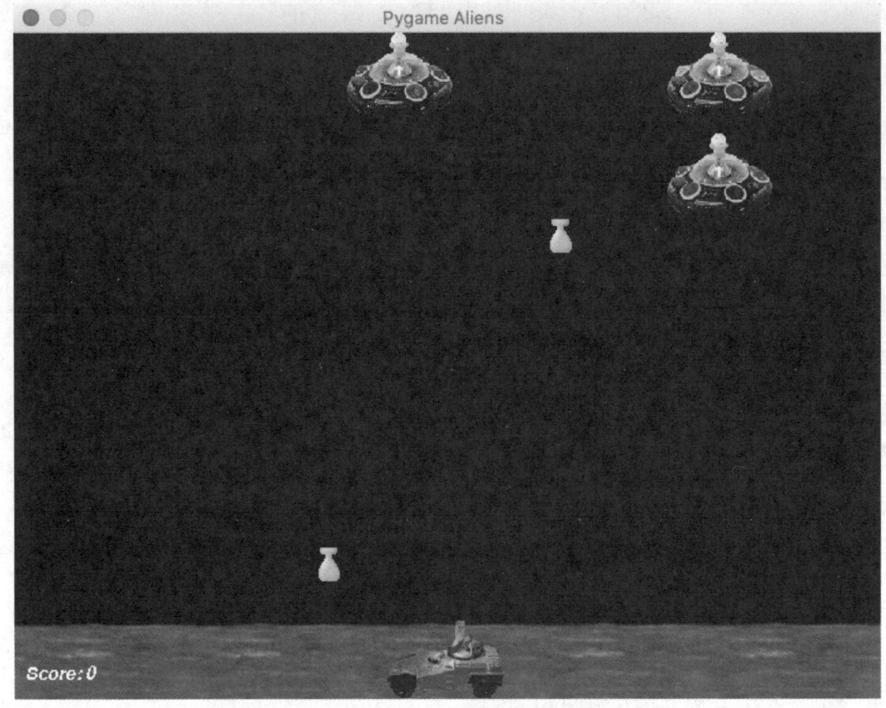

图9.2 Pygame的外星人游戏

9.1.2 Pygame的组成

为了完整地开发一个游戏，声音、图像、字体、动画等都需要使用不同的工具组合(模块)进行控制，而Pygame正是一个由一系列模块组成的集合包。

Pygame有多少模块呢？表9.1所示是所有模块的一览表。

表9.1 Pygame模块列表

模 块 名	功 能
pygame.cdrom	访问光驱
pygame.cursors	加载光标
pygame.display	访问显示设备
pygame.draw	绘制形状、线和点
pygame.event	管理事件
pygame.font	使用字体
pygame.image	加载和存储图片
pygame.joystick	使用游戏手柄或者类似的东西
pygame.key	读取键盘按键
pygame.mixer	声音

续表

模 块 名	功 能
pygame.mouse	鼠标
pygame.movie	播放视频
pygame.music	播放音频
pygame.overlay	访问高级视频叠加
pygame	模块主程序
pygame.rect	管理矩形区域
pygame.sndarray	操作声音数据
pygame.sprite	操作移动图像
pygame.surface	管理图像和屏幕
pygame.surfarray	管理点阵图像数据
pygame.time	管理时间和帧信息
pygame.transform	缩放和移动图像

不同的模块可以实现游戏中不同的功能，但有些模块可能在某些平台上不存在。在本书的游戏制作中，需要用到图像、精灵、事件和声音。而大名鼎鼎的植物大战僵尸也完全可以通过Pygame编写出来。

编写游戏的基本逻辑是首先创建画布和初始变量，然后使用一个永久循环，不停地在屏幕上根据计算出的图像画出一帧一帧的图像，再设置好各种事件触发机制，如键盘、碰触、击中等，最后根据不同事件编写处理程序。

9.2 初始化游戏

扫一扫，看视频

本节主要对运行游戏的环境，即初始化游戏进行教学，为了运行游戏，需要设置Python的当前文件夹，以及程序的标题和屏幕上的画布等。本节的知识点比较零碎，部分小节无法有实验性的代码可供运行，9.2.8小节有一篇完整的初始化代码，由于铺垫性的基础知识点较多，读者可以先通读，略微理解后再把小节后的源代码一个字一个字地输入计算机中运行。虽然可以从网上下载代码，但手动输入会加深对Pygame的理解。

本程序中所使用的图片和源代码，读者可以从网上下载并直接运行。

9.2.1 路径与分隔符

在操作系统中如何表示一个文件？一般使用路径，一个文件有文件路径，一个文件夹也有文件夹路径。操作系统的文件系统都是树状结构，在表示一个位置时，通常要把从根文件夹（C盘、D盘）开始的所有文件夹名称都列出来。

在Linux、UNIX或Mac OS操作系统中，在表示一个路径时，使用的分隔符是正斜杠（/），

比如路径:/user/zhang/。

在Windows系统中,在表示一个路径时,使用的分隔符是反斜杠(\),比如路径:C:\users\zhang。

由于Python是跨平台的语言,为了兼容两种操作系统来表示文件,如下的函数可以按操作系统的要求来连接文件夹的字符串:

```
os.path.join(字符串1,字符串2,...)
```

在Mac OS系统中运行如下语句,可以得到斜杠分隔的路径:

```
>>> import os
>>> os.path.join('ab','ccc')
'ab/ccc'
```

如果在Windows系统中运行如下语句,可以得到反斜杠分隔的路径:

```
>>> import os
>>> os.path.join('ab','ccc')
'ab\ccc'
```

9.2.2 命令行参数——sys.argv

游戏不仅仅只有程序文件,还要从其他文件中加载大量的图片、声音等资源文件,因此,需要了解操作系统命令行参数获得的方式。在运行Python文件时,一般会在操作系统的命令行中使用绝对路径和相对路径两种方式:

```
python <绝对路径>
```

在Windows系统中:

```
python D:\test.py
```

在Mac OS系统中:

```
python /user/test.py
```

或是如下的方式:

```
python <相对路径>
```

比如运行当前文件夹下的test.py文件:

```
python test.py
```

无论使用哪种方式运行.py文件,这个路径都可以使用关键字sys来查找sys.argv[0],sys是Python的一个执行Python相关系统功能的模块。

sys. argv[0]返回运行Python时命令行的参数,其中第0个参数是文件的位置,假设有一个程序用来猜数字,但是这个数字是从操作系统的命令行输入的,可以按如下操作:

在某个目录下创建一个文件guess.py，打开命令行，输入如下命令并在python命令后面输入文件路径，并加上3。

```
python <路径>/guess.py 3
```

或是

```
python3 <路径>/guess.py 3
```

除了运行guess.py以外又附加了一个数字3，可以通过sys.argv[1]得到3个数字。文件源代码如下所示：

```
import sys,random
guess = sys.argv[1]
print('你的输入',guess)
if str(random.randint(1,3)) == guess:
    print('猜对了!')
else:
    print('猜错了!')
```

使用如下命令来运行程序，把猜数字的3放在文件名后面。

```
$ /usr/local/bin/python3 "/Users/.../guess.py" 3
你的输入 3
猜对了!
```

掌握命令行参数对于创建自己的命令行工具是很有必要的，借此可以通过python写出直接与操作系统交互的程序。

9.2.3 当前文件夹——os.getcwd()和os.chdir()

9.2.2小节提到了相对路径，是相对于"当前文件夹"来说的，当前文件夹其实就是进入Python环境前，操作系统环境里当前用户所处的文件夹。可以在Python环境中通过引用os模块使用getcwd()函数来实现。在Python命令行环境下，通过如下语句得到当前文件夹：

```
>>> import os
>>> os.getcwd()
'/Users/yanzhang/书/books'
>>>
```

在Python内要区别当前文件夹与当前程序所在文件夹，这两个路径不是一回事，例如当运行某个.py源程序时，会出现如下的情况。目前所在的是C盘根目录，通过如下的操作系统命令运行test.py程序：

```
python C:\python\test.py
```

在程序运行时，当前文件夹是C:\，而当前程序所在文件夹是C:\python。不过在程序的运行中可以改变当前文件夹的位置，如下的函数也可以做到：

```
os.chdir(文件夹)
```

如果使用如下的语句，就可以把当前目录切换到“C:\”：

```
os.chdir('C:\')
```

为了方便加载游戏需要的各种文件，经常把当前文件夹设置到一个特定的位置，这样就不需要重复地输入文件名之前很长的前缀路径。

9.2.4 绝对路径与相对路径

在Python的os.path模块里有函数abspath()，该函数可以得到一个文件的绝对路径，无论这个文件是使用绝对路径还是使用相对路径来表示。

```
os.path.abspath(相对路径 或 绝对路径)
```

在游戏中要加载程序同级files文件夹下的一系列图片，就要获得当前文件夹的路径。

这个函数有一个非常重要的特性，就是不管文件存不存在，都会返回结果，因此，当要创建一个文件时可以使用它。假设目录当前文件夹是C:\python文件夹，使用如下的语句来返回当前文件夹中的blank.wav文件：

```
os.path.abspath('blank.wav')
```

无论这个文件是不是存在，得到的结果都是C:\python\blank.wav。

还可以在字符串中使用“.”和“..”字符，代表的是本级文件夹与上一级文件夹，同样是上面的示例，如果这么写：

```
os.path.abspath('..')
```

得到的结果就是“C:\”。

9.2.5 获得上级文件夹dirname()

在Python的os.path模块里有如下函数：

```
os.path.dirname(指定路径)
```

本函数可以返回“指定路径”所在的上级文件夹，当这个指定的路径是一个文件时，返回的是这个文件所在的文件夹；当这个指定的路径是一个文件夹时，返回的是这个文件夹所在的上级文件夹。

结合os.getcwd()函数，可以在Python命令行中，输入如下语句来获得当前文件夹的上一级文件，当前目录是/Users/Zhang/：

```
>>> os.path.dirname(os.getcwd())
'/Users'
```

```
>>>
```

9.2.6 读取同级files文件夹__file__

1. 命令行参数

当想要加载一个位于当前文件同级文件夹files里的snake_start.png文件时，需要使用上面所列的这些处理路径的函数帮助找到正确的文件。

在9.2.7小节需要使用Pygame来显示一幅图片作为“开局画面”，在显示这个图片之前，必须要确认这个图片保存的位置，可以使用如下的代码：

```
background_image_path = os.path.join(
    os.path.abspath(os.path.dirname(sys.argv[0])), 'files','snake_start.
png')
```

首先使用了sys.argv[0]得到当前程序的路径，然后使用os.path.dirname()函数得到目录的路径，再通过os.path.abspath()函数转换成绝对路径，最后通过os.path.join()函数连接字符串'<当前目录>/files/snake_start.png'来形成完整背景图片的路径。

2. __file__变量

除了上述使用命令行参数来找到运行程序的绝对路径外，还可以使用一个特别的变量。在模块中，有一个特别的变量__file__，使用这个变量就可以得到当前模块运行的绝对路径。

如下程序可以打印出Pygame安装在哪里，当前文件保存在哪里：

```
import pygame
print('本文件路径:',__file__)
print('pygame路径:',pygame.__file__)
```

运行文件后，得到如下的结果：

```
本文件路径: /Users/.../书/books/第9章 PyGame初试牛刀/9.2.2 路径与__FILE__.py
pygame路径: /Library/Frameworks/python.framework/Versions/3.6/lib/
python3.6/site-packages/pygame/__init__.py
```

因此，在程序中也可以使用如下语句把当前的文件夹切换成files：

```
# 切换当前文件夹到files文件夹
FILE_PATH = os.path.join(os.path.dirname(__file__), 'files')
os.chdir(FILE_PATH)
```

9.2.7 初始化Pygame

为了让其他的模块更好地运行，还必须导入相关的模块。导入的语句如下所示：

```
01  import sys,os,time
02  import pygame   #导入pygame库
03  from pygame.locals import * #导入一些常用的函数和常量
```

```
    #向sys模块借一个exit()函数用来退出程序
04  from sys import exit
```

第1、2句，通过前面的讲解，这里不做介绍。

第3句导入pygame模块下的locals子模块，这个子模块定义pygame所有使用到的常量，在Python中常量一般是指值不会变化的“变量”。在系统里，如表示“退出”这个动作，则不使用from...import语句，要这么写：pygame.QUIT。

而使用了第3句就可以直接这么写QUIT。在这里继续复习一下from语句的作用，单纯的import语句只是“导”没有“入”，它只提供了传导机制，可以搭桥访问人家的模块；而from...import语句真正实现了“导”和“入”，直接把其他模块拿来似乎放在了自己的模块中。

第4句是从sys模块中“导入”exit()函数，这个函数是用来退出整个程序的。

在使用Pygame之前，必须通过如下的语句初始化：

```
pygame.init()
```

通过初始化，Pygame会在系统中找到合适的屏幕、声音和控制设备，这个函数可以重复调用，但是初始化后的重复调用不会产生任何作用。

9.2.8 设置程序运行窗口

在Pygame中，游戏的所有画面都在一个固定的区域中进行绘制，所有的动作和图画范围都不能超越这个范围，这个范围必须提前在系统中设置好。在程序运行中，一般把其称为程序的“窗口”。

设置程序窗口的语句用法如下：

```
pygame.display.set_mode(resolution=(0,0), flags=0, depth=0) -> Surface
```

函数后面的 -> 符号是返回类型标示，表示这个函数返回的数据类型，本函数返回的是Surface实例。写函数时建议使用这个标示，方便其他程序员在维护代码时，及时知道返回的数据类型。

其中，resolution表示窗口宽高，是一个包括像素值(宽、高)的元组，用来设置这个区域大小矩形的形状。

flags表示特别标志，一般设置成0，表示的是在绘制图画时使用窗口软件绘图的方式。其他方式如下所示，在Pygame中其他方式也使用“变量”预先定义好各自的数字，具体如下，甚至可以使用下面所列的多个方式，直接使用Python的“|”号连接就可以把多种方式组合在一起。

- pygame.FULLSCREEN：全屏模式。
- pygame.DOUBLEBUF：双缓冲模式，如HWSURFACE或OPENGL。
- pygame.HWSURFACE：在全屏模式中使用硬件加速模式。
- pygame.OPENGL：使用OPENGL方式渲染画面。

- pygame.RESIZABLE：窗口可以进行伸缩。
- pygame.NOFRAME：无窗口框架也没有任何窗口按钮。

本游戏设置了一个宽800像素、长600像素普通的游戏窗口。

```
screen = pygame.display.set_mode((800, 600))
```

depth是指颜色的深度，类似于使用多少种颜色作画，如果是零，系统会自动选择一个最优值，一般来说这个值可以不用设置。这个值在计算机上是指使用多少二进制位来表示颜色，如果深度是1，那么意味着只有两种颜色，分别是1和0；如果深度是8，那么就表示有28种颜色。

在很多全屏的游戏中，这样对窗口进行设置：

```
screen = pygame.display.set_mode(flags=FULLSCREEN)
```

如果是全屏，还想使用OPENGL引擎来画图，那么就可以这么写：

```
screen = pygame.display.set_mode(flags=FULLSCREEN|OPENGL)
```

使用这个语句，就相当于在屏幕中创建了窗口，类似于画家在作画前，必须要准备画架、画框和画纸一样。本函数返回Surface实例，这个实例可以理解为和画框一样大小的画纸，在Pygame中把这种“画纸”称为平面(Surface)，如图9.3所示。

图9.3 画纸

需要说明的是，画纸（Surface）在某个pygame中并不是唯一的，但由pygame.display.set_mode()函数返回的是唯一的屏幕画纸，在这个画纸（Surface）上画的东西才能显示在屏幕上。其实，这个画纸相当于屏幕的一部分，所以把它命名为screen。

平面（Surface）具体是指一个具有一定大小但没有坐标的矩形，平面比画纸更形象，画在平面（Surface）中的画，并不是立即显示在屏幕上的。接下来，通过一个贴图和更新来实现这个操作，就像有人把画纸平面贴到屏幕当中。

使用如下的代码来初始化贪吃蛇的游戏：

```
import sys,os,time
import pygame  #导入pygame库
from pygame.locals import * #导入一些常用的函数和常量
#向sys模块借一个exit()函数用来退出程序
from sys import exit
#初始化pygame,为使用硬件做准备
pygame.init()
#创建一个窗口
screen = pygame.display.set_mode((900, 600))
pygame.display.set_caption("Joe的贪吃蛇游戏") #设置窗口标题
pygame.display.update()
while True:
    eventType  = pygame.event.wait() #进行事件等待
    #如果用户单击了关闭窗口按钮就执行退出
    if eventType .type == QUIT:
    exit()
```

在程序中，对如下的语句进行解释：

```
pygame.display.set_caption("Joe的贪吃蛇游戏")  #设置窗口标题
```

语句用来设置窗口的标题，而如下的语句用来进行窗口的更新和绘制：

```
pygame.display.update()
```

无论在Pygame中进行了什么初始化，以及绘制图画等动作，最后都必须要调用上面的语句，把效果显示在屏幕上。这就相当于把画布拿给观众看的作用，无论使用什么样的语句在画布上作画，其实都是计算机在内存进行绘画动作(也包括初始化动作)，只有执行了这条语句，作品才会呈现在读者面前。

运行上面的初始化语句后，会在屏幕上显示黑色的900×600的矩形的窗口区域，在while True语句之后是一个等待“事件”的语句，它们的作用是使系统运行界面的动作，并且等待用户单击关闭窗口的按钮，如果没有while True语句，用户界面就不会显示，并且会立即退出。“事件”会在后面详细地解释，目前读者只需要了解即可。

扫一扫，看视频

9.3 加载并显示图片

本节要使用Pygame画出一幅图片，这个图片在计算机中以文件的形式存储，只要是主流的图片格式，扩展名为BMP、PNG、JPG、GIF等都行。

本节中要加载的图片是本书附带资源files文件夹中的snake_start.png，附带资源可以从网站http://www.xiaoniushu.com或微信公众号“小牛书”上下载。

9.3.1 加载图片

使用image子模块中的load来加载图片，代码如下所示：

```
pygame.image.load(filename) -> Surface
pygame.image.load(fileobj, namehint="") -> Surface
```

通过文件的完整路径可以来加载图片，图片加载完毕后，并不是显示在窗口内，而是转换成一个Surface实例，这个Surface实例保存的应该是图像原始的像素画面。下面就可以通过pygame中相应的模块对这个Surface进行操作。加载图片的代码如下所示：

```
background_image_path = os.path.join(os.path.abspath(os.path.dirname(sys.
argv[0])), 'files','snake_start.png')
background = pygame.image.load(background_image_path)
```

加载后，变量background也是一个Surface实例。

9.3.2 进行贴图

通过pygame.display.set_mode()设置了本游戏程序的screen，现在加载一个图片，然后进入另一个平面Surface，那么这两个Surface可以通过如下的语句进行绘制。

```
pygame.Surface.blit(source,dest,area=None,special_flags = 0) -> Rect
```

其中各个参数的解释如下。

source：是源Surface实例，即想显示的图片，也就是想新贴的平面实例的变量。

dest：贴的图左上角位于底图的位置坐标，就是目标位置，使用(0,0)表示左上角。

area：绘制的区域，是一个由4个坐标组成的区域，前两个坐标是左上角的(x1,y1)，后两个坐标是右下角的(x2,y2)。格式：[x1,y1,x2,y2]。

special_flags，特殊的标记，不常使用，这里不做解释。

现在的任务就是把加载的图片通过这个语句画在上面。

blit()的过程就类似于小朋友们制作的小书报，使用A3白纸作为底板就相当于一个基本平面（Surface），从其他报纸剪出来的剪纸画就相当于其他多个平面（Surface），总要把其他剪纸画贴到A3大小的白纸（基本平面）上。

本例中，希望把开机画面（加载到background）显示在屏幕上，屏幕已经初始化完毕为screen，因此可以书写如下源代码：

```
screen.blit(background, (0, 0)) #把背景图画到(0,0)开始的坐标点上去
```

显示一张图片的完整代码如下所示：

```
import sys,os,time
import pygame  #导入pygame库
from pygame.locals import * #导入一些常用的函数和常量
```

```
#向sys模块借一个exit函数用来退出程序
from sys import exit
#切换当前文件夹到files文件夹
FILE_PATH = os.path.join(os.path.dirname(__file__), 'files')
os.chdir(FILE_PATH)
#初始化pygame，为使用硬件做准备
pygame.init()
#创建一个窗口
screen = pygame.display.set_mode((900, 600))
pygame.display.set_caption("Joe的贪吃蛇游戏") #设置窗口标题
#加载图像
background = pygame.image.load('snake_start.png')
#开始不停地进行图像循环
screen.blit(background,[0,0]) #把背景图画到(0,0)开始的坐标点上
pygame.display.update() #把图像显示出来
while True:
    eventType  = pygame.event.wait() #进行事件等待
    #如果用户单击了关闭窗口按钮就执行退出
    if eventType .type == QUIT:
        exit()
```

运行后画面如期显示在屏幕上，如图9.4所示。

图9.4　贪吃蛇游戏的开始图画

9.3.3　填充颜色

除了粘贴图片以外，Pygame还可以对Surface实例的区域进行填充。用于填充的函数如下所示:

```
fill(color, rect=None, special_flags=0) -> Rect
```

其中，第1个参数是用来填充的color颜色，颜色在8.2.5小节已做过解释，在Pygame中，同样使用Color(红、绿、蓝)的方式进行定义。

第2个参数rect是用来填充的矩形区域，如果没有传值，那么就默认为填充这个Surface的全部区域，可以使用如下方式定义矩形：

```
Rect(left, top, width, height) -> Rect
Rect((left, top), (width, height)) -> Rect
```

其中，left表示左边坐标，top表示顶边坐标，width表示宽度，height表示高度。

假设把背景全部填充为白色，可以通过如下语句完成：

```
screen.fill(Color(255,255,255))
```

在本游戏中，要在屏幕的底边填充一块40像素高的黑色区域，用来打印一个字幕："按任意键继续......"，源代码如下所示：

```
screen.fill(pygame.Color(0,0,0,128),Rect(0,560,900,40))
```

9.3.4 绘制文字

在屏幕上绘制文字需要两个步骤。其中，第一步是设置字体，其语法格式如下。

- 类：pygame.font.SysFont()。
- 调用：SysFont(name, size, bold=False, italic=False) -> Font。

以上的语句可以通过系统字体创建一个Font实例，Font实例其实就是字体对象。其中，参数name指字体名称，size指字号大小，bold指是否加粗，italic指是否为斜体。

字体和大小确定后，第二步就是绘制。绘制文字的过程称为渲染（render），其语法格式如下。

- 类：pygame.font。
- 调用：render(text, antialias, color, background=None) -> Surface。

其中，text表示文字字符串，参数antialias表示是否开启锯齿布尔值，color为字体颜色，background为背景色。

接下来，在9.3.3小节制作的黑色区域写字：

```
font = pygame.font.SysFont('songtittc',16)
screen.blit(font.render('按任意键继续......',1,Color(255,255,255)),[200,565])
```

完整地加载底图并显示一行文字的源代码如下所示，在复制、粘贴到Python环境里进行测试前一定要确保背景图片是正确地保存在本地。

```
import sys,os,time
import pygame  #导入pygame库
from pygame.locals import * #导入一些常用的函数和常量
```

```
#向sys模块借一个exit()函数用来退出程序
from sys import exit
#切换当前文件夹到files文件夹
FILE_PATH = os.path.join(os.path.dirname(__file__), 'files')
os.chdir(FILE_PATH)
#初始化pygame，为使用硬件做准备
pygame.init()
#创建一个窗口
screen = pygame.display.set_mode((900, 600),SRCALPHA)
pygame.display.set_caption("Joe的贪吃蛇游戏") #设置窗口标题
#加载图像
background = pygame.image.load('snake_start.png')
#开始不停地进行图像循环
screen.blit(background,[0,0]) #把背景图画到(0,0)开始的坐标点上
screen.fill(pygame.Color(0,0,0,128),Rect(0,560,900,40))
font = pygame.font.SysFont('songtittc',16)
screen.blit(font.render('按任意键继续......',1,Color(255,255,255)),[200,565])
pygame.display.update() #把图像显示出来
while True:
    eventType  = pygame.event.wait() #进行事件等待
    #如果用户单击了关闭窗口按钮就执行退出
    if eventType .type == QUIT:
        exit()
```

运行之后的结果如图9.5所示。

图9.5　具有文字和开始图画

9.4 事件监听

游戏的运行是持续不断显示画面的过程，这意味着必须使用无限循环，在这个循环中最重要的任务之一就是根据监测用户的操作来决定下一步的情节，所有游戏程序基本都遵守此模式。

前文示例程序中所有在while True后面语句的作用均是判断系统是否需要退出，因为是应用了事件监听。这些代码一方面保证了系统正常退出，另一方面让系统在等待用户事件发生时“有空”去做绘制屏幕等工作。

9.4.1 事件的概念

对任何游戏，事件监听都是必不可少的，并且对大部分游戏而言，事件是推动游戏情节发展的重要步骤，如图9.6所示。

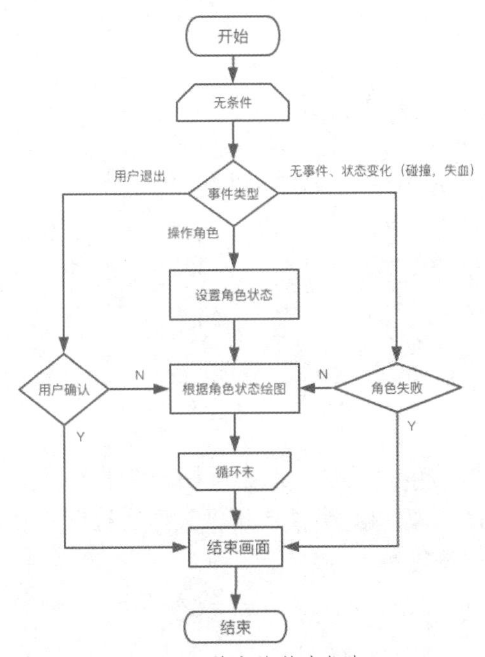

图9.6 游戏的基本框架

游戏的本质是通过不停地改变画面和声音，让用户参与其中的情节。图9.4所示是改变画面和声音的前提，这就是事件(event)。

“事件”简言之就是计算机能知道发生了什么，比如用户单击了一次鼠标左键，就会产生“鼠标左击”事件。同样地，在“王者荣耀”中，当使用左手拇指左划，会让英雄往左行走，左划就是事件。

事件也会随着计算机越来越智能化而变得更加丰富，早期没有触屏的手机，只能识别“键盘点击”事件。目前触屏手机不仅有“虚拟键盘点击”，而且也有左划、右划、点击、缩小、拉伸等事件。如果未来手机在游戏时能感知人类脸部的动作，比如眨眼，可能眨眼也会变成事件。

事件不只是由用户操作发起的，在计算机的虚拟世界里，比如英雄受到了野怪的攻击，虽然野怪是虚拟的，但是也会产生“受攻击”事件，这种不是由硬件产生的事件，在各个系统中会有不同的处理，有的会认为是事件，有的会认为是状态改变。比如，某位英雄的血量降低到10%以下，就会激发更强的吸血功能，那么可以想象，一定是游戏设计者定义了一个“<10%血量”的事件，并且适时触发。

事件都有什么作用呢？事件可以让编程更加简化与清晰，可以把事件与函数或条件语句绑定，这样这个函数或条件的语句段就变成了“事件处理程序”，在这个程序下面写的语句，就会在特定事件发生时被执行。

9.4.2 事件等待wait()

回到贪吃蛇的游戏，在加载完毕开机画面后，需要实现按任意键继续的功能，即循环检查有无按键，如果有按键，那么就退出循环从而进入下一步游戏。源代码如下所示：

```
01  while True:
02      eventType  = pygame.event.wait()   #进行事件等待
03      #如果用户单击了关闭窗口按钮就执行退出
04      if eventType .type == QUIT:
05          exit()
06      #如果用户单击就执行退出
07      elif eventType .type == KEYUP:
08          break
09  print("退出开始画图!")
```

第1句，无限循环语句。

第2句，系统会暂停并等待事件发生，返回值是一个事件实例。这个语句最主要的功能是让CPU在执行语句时一直等待，如果有事件产生，程序就往下运行，并且返回一个eventType实例，如果没有事件产生就一直等待。

第4、5句，通过条件判断本事件是否是用户关闭了窗口，如果是，就退出程序，其中退出程序使用了exit()语句。

第7、8句，通过条件判断本事件是否是用户键盘抬起，如果是，就执行退出循环的语句。

本段代码的重点在于eventType对象的运用，在代码里eventType对象的其中一个属性type帮助判断这个“事件”的类型是退出还是键盘上抬事件。

```
pygame.event.wait() -> eventType
```

本函数会让系统一直等待，因此称为等待事件。这对于显示静态画面的情况会比较适用，

但是对于显示动态画面却无能为力。因为在动态的游戏中，当用户不去主动按键时，系统不能“等待不动”。比如“拳皇”等对决游戏，即使没有按键，由计算机操作的NPC，也会向对手发出招数。

eventType.type属性获得的事件代码的意义在Pygame的常量里，如表9.2所示。

表9.2 事件常量

事 件	产 生 途 径	参 数
QUIT	用户按下关闭按钮	none
ATIVEEVENT	Pygame 被激活或者隐藏	gain、state
KEYDOWN	键盘被按下	unicode、key、mod
KEYUP	键盘被放开	key、mod
MOUSEMOTION	鼠标移动	pos、rel、buttons
MOUSEBUTTONDOWN	鼠标按下	pos、button
MOUSEBUTTONUP	鼠标放开	pos、button
JOYAXISMOTION	游戏手柄 (Joystick 或 pad) 移动	joy、axis、value
JOYBALLMOTION	游戏球 (Joy ball) 移动	joy、axis、value
JOYHATMOTION	游戏手柄 (Joystick) 移动	joy、axis、value
JOYBUTTONDOWN	游戏手柄按下	joy、button
JOYBUTTONUP	游戏手柄放开	joy、button
VIDEORESIZE	Pygame 窗口缩放	size、w、h
VIDEOEXPOSE	Pygame 窗口部分公开 (expose)	none
USEREVENT	触发了一个用户事件	code

9.4.3 事件获得get()

在无限循环中使用get()语句来获得系统的“事件”，就不会出现wait()函数的等待而不前进的问题。本语句可以获得自上次执行get()语句以后所有发生的事件列表，因此在每次调用这个函数时，获得的可能并不是一个单一的事件，而是一系列事件集合的列表，因此，需要通过循环对其中有意义的值进行判断，如下所示：

```
for event in pygame.event.get():
    if event.type == QUIT:
       exit()
    if event.type == KEYDOWN:
        #键盘有按下
        if event.key == K_LEFT:
            #按下的是左方向键的话
            <方向键左引起的动作>
        elif event.key == K_RIGHT:
            #右方向键则加1
```

```
            <方向键右引起的动作>
        elif event.key == K_UP:
            #类似
            <方向键上引起的动作>
        elif event.key == K_DOWN:
            <方向键下引起的动作>
```

在上面的语句中，对event.get()返回的所有结果都进行了枚举。由于每一个结果都是eventType类型且赋值给event，所以可以根据event实例的type属性来判断是什么类型的事件。如果是退出事件，就执行退出命令；如果是键盘按下事件，就在子判断语句里判断按下的是什么键。

上面所有大写的单词均是Pygame中已经定义好的“常量”，代表不同的数字和字面的意义。event.key返回的是具体按下了什么键，实际上也是一个具体数字。但是为了便于理解，Pygame给所有的键都定义好了常量。表9.3列出了键盘事件常量。

表 9.3　键盘事件常量

常　量	ASCII	描　述
K_BACKSPACE	\b	退格键（Backspace）
K_TAB	\t	制表键（Tab）
K_CLEAR		清除键（Clear）
K_RETURN	\r	回车键（Enter）
K_PAUSE		暂停键（Pause）
K_ESCAPE	^[	退出键（Escape）
K_SPACE		空格键（Space）
K_EXCLAIM	!	感叹号（exclaim）
K_QUOTEDBL	"	双引号（quotedbl）
K_HASH	#	井号（hash）
K_DOLLAR	$	美元符号（dollar）
K_AMPERSAND	&	and 符号（ampersand）
K_QUOTE	'	单引号（quote）
K_LEFTPAREN	(	左小括号（left parenthesis）
K_RIGHTPAREN	)	右小括号（right parenthesis）
K_ASTERISK	*	星号（asterisk）
K_PLUS	+	加号（plus sign）
K_COMMA	,	逗号（comma）
K_MINUS	-	减号（minus sign）
K_PERIOD	.	句号（period）
K_SLASH	/	斜杠（forward slash）
K_0	0	0

续表

常　量	ASCII	描　述
K_1	1	1
K_2	2	2
K_3	3	3
K_4	4	4
K_5	5	5
K_6	6	6
K_7	7	7
K_8	8	8
K_9	9	9
K_COLON	:	冒号（colon）
K_SEMICOLON	;	分号（semicolon）
K_LESS	<	小于号（less-than sign）
K_EQUALS	=	等于号（equals sign）
K_GREATER	>	大于号（greater-than sign）
K_QUESTION	?	问号（question mark）
K_AT	@	at 符号（at）
K_LEFTBRACKET	[	左中括号（left bracket）
K_BACKSLASH	\	反斜杠（backslash）
K_RIGHTBRACKET	]	右中括号（right bracket）
K_CARET	^	脱字符（caret）
K_UNDERSCORE	_	下划线（underscore）
K_BACKQUOTE	`	重音符（grave）
K_a	a	a
K_b	b	b
K_c	c	c
K_d	d	d
K_e	e	e
K_f	f	f
K_g	g	g
K_h	h	h
K_i	i	i
K_j	j	j
K_k	k	k
K_l	l	l

续表

常　量	ASCII	描　述
K_m	m	m
K_n	n	n
K_o	o	o
K_p	p	p
K_q	q	q
K_r	r	r
K_s	s	s
K_t	t	t
K_u	u	u
K_v	v	v
K_w	w	w
K_x	x	x
K_y	y	y
K_z	z	z
K_DELETE		删除键（delete）
K_KP0		0（小键盘）
K_KP1		1（小键盘）
K_KP2		2（小键盘）
K_KP3		3（小键盘）
K_KP4		4（小键盘）
K_KP5		5（小键盘）
K_KP6		6（小键盘）
K_KP7		7（小键盘）
K_KP8		8（小键盘）
K_KP9		9（小键盘）
K_KP_PERIOD	.	句号（小键盘）
K_KP_DIVIDE	/	除号（小键盘）
K_KP_MULTIPLY	*	乘号（小键盘）
K_KP_MINUS	–	减号（小键盘）
K_KP_PLUS	+	加号（小键盘）
K_KP_ENTER	\r	回车键（小键盘）
K_KP_EQUALS	=	等于号（小键盘）
K_UP	↑	向上箭头（up arrow）
K_DOWN	↓	向下箭头（down arrow）

续表

常　量	ASCII	描　述
K_RIGHT	→	向右箭头（right arrow）
K_LEFT	←	向左箭头（left arrow）
K_INSERT		插入符（insert）
K_HOME		Home 键（home）
K_END		End 键（end）
K_PAGEUP		上一页（page up）
K_PAGEDOWN		下一页（page down）
K_F1		F1
K_F2		F2
K_F3		F3
K_F4		F4
K_F5		F5
K_F6		F6
K_F7		F7
K_F8		F8
K_F9		F9
K_F10		F10
K_F11		F11
K_F12		F12
K_F13		F13
K_F14		F14
K_F15		F15
K_NUMLOCK		数字键盘锁定键（numlock）
K_CAPSLOCK		大写字母锁定键（capslock）
K_SCROLLOCK		滚动锁定键（scrollock）
K_RSHIFT		右边的 Shift 键（right shift）
K_LSHIFT		左边的 Shift 键（left shift）
K_RCTRL		右边的 Ctrl 键（right ctrl）
K_LCTRL		左边的 Ctrl 键（left ctrl）
K_RALT		右边的 Alt 键（right alt）
K_LALT		左边的 Alt 键（left alt）
K_RMETA		右边的元键（right meta）
K_LMETA		左边的元键（left meta）
K_LSUPER		左边的 Windows 键（left windows key）

续表

常　量	ASCII	描　述
K_RSUPER		右边的 Windows 键（right windows key）
K_MODE		模式转换键（mode shift）
K_HELP		帮助键（help）
K_PRINT		打印屏幕键（print screen）
K_SYSREQ		魔术键（sysreq）
K_BREAK		中断键（break）
K_MENU		菜单键（menu）
K_POWER		电源键（power）
K_EURO		欧元符号（euro）

由于get()函数不等待的特性，给动画的创造提供了基础，先从简单的动画开始，即让文字闪烁起来。为了实现文字闪烁效果，在while True主循环里绘制底边的黑框中偶数秒时写字，在奇数秒时只有黑底而没有字，从而造成文字慢慢闪烁的效果。循环内的代码如下所示：

```
while True:
    for event in pygame.event.get():
        if event.type == QUIT:
                sys.exit()
        if event.type == KEYDOWN:
            break
    time.sleep(0.05)
    screen.fill(pygame.Color(0,0,0),Rect(0,560,900,40)) #画出黑框
    if int(time.time())%2 ==0: #如果是偶数秒就画上文字
        screen.blit(font.render('按任意键继续......',1,Col
or(255,255,255)),[200,565])
    pygame.display.update() #把图像显示出来
```

上面的语句使用了time模块中的sleep()函数，用来“等待”相应的秒数，在代码里设置0.05秒，即1/20秒，这样每过1/20s秒下面的代码都会执行。此外，应用了time.time()函数返回时间，时间戳是自某个日期以来的秒数，取整后看其能否被2整除。如果可以被2整除，说明当前是偶数秒，则执行写文字的代码；如果不是偶数秒，则只画黑框而不写文字。

最后通过display.update()函数把整个屏幕画面刷新出来。

9.4.4 打包成函数

把本章目前涉及的所有步骤整合在一起，把与开机画面有关的语句放在函数start()中，形成如下的代码：

```
import sys,os,time
```

```
import pygame  #导入pygame库
from pygame.locals import * #导入一些常用的函数和常量
#向sys模块借一个exit()函数用来退出程序
from sys import exit
def start():
    #加载图像
    background = pygame.image.load('snake_start.png')
    #开始不停地进行图像循环
    screen.blit(background,[0,0]) #把背景图画到(0,0)开始的坐标点上
    font = pygame.font.SysFont('songtittc',16)
    while True:
        for event in pygame.event.get():
            if event.type == QUIT:
                sys.exit()
            if event.type == KEYDOWN:
                return
        time.sleep(0.05)
        screen.fill(pygame.Color(0,0,0),Rect(0,560,900,40)) #画出黑框
        if int(time.time())%2 ==0: #如果是偶数秒就画上文字
            screen.blit(font.render('按任意键继续......',1,Col
or(255,255,255)),[200,565])
        pygame.display.update() #把图像显示出来
#切换当前文件夹到files文件夹
FILE_PATH = os.path.join(os.path.dirname(__file__), 'files')
os.chdir(FILE_PATH)
#初始化pygame,为使用硬件做准备
pygame.init()
#创建一个窗口
screen = pygame.display.set_mode((900, 600))
pygame.display.set_caption("Joe的贪吃蛇游戏") #设置窗口标题
start()
```

本代码初始化屏幕后通过运行语句start()，实现了显示开机画面的功能，当按任一键时，程序会执行return语句从而执行下面一条语句(目前还没有)退出。经过努力研究，我们终于完成了游戏制作的第一步“开机画面”。

9.5 如何加载声音

扫一扫，看视频

有了开机画面，屏幕上的内容开始丰富多彩，但也不能忽视另一个重要的方面——声音。成熟完整的游戏一定要拥有好听的音乐和音效，本节介绍如何在游戏中加载音乐。

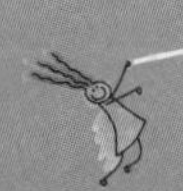

9.5.1 初始化Mixer模块

Mixer模块用来播放声音，音乐文件是指MP3文件或WAV文件。本示例源代码中，已经预先从网站上下载了如下的音乐文件并保存在files文件夹，这些文件分别是：

- sound_snake_start.mp3：开始画面。
- sound_snake_play.mp3：游戏进行中。
- sound_snake_fail.wav：游戏角色失败。
- sound_snake_get.wav：蛇吃到食物。

使用Pygame的Mixer模块时必须使用如下的语句进行初始化：

```
pygame.mixer.init() -> None  #初始化混音器模块
```

本函数没有返回值，初始化操作可以传递参数，以实现更多的功能，比如设置单声道、双声道等。由于本示例中没有使用到，读者可以自行学习。

9.5.2 加载音频文件

为了播放音频文件，必须加载文件，可以使用如下的语句加载声音文件：

```
pygame.mixer.music.load(文件路径 或 文件实例) -> None
```

从磁盘上读入并加载音乐文件（MP3音乐文件），可以直接是字符串的文件路径或文件实例，本函数无返回值。

注意：如果系统正在播放一个音乐文件，这个加载的动作将会导致音乐播放停止。

与加载图像文件不同，加载声音文件不会返回一个“音乐实例”，当然也不会返回任何对象。

9.5.3 播放音乐

播放上次加载进内存的音乐文件，由于系统同一时间只能播放一个音乐，因此加载声音文件后，可以立刻进行播放。

```
pygame.mixer.music.play(loops=0, start=0.0) -> None
```

这种播放音乐的函数有如下两个参数。

- loops是指循环次数，如果值为-1，意味着会永远循环。
- start是指从什么位置开始播放，这个数字的单位是秒。

另外，如果要停止音乐的播放，则可以使用如下的语句：

```
pygame.mixer.music.stop() -> None
```

9.5.4 贪吃蛇的开场音乐

没有好听的音乐的游戏不是好游戏。为了给金字塔中的小蛇设置一个有品位的家，不能没有音乐。如下代码可以实现在贪吃蛇游戏中播放的开场音乐：

```
import sys,os,time
import pygame  #导入pygame库
from pygame.locals import * #导入一些常用的函数和常量
#向sys模块借一个exit()函数用来退出程序
from sys import exit
def start():
    #加载图像
    background = pygame.image.load('snake_start.png')
    pygame.mixer.music.load('sound_snake_start.mp3') #开场音乐
    pygame.mixer.music.play(loops=-1) #循环播放
    #开始不停地进行图像循环
    screen.blit(background,[0,0]) #把背景图画到(0,0)开始的坐标点上
    font = pygame.font.SysFont('songtittc',16)
    while True:
        for event in pygame.event.get():
            if event.type == QUIT:
                sys.exit()
            if event.type == KEYDOWN:
                pygame.mixer.music.stop() #音乐停止播放
                return
        time.sleep(0.05)
        screen.fill(pygame.Color(0,0,0),Rect(0,560,900,40)) #画出黑框
        if int(time.time())%2 ==0: #如果是偶数秒就画上文字
            screen.blit(font.render('按任意键继续......',1,Col
or(255,255,255)),[200,565])
        pygame.display.update() #把图像显示出来
#切换当前文件夹到files文件夹
FILE_PATH = os.path.join(os.path.dirname(__file__), 'files')
os.chdir(FILE_PATH)
#初始化pygame，为使用硬件做准备
pygame.init()
pygame.mixer.init()
#创建一个窗口
screen = pygame.display.set_mode((900, 600))
pygame.display.set_caption("Joe的贪吃蛇游戏") #设置窗口标题
start()
```

第 10 章

Pygame 进阶游戏动画

为了帮助魔法王国金字塔的守护蛇回到游戏中，在第9章我们完成了开场图画的加载显示，利用事件与循环加载了闪烁的文字，并且进行了开场音乐的播放。目前已经有了非常漂亮的游戏亮相部分，现在小蛇已经蠢蠢欲动了，下面就要进入游戏的实质性部分，即如何设计真正的动画。

10.1 角色设计——精灵使用

在本节中，主要目的是让小蛇在键盘的指挥下简单地动起来，目前的小蛇不会拐弯也不会吃树莓并且变长。

10.1.1 画出角色

在游戏中，有个角色称为主角，这是由用户来操作的角色。在王者荣耀中是指英雄，在贪吃蛇游戏中就是一条小蛇，除了没有主角形象第一视角的游戏外，主角无论在游戏什么位置中，都有属于自己的固定形象。

在贪吃蛇中，蛇的形象应该怎么画呢？先简单地画出如下的形象用来代表蛇：先用一张图片来代表蛇头，再用一张图片代表蛇身，最后用一张图片代表蛇尾。使用到的语句为前面使用的加载图片语句，由于每张图片都是30×30的大小，所以使用如下的程序把3张图片拼接起来。制作的方法如图10.1所示。

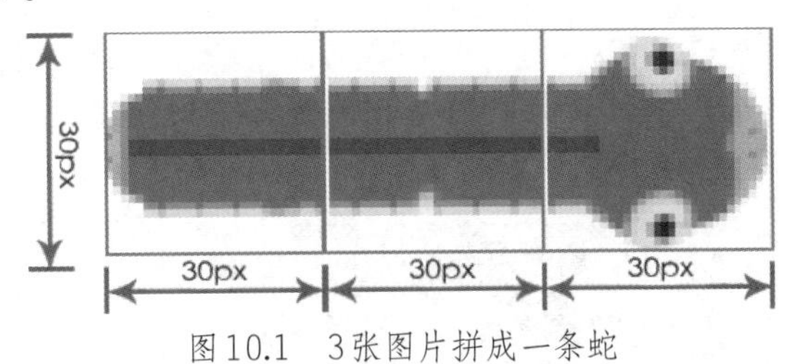

图10.1　3张图片拼成一条蛇

显示主角的源代码如下：

```
import pygame,os,sys
from pygame.locals import *
#得到Files文件夹的绝对路径
FILE_PATH = os.path.join(os.path.dirname(__file__), 'files')
#把当前的工作路径改成Files文件夹
os.chdir(FILE_PATH)
pygame.init()
screen = pygame.display.set_mode((900,600))
screen.fill(Color(0xc5,0xd5,0xc5))
head_x =400
head_y =300
snakeHead = pygame.image.load('snake_head.png')
snakeBody = pygame.image.load('snake_body_h.png')
snakeTail = pygame.image.load('snake_tail.png')
screen.blit(snakeHead,[head_x,head_y])
screen.blit(snakeBody,[head_x-30,head_y])
```

```
screen.blit(snakeTail,[head_x-60,head_y])
pygame.display.update()
while True:
    eventType  = pygame.event.wait() #进行事件等待
    #如果用户单击了关闭窗口按钮就执行退出
    if eventType .type == QUIT:
        sys.exit()
```

在上面的代码中也使用了新的方法：

```
os.chdir(FILE_PATH)
```

其作用就是把当前文件夹切换成括号内的路径，而在本代码中，括号内的路径是files文件夹的路径。其中有一个新的Surface实例的方法：

```
<Surface实例>.fill(颜色)
```

上面的fill()方法用来把这个Surface实例填充到上一个颜色。这个颜色也是通过实例化一个Color实例实现的，使用的方法如下：

```
pygame.Color(R,G,B)
```

RGB（红、绿、蓝）参数当中的三原色的意义已经详细解释过。运行后，会发现通过3张图片拼成了一个小蛇的角色形象，如图10.2所示。

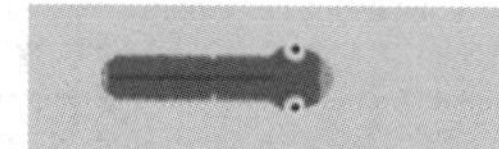

图10.2　贪吃蛇主角

在游戏设计中，蛇吃了树莓后身体会变长，所以需要使用至少3张图片，并且可以通过自由增加中间的图片来变长蛇的身体，从而能最终完美地展示蛇的形象。

10.1.2　什么是精灵

游戏中有被人操纵的也有被计算机操纵的怪物角色；同样地，在玩超级玛丽时，一些蘑菇也有着自己独特的动画，比如蘑菇可以长大，沿着路径移动。在塔防游戏中，可以攻击的塔也是一种独特的精灵。

在Pygame中，可以把一些有着独立概念的虚拟物体看成精灵（sprite），精灵是区别于背景图像且有着自己固定形象与行动方式的屏幕上的人或物体，在代码中对应着一系列的图片、动画和运动轨迹。

可以把小蛇封装成一个小精灵，把上面的代码拆成两部分，其中，一个是初始化精灵。精灵类有如下的方法：

- update()：本身不执行任何动作，当使用精灵组Group.update()时，这个方法会被执行。

- add()：把精灵加到组里。
- remove()：把精灵从组里删除。
- kill()：把精灵从所有组里删除。
- alive()：返回True或False，指示是否在组里。
- groups()：返回包括精灵的所有组。

一般来说，精灵需要有两个重要的属性：

- image：要显示的图像。
- rect：图像要显示在屏幕的位置。

精灵组的概念在Pygame中非常重要，它是一组相似精灵的组合，比如接下来要讲到的树莓，在屏幕上同一时间可能显示若干数量，那么把所有的树莓都加入一个组内，方便进行编程与管理。

如果设置了上面两个属性（image和rect），就可以直接通过精灵组的draw()方法，一次性地把组中所有的精灵绘制在屏幕上，也可以通过clear()方法一次性地把精灵从屏幕中清除。在本游戏中，小蛇吃的树莓有多个，也需要同时绘制在屏幕上，所以很符合精灵的特点。

因此，可以按照如下的源代码定义树莓精灵：

```
class Raspberry(pygame.sprite.Sprite):
    '''
    蛇吃的树莓
    '''
    def __init__(self):
        pygame.sprite.Sprite.__init__(self)
        x = random.randint(0,900-30)
        y = random.randint(0,600-30)
        self.rect = Rect(x,y,30,30)
        self.image =pygame.image.load('snake_food.png')
```

上面类的定义实现了树莓的初始化语句。在语句中，首先调用了“精灵类”的初始化语句，这是实现精灵各种功能的前提。然后通过随机函数生成一对坐标，把这个坐标形成的Rect实例赋值给rect属性，加载的图像Surface赋值给image属性。在初始化代码中，没有任何绘图语句，那么看看通过生成10个精灵组成的组，在组的draw()方法下能否进行绘图？

在主程序中使用如下的语句，再加上上面的语句，完整的程序如下：

```
import pygame,os,sys
from pygame.locals import *
import random
FILE_PATH = os.path.join(os.path.dirname(__file__), 'files')
os.chdir(FILE_PATH)
class Raspberry(pygame.sprite.Sprite):
```

```
    '''
    蛇吃的树莓
    '''
    def __init__(self):
        pygame.sprite.Sprite.__init__(self)
        x = random.randint(0,900-30)
        y = random.randint(0,600-30)
        self.rect = Rect(x,y,30,30)
        self.image =pygame.image.load('snake_food.png')
pygame.init()
screen = pygame.display.set_mode((900,600))

screen.blit(pygame.image.load('bg.jpg'),(0,0))
group = pygame.sprite.Group()
for i in range(1,10):
    group.add(Raspberry())
group.draw(screen)
pygame.display.update()
while True:
    eventType = pygame.event.wait() #进行事件等待
    #如果用户单击了关闭窗口按钮就执行退出
    if eventType .type == QUIT:
        sys.exit()
```

运行的结果如图10.3所示。

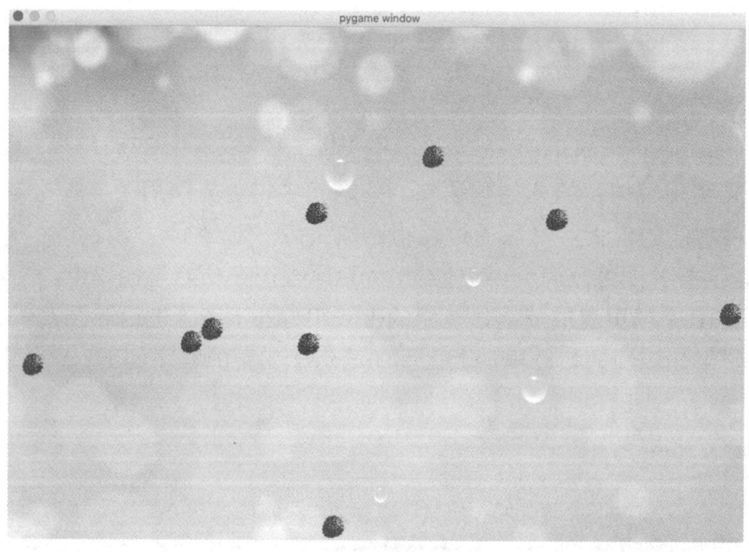

图10.3　树莓精灵组

通过显示10个树莓使我们明白，利用继承精灵类并且定义image和rect两个实例属性就可以实现组内的“统一绘画”。目前显示的这些小树莓并不完善，具体问题包括坐标有问题，而且希望是30的倍数，因为小蛇每走一步是30个像素；另外，随机数可能会产生重复的数字，而开发者不希望两个树莓都重复在一起。不过没有关系，后面再解决上述问题。

10.1.3 蛇精灵的定义

为了显示出蛇的形状和位置，程序使用了一个形状与位置的数组snakeLine，这个数组表示的是蛇的形状与位置，如图10.4所示。蛇实际上是由很多个30像素宽、30像素高的小图片拼接而成的，把这些图片所有左上角的坐标以蛇头至蛇尾的顺序放在数组里，形成描述小蛇的状态和位置的数组，这样无论小蛇如何拐弯和变长，都可以准确地通过这个数组了解到小蛇的状态。

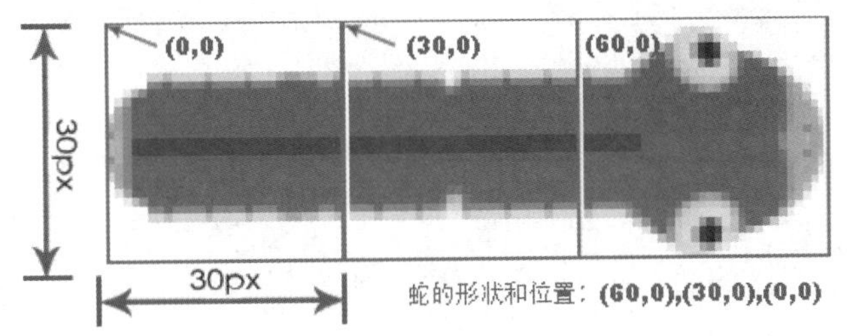

图10.4 蛇的形状和位置

为了更好地让读者理解，本小节首先用精灵实现对小蛇的封装，这与10.1.1小节的源代码差不多，但本次使用了精灵来进行封装。

在蛇的初始化函数__init__()里把重要的实例变量定义好：

```
def __init__(self,screen):
    pygame.sprite.Sprite.__init__(self)
    #表示组成蛇的每一个图片的左上角坐标，初始就是3张图片，从蛇头开始
    self.snakeLine = [(400,300),(400-30,300),(400-60,300)]
    self.screen = screen #把当前的屏幕画布传给对象，以准备在上面进行绘制
    self.rect = Rect(400,300,30,30) #蛇头代表的区域
```

其中有3个实例变量，一个是表示蛇的位置与形状的数组，另一个是屏幕，还有一个rect代表的是精灵的区域。由于蛇是可能拐弯的，所以在有了屏幕后才能在图中作画。

假设蛇可能有多个实例，即屏幕当中允许有两个以上的蛇存在(对局游戏中经常会出现两个主角的情况)，蛇的每一个实例都需要组成蛇的3张图片文件，由此看出，这些图片实际上与类相关而与实例不相关，因此直接写在类变量中：

```
snakeHead = pygame.image.load('snake_head.png')
snakeBody = pygame.image.load('snake_body_h.png')
snakeTail = pygame.image.load('snake_tail.png')
```

在源代码包中的files文件夹可以看到，关于蛇一共有4个图片，其中一个图片叫

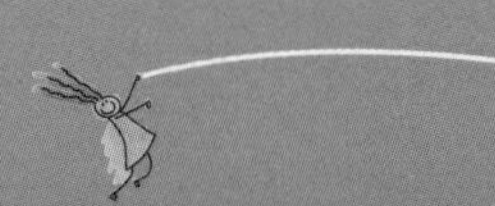

snakeTurn，是作为蛇转弯使用的，为了更好地学习当前程序可以先不把它加载上，在后面稍微改动一下类变量即可。

上面的代码加载了3个Surface，分别代表蛇头、蛇的直线的身体和蛇尾，需要再定义一个函数show()，用来绘制一条直的向右的蛇，这和图片的蛇是完全一致的。如下所示：

```
       #根据新的蛇坐标来画出蛇
01     def show(self,newSnakeLine = None):
           #如果新的位置设定了，就把原来的形象擦除
02         if newSnakeLine is not None:
03             self.snakeLine = newSnakeLine #把新的位置设置成当前位置
04             self.rect = Rect(newSnakeLine[0],(30,30))
           #画出蛇头
05         self.screen.blit(Snake.snakeHead,self.snakeLine[0])
06         self.rect = Rect(self.snakeLine[0],(30,30))
           #画出蛇的直线的身体
07         for cord in self.snakeLine[1:-1]:
08             self.screen.blit(Snake.snakeBody,cord)
           #画出蛇尾
09         self.screen.blit(Snake.snakeTail,self.snakeLine[-1])
```

为了把蛇画在屏幕的不同位置，引用一个参数newSnakeLine，用来重新设定蛇的形状与位置。上面的语句解释如下：

第2~3语句，用来重新对蛇的位置和形状进行赋值。

第4句，画出蛇头。

第5、6句，把蛇头的位置赋值给rect。

第7、8句，用循环的语句画出蛇身，在循环中只从[1:-1]这个片段开始循环，目的就是去掉头尾。

第9句，画出蛇尾。

以上就是主要的蛇精灵代码。由于蛇的精灵与其他一般的精灵相比较而言，并不是一个简单的矩形rect实例可以框定的，所以不能使用其他精灵的rect，但是为了程序设计的方便，把蛇头的部分设置成了rect属性，这样在后面进行“碰撞检测”时就会方便很多。

主要的源代码如下：

```
import pygame, os.sys
from pygame.locals import *
import random
FILE_PATH = os.path.join(os.path.dirname(__file__), 'files')
os.chdir(FILE_PATH)
class Snake(pygame.sprite.Sprite):
    snakeHead = pygame.image.load('snake_head.png') #头
    snakeBody = pygame.image.load('snake_body_h.png') #身
    snakeTail = pygame.image.load('snake_tail.png') #尾
```

```
    def __init__(self,screen):
        pygame.sprite.Sprite.__init__(self)
        #表示组成蛇的每一个图片的左上角坐标，初始就是3张图片，从蛇头开始
        self.snakeLine = [(400,300),(400-30,300),(400-60,300)]
        self.screen = screen #传入屏幕
        self.rect = Rect(400,300,30,30) #蛇头的区域
    #根据新的蛇头的坐标来画出蛇
    def show(self,newSnakeLine = None):
        if newSnakeLine is not None:
            self.snakeLine = newSnakeLine #把新的位置设置成当前位置
            self.rect = Rect(newSnakeLine[0],(30,30))
        #画出头
        self.screen.blit(Snake.snakeHead,self.snakeLine[0])
        #画出直线的身体
        for cord in self.snakeLine[1:-1]:
            self.screen.blit(Snake.snakeBody,cord)
        #画出蛇尾
        self.screen.blit(Snake.snakeTail,self.snakeLine[-1])
pygame.init()
screen = pygame.display.set_mode((900,600))
screen.blit(pygame.image.load('bg.jpg'),(0,0))
snake = Snake(screen)
snake.show()
snake.show([(500,200),(500-30,200),(500-60,200),(500-90,200),(500-120,200)])
pygame.display.update()
while True:
    eventType = pygame.event.wait()  #进行事件等待
    #如果用户单击了关闭窗口按钮就执行退出
    if eventType .type == QUIT:
        sys.exit()
```

上面的源代码通过show()函数显示了两条小蛇，一条小蛇是默认坐标(400,300)，另一条小蛇使用了4张图片拼成一条长的小蛇。运行后的画面如图10.5所示。

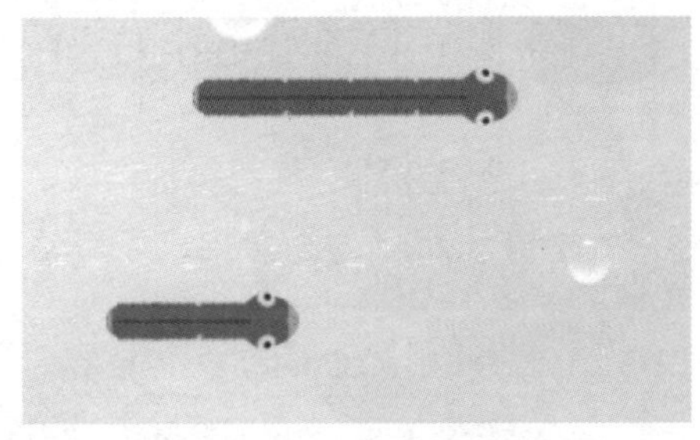

图10.5　蛇精灵类

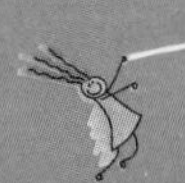

扫一扫，看视频

10.2 让蛇舞动起来

定义好游戏中最重要的两个角色，紧接着就进入动画部分。

10.2.1 动画的原理

医学证明，人类具有“视觉暂留”的特性，人的眼睛看到一幅画或一个物体后，在0.34秒内不会消失。利用这一原理，在一幅画还没有消失前播放下一幅画，就会给人造成一种流畅的视觉变化效果。

在计算机中显示动画的原理其实很简单。动画其实就是一幅幅静态的图片不停地播放，如果1秒钟可以显示30张连续静态的画面，那么从人眼的感觉来看，就像是这个物体会动一样。

每秒显示多少张静态的画面，称为帧数(Frames)，为帧生成数量的简称。由于口语习惯上的原因，通常将帧数与帧率混淆。每一帧都是静止的图像，快速且连续地显示帧便形成了运动的假象，因此高的帧率可以得到更流畅、更逼真的动画。

动画制作分为二维动画与三维动画，像网页上流行的flash动画就属于二维动画；最有魅力并运用最广的当属三维动画，包括动画制作大片、电视广告片头、建筑动画等。二维动画与三维动画的主要区别是计算机处理画面的方式不同。一般来说，二维动画只有一个视角，得到的只包括某一个视角的图像(不包括不能显示的部分)，所以在显示的时候只能把这个图片或角色直接贴到屏幕上。三维动画是先生成一个模型，如果要显示正方体，无论显示这个正方体的哪一个面，在模型里都包括正方体所有的信息，如果要显示出从特定某个角度看正方体的效果，计算机再经过运算把相应图像信息贴在屏幕上，如图10.6所示。也就是说，无论看到立方体是什么样，处于不同的位置，它只是从一个3D模型中运算得出的。

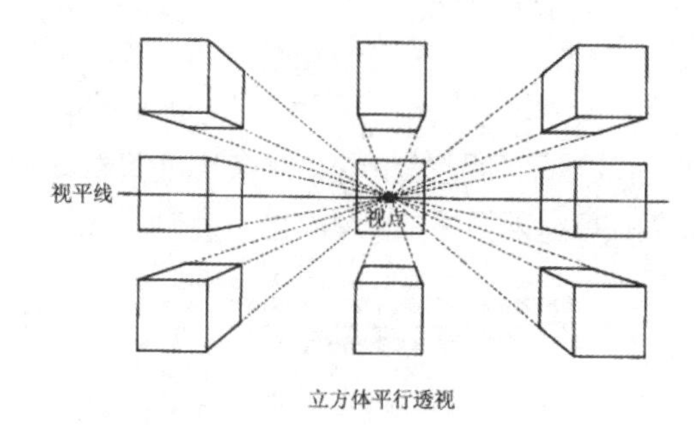

图10.6 三维动画原理

10.2.2 帧与动画pygame.time.Clock()实例

根据动画帧率的概念和原理，那么应该在while True循环中暂停“一小会儿”来实现以一定

的帧率来绘制一帧的循环。Pygame的time模块中的Clock实例可以实现。

以Clock实例，可以理解为“帧时钟实例”，它有如下5个方法。

- pygame.time.Clock.tick：控制滴答时间，更新一帧。
- pygame.time.Clock.tick_busy_loop：精确更新一帧。
- pygame.time.Clock.get_time：获得上次tick到现在的时间（毫秒）。
- pygame.time.Clock.get_rawtime：获得上次tick到现在的实际程序运行的时间（毫秒，只计算其他程序运行时间，不计算tick引起的暂停的时间）。
- pygame.time.Clock.get_fps：根据上10次的tick耗时情况计算实际的帧率。

其中，使用最多的是第1个，也被称为滴答函数。其具体的用法如下所示：

```
tick(帧率=0) -> milliseconds(毫秒)
```

当运行本函数时，系统会检查上一次运行tick()的时间，为了满足帧率设置的要求，tick()会等待一定的时间，所以把tick()放在循环中，就可以保证循环体会按照帧率的时间间隔去执行循环体内的语句。如果帧率设置成0，意味着帧率无限大，语句不会暂停等待。

需要说明的是，参数里设置的帧率是“理论最大帧率”。由于循环体内的语句也要消耗大量的时间，假设设置帧率为100，即1秒100帧，其他语句并不消耗CPU时间（其实这是不可能的），计算出最大等待时间=1秒/100帧 = 10毫秒，但假设每次循环体内的语句都运行了20毫秒，当循环中下次再运行tick(100)函数时，系统就不会再等待暂停，那么系统的实际帧率只有1000/20 = 50帧，而不是100帧。

同样地，这个函数也有返回值，返回值其实是一个整数类型，表示自上一次运行tick()以来经过的毫秒时间。如图10.6所示，把每1秒（1000毫秒）分解成10份，那么每帧就要占用100毫秒，如果每次循环除了tick(10)语句以外的其他所有语句运行时间总共为20毫秒，那么tick(10)就需要运行80毫秒以实现等待暂停的功能，其1秒钟的过程可以通过图10.7理解。

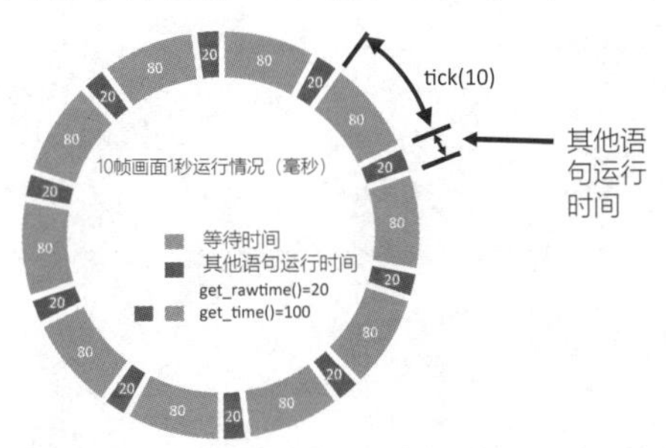

图10.7 在tick(10)情况下每秒运行情况

此外，还有如下的方法可供使用：

```
tick_busy_loop (帧率=0) -> milliseconds(毫秒)
```

上面的函数提供了与tick()一样的功能，但其内在机制是通过更加频繁的CPU运算提供帧率

的控制，这样可以控制得更加精确，但是也更加耗费CPU，从而增加系统的负担，因此，不太适合低配置的计算机，也不太适合有着繁重绘图过程的程序来使用。

为了解释Clock实例的使用，使用如下的代码来展示2秒时长，帧率为10的情况下，Clock实例各个方法返回的值。为了模拟其他语句占用CPU的时间，使用了系统内置time模块的sleep()（浮点秒数）函数，这个函数可以暂停特定的秒数，如可以是0.001秒（1毫秒）。在如下的程序中使用随机数来生成一个50~150的毫秒数，因为控制的是10帧率的画面，那么1帧最少要占用100毫秒，如果其他绘图语句占用了超过100毫秒，则会出现丢帧的情况；反之，如果其他绘图语句占用了少于100毫秒，tick()滴答函数会补足暂停时间。代码如下：

```
import pygame,os,time
from pygame.locals import *
import random
pygame.init()
clock = pygame.time.Clock()
startSecond = time.time()
otherCodesRunningSpan = 0
while time.time()<=startSecond +2:
    clock.tick(10)
    print('-'*80)
    print('get_time()',clock.get_time())
    print('模拟绘图耗时',otherCodesRunningSpan)
    print('get_rawtime()',clock.get_rawtime())
    otherCodesRunningSpan = random.randint(50,150)
    time.sleep(otherCodesRunningSpan/1000)
```

运行后将会得到20组数据，每组数据3行，使用“-”连接号进行连接，选取其中的一部分数据进行分析：

```
--------------------------------------------------------------------------------
get_time() 100
模拟绘图耗时0
get_rawtime() 0
--------------------------------------------------------------------------------
get_time() 100
模拟绘图耗时91
get_rawtime() 92
--------------------------------------------------------------------------------
get_time() 100
模拟绘图耗时61
get_rawtime() 62
--------------------------------------------------------------------------------
get_time() 127
```

```
模拟绘图耗时126
get_rawtime() 127
------------------------------------------------------------------------
```

看到前3个结果的间隔get_time()时间都是100，因为程序运行耗时都在100以下。看到第4个函数随机生成了126毫秒的程序耗时，造成了tick(10)函数没有余地再延迟，因此整个帧耗时127毫秒，get_rawtime()计算的结果与生成的随机毫秒数稍大主要是因为print()函数也要多耗1毫秒的时间。

10.2.3 向右移动

为了制作小蛇向右移动的动画，程序要计算下一帧蛇的位置，以便完成小蛇向某个方向移动的效果。考虑到蛇的图片是30×30的大小，因此小蛇将会以30像素的“步长”移动，步长就是走一步的大小，此处以每秒2帧的速度来控制动画。

在10.1.3小节的蛇精灵类中创建了一个向右移动的函数，如下所示：

```
def right(self):
    self.snakeLine = [((self.snakeLine[0][0]+30)%900,self.snakeLine[0][1])]
+ self.snakeLine[0:-1]
    self.show()
```

本函数共有两条语句，由于小蛇的状态使用了snakeLine实例变量的列表来表示，而这个列表保存着蛇每一段30×30像素的身体左上角的坐标。小蛇往右移动，实际上需要在蛇头前添加一块，把蛇尾减掉一块。蛇头右边新增加方块的y坐标不变，横向的x坐标会增加30，因此其x坐标的计算式如下：

```
self.snakeLine[0][0]+30
```

考虑到x坐标不可能永远增加下去，否则小蛇会跑出屏幕右侧。为了把小蛇锁定在屏幕的900像素宽度内，使用了取余900的操作符%。

往右移动的动画完成后，下面就可以画出每一帧动画，把整个程序贴出来。如下所示：

```
import pygame,os,sys
from pygame.locals import *
import random
FILE_PATH = os.path.join(os.path.dirname(__file__), 'files')
os.chdir(FILE_PATH)
class Snake(pygame.sprite.Sprite):
    snakeHead = pygame.image.load('snake_head.png') #头
    snakeBody = pygame.image.load('snake_body_h.png') #身
    snakeTail = pygame.image.load('snake_tail.png') #尾
    def __init__(self,screen):
        pygame.sprite.Sprite.__init__(self)
```

```
        #表示组成蛇的每一个图片的左上角坐标，初始就是3张图片，从蛇头开始
        self.snakeLine = [(400,300),(400-30,300),(400-60,300)]
        self.screen = screen #传入屏幕
        self.rect = Rect(400,300,30,30) #蛇头的区域
    #根据新的蛇头的坐标来画出蛇
    def show(self,newSnakeLine = None):
        if newSnakeLine is not None:
            self.snakeLine = newSnakeLine #把新的位置设置成当前位置
            self.rect = Rect(newSnakeLine[0],(30,30))
        #画出头
        self.screen.blit(Snake.snakeHead,self.snakeLine[0])
        self.rect = Rect(self.snakeLine[0],(30,30))
        #画出直线的身体
        for cord in self.snakeLine[1:-1]:
            self.screen.blit(Snake.snakeBody,cord)
        #画出蛇尾
        self.screen.blit(Snake.snakeTail,self.snakeLine[-1])
    def right(self):
        self.snakeLine = [((self.snakeLine[0][0]+30)%900,self.snakeLine[0]
[1])] + self.snakeLine[0:-1]
        self.show()
pygame.init()
screen = pygame.display.set_mode((900,600))
bg = pygame.image.load('bg.jpg')
snake = Snake(screen)
clock = pygame.time.Clock()
while True:
    clock.tick(2)
    for eventType in pygame.event.get():  #进行事件等待
        #如果用户单击了关闭窗口按钮就执行退出
        if eventType .type == QUIT:
            sys.exit()
    screen.blit(bg,(0,0)) #先把背景贴覆盖上，删除原图上的蛇
    snake.right()
    pygame.display.update()
```

运行后，会发现一条非常可爱的小蛇自屏幕中央开始一直向右走，走到右侧后又从左侧穿回来，反复如此。

扫一扫，看视频

10.3 让蛇会转弯

贪吃蛇游戏中，使用方向键可以让蛇扭动转弯，动画技术中通过旋转图片来完

成此效果。下面看看Pygame提供了哪些比较厉害的工具。

10.3.1 转换工具

Pygame由transform模块去转换一个Surface（平面），功能如下。

- pygame.transform.flip：翻转。
- pygame.transform.scale：缩放。
- pygame.transform.rotate：旋转。
- pygame.transform.rotozoom：缩放和旋转。
- pygame.transform.scale2x：放大2倍。
- pygame.transform.smoothscale：平滑缩放。
- pygame.transform.get_smoothscale_backend：返回平滑缩放使用的滤镜版本'GENERIC'、'MMX'或 'SSE'。
- pygame.transform.set_smoothscale_backend：设置平滑缩放使用的滤镜版本'GENERIC'、'MMX'或 'SSE'。
- pygame.transform.chop：获得一个内部被剪裁的平面。
- pygame.transform.laplacian：查找边缘。
- pygame.transform.average_surfaces：从许多平面中查找平均平面。
- pygame.transform.average_color：一个平面的平均颜色。

以上所有对surface进行操作的函数，都返回新的处理过的Surface。

以上函数的变换具有破坏性，这就意味着每次变换后，部分像素信息会丢失。典型的例子就是缩放和旋转，所以对于我们来说，最好的方式就是直接使用原图片来进行转换，而不是使用缩放和旋转后的图片再进行加工。

10.3.2 图片的旋转

在上述模块中，如下语句可以实现把一个Surface(平面)进行旋转：

```
rotate(Surface对象, 角度) -> Surface
```

该函数把平面Surface逆时针以一定角度进行旋转，返回新的平面Surface实例，参数中的角度可以是浮点数，如果参数中的角度为负数，那么就顺时针进行旋转。

如果对Surface实例旋转的度数不是90° 直角或90° 的倍数，那么这个图片就是斜的，但每一个Surface实例都有一个正常的rect属性（矩形框），这个属性是正常的非斜的矩形，所以会产生多余的空白，系统会根据图片是否透明和背景色自动填充这块区域，如图10.8所示。

图片因为新平面Surface的矩形区域变大产生了图10.8阴影所示的空白的区域，这部分系统会根据背景是否透明来进行自动填充，了解之后，如果在进行旋转时发现可能填充了意外的颜色，应该从这个原理得到解释。

除了空白问题，旋转还会造成中心下移的问题，图10.8旋转后如果把图片都“贴在”相同的左上角的坐标，即与图10.8的两个虚线框左上角重合，你会发现旋转后变大的矩形重心会向右下角移动，这就造成图片不仅会旋转还会向右下方移动。使用如下的例子来具体说明。

在游戏中经常会出现一些等待页面，会有一个等待的图标一直在那里旋转，这个怎么实现呢？如图10.9所示，使用128像素宽和128像素高的图片进行旋转。

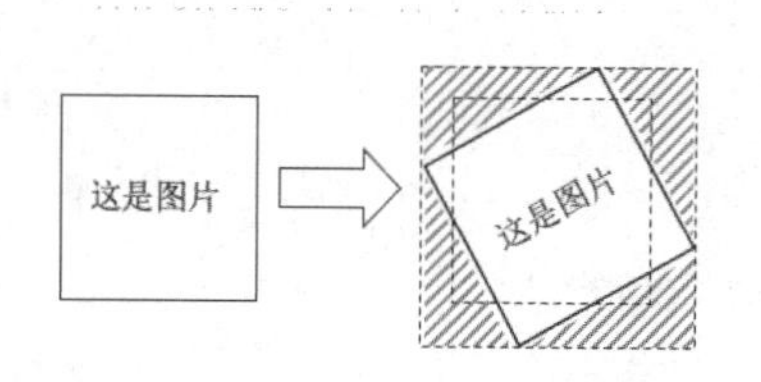

图10.8　旋转30°产生的空白区域

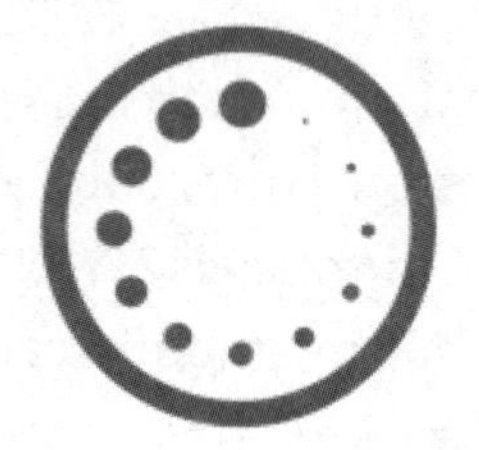

图10.9　待旋转的等待图片

如下代码可以实现图片的旋转，并且图片可以围绕圆心旋转进而实现圆的旋转。

```
import pygame,os,sys
from pygame.locals import *
import random
FILE_PATH = os.path.join(os.path.dirname(__file__), 'files')
os.chdir(FILE_PATH)
pygame.init()
screen = pygame.display.set_mode((900,600))
bg = pygame.image.load('bg.jpg')
waiting = pygame.image.load('loading.png')
clock = pygame.time.Clock()
angle = 0
while True:
    clock.tick(20)
    angle += 10
    for eventType in pygame.event.get():   #进行事件等待
        #如果用户单击了关闭窗口按钮就执行退出
        if eventType .type == QUIT:
            sys.exit()
    screen.blit(bg,(0,0)) #先把背景贴覆盖上，删除原图上的蛇
    newloading = pygame.transform.rotate(waiting,angle)
    screen.blit(newloading,(400,200))
    pygame.display.update()
```

但是上述程序运行后，图片不仅旋转而且上下跳动，这与所希望的效果并不一致。

10.3.3 中心旋转

要实现图片绕中心旋转需要在每次旋转完成后，计算一下新矩形的大小，并且把新矩形的中心点放在原来图片的中心点。

使用如下的方法来获得Surface的矩形：

```
get_rect()-> Rect
```

由于中心点的偏移是长度偏移的一半，所以只要计算新矩形的长宽变化就可以知道中心点的偏移，贴图时反方向偏移图片即可。

程序如下所示：

```
import pygame,os,sys
from pygame.locals import *
import random
FILE_PATH = os.path.join(os.path.dirname(__file__), 'files')
os.chdir(FILE_PATH)
#屏幕上的图片会意外地不断跳动
pygame.init()
screen = pygame.display.set_mode((900,600))
bg = pygame.image.load('bg.jpg')
waiting = pygame.image.load('loading.png')
clock = pygame.time.Clock()
angle = 0
while True:
    clock.tick(20)
    angle += 10
    for eventType in pygame.event.get():  #进行事件等待
        #如果用户单击了关闭窗口按钮就执行退出
        if eventType .type == QUIT:
            sys.exit()
    screen.blit(bg,(0,0)) #先把背景贴覆盖上，删除原图上的蛇
    newloading = pygame.transform.rotate(waiting,-angle)
    #中心的点偏移，是长度的一半
    center_off_x = (newloading.get_width()-128)/2
    center_off_y = (newloading.get_height()-128)/2
    screen.blit(newloading,(400-center_off_x,200-center_off_y))
    pygame.display.update()
```

这个程序可以完美完成图片围绕中心点旋转的动画。

10.3.4 蛇头方向判断

目前贪吃蛇可以向右移动，但是如果向上移动就需要把蛇头逆时针旋转90°，如何在画蛇

之前判断蛇移动的方向，以便正确地把蛇头的图片旋转相应的角度呢？图10.10列举了当蛇头向上时蛇所有的可能状态。

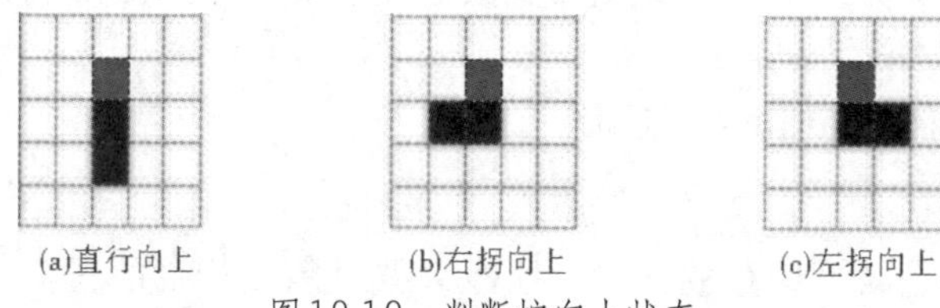

图10.10　判断蛇向上状态

通过图10.10可以发现，灰色代表蛇头，无论蛇的身体是什么形态，都可以通过蛇头和第1节蛇身的相对位置是否是“头上身下”来判断蛇是否处于向上的状态，那么除了向上，蛇头还有其他3种状态，如图10.11所示。

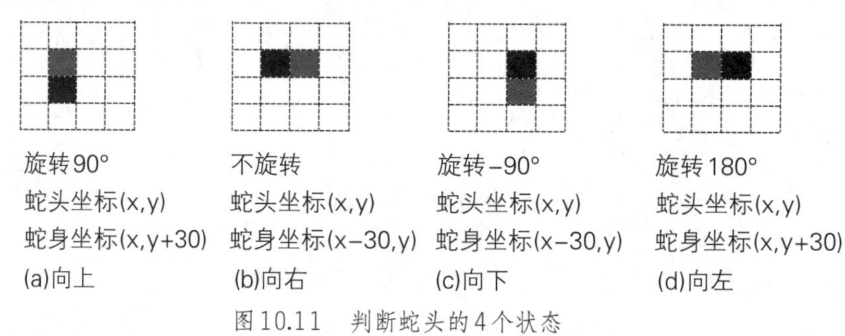

图10.11　判断蛇头的4个状态

蛇头的方向其实就是整个蛇移动的方向，在程序中增加一个函数来根据图10.11所示的蛇头和蛇身两个坐标之间的关系判断蛇头的方向。如下所示：

```
def getDirection(self):
    offX = self.snakeLine[0][0] - self.snakeLine[1][0]
    offY = self.snakeLine[0][1] - self.snakeLine[1][1]
    if (offX==30 or offX==-870) and offY==0:
        return K_RIGHT
    elif (offX==-30 or offX==870) and offY==0:
        return K_LEFT
    elif offX==0 and (offY==30 or offY==-570):
        return K_DOWN
    elif offX==0 and (offY==-30 or offY==570):
        return K_UP
```

由于必须考虑到蛇从左边界穿越到右边界，或是从上边界穿越到下边界等的情况，因此不能仅考虑到坐标差为30的情况，另外还得考虑横坐标x差870（左右穿越），纵坐标y差570（上下穿越）的情况。

另外，本方法返回K_RIGHT、K_LEFT、K_DOWN、K_UP的4个返回值分别代表4个方向，

这4个变量是Pygame当中预自定的4个方向键的值，在此直接使用4个方向键的值，可以方便后续程序的判断。

在蛇精灵的show()函数中，蛇头并没有经过旋转处理就直接显示在屏幕中，如果想要多个方向进行运动的话，在此必须判断蛇头需不需要进行旋转，为适应所有的情况，下面首先让蛇能全方位移动再进行旋转处理。

10.3.5 蛇的全方位移动

为了让蛇能响应键盘事件进行上下左右移动，改造一下right()函数，把这个方法改造成可以全方位移动的函数move()，要实现通过按键盘上键，蛇就可以向上移动，按下键蛇就可以向下移动。

在编程时应考虑所有情况，其中就包括特殊情况：当蛇向左移动时，此时如果按右方向键（或左方向键）应该完全没有效果，同样地，共计4个方向的反方向（或正方向）的方向键也应该没有效果。把move()函数改造成如下的代码：

```
def move(self,KEY=None):
    #创建一个冲突列表
    wrong_list = [{K_RIGHT, K_RIGHT}, {K_RIGHT, K_LEFT}, {K_LEFT, K_LEFT},
    {K_UP, K_UP}, {K_UP, K_DOWN}, (K_DOWN, K_DOWN)]
    if KEY is None or {self.getDirection(), KEY} in wrong_list:
        KEY = self.getDirection() #按错方向键后，不改变原方向
    if KEY == K_RIGHT: #右移就在右侧添加蛇头，蛇尾减少1块
        self.snakeLine = [((self.snakeLine[0][0]+30)%900,self.snakeLine[0]
[1])] + self.snakeLine[0:-1]
    elif KEY == K_UP:  #上移就在上侧添加蛇头，蛇尾减少1块
        self.snakeLine = [(self.snakeLine[0][0], (600 + self.snakeLine[0][1] -
30)%600)] + self.snakeLine[0:-1]
    elif KEY == K_DOWN: #下移就在下侧添加蛇头，蛇尾减少1块
        self.snakeLine = [(self.snakeLine[0][0], (self.snakeLine[0][1] +
30)%600)] + self.snakeLine[0:-1]
    elif KEY == K_LEFT: #左移就在左侧添加蛇头，蛇尾减少1块
        self.snakeLine = [((self.snakeLine[0][0] - 30 + 900)%900, self.
snakeLine[0][1])] + self.snakeLine[0:-1]
    self.show()
```

上面的move()函数只移动蛇的位置，蛇内图片的贴图此时并没有考虑，这部分内容交给后面的self.show()方法来完成。在这个函数里，使用了一个KEY参数，它表示按下的方向键，如果这个KEY参数为None(即空值)，即表示当前帧没有人按下按键，就使用蛇原来的状态继续前进。

除了无人按键这种特殊情况外，在按错键的情况下，蛇也只能沿着原来的状态前进，由于按错键的情况有6种（上上、上下、左左、左右、右右、下下），建立了错误列表并且以没有顺序的集合类型为元素来进行判断。

在循环中把move()方法根据4个方向按键的情况，分别对蛇的位置和形态进行调整。如下所示：

```
while True:
    clock.tick(2)
    KEY = None
    for eventType in pygame.event.get():   #进行事件等待
        #如果用户单击了关闭窗口按钮就执行退出
        if eventType.type == QUIT:
            sys.exit()
        elif eventType.type == KEYUP:
            KEY = eventType.key
    screen.blit(bg,(0,0)) #先把背景贴覆盖上，删除原图上的蛇
    snake.move(KEY)
    pygame.display.update()
```

由于没有改写show()函数，当蛇向其他方向移动时，会产生图片贴图不正确的情况，但是可以看到位置的变化是正确的。具体运行情况如图10.12所示。

图10.12　身首分离向上行走的小蛇

扫一扫，看视频

10.4　让蛇真正地扭动

前面一节了解了图的旋转，实现了不太成熟的动画，让蛇可以转弯了，但却看到蛇的贴图不正确，因此本节通过分析来让蛇真正地扭动起来。

10.4.1　蛇头的贴图

为了防止蛇身首异位的情况出现，贴图问题是show()函数首要解决的，在这里首先解决蛇头的贴图问题。

根据返回的方向来决定蛇头的旋转，通过建立一个方向和角度对应的字典来实现这个对应。具体代码如下所示：

```
#根据新的蛇的坐标来画出蛇
def show(self,newSnakeLine = None):
    if newSnakeLine is not None:
        self.snakeLine = newSnakeLine #把新的位置设置成当前位置
        self.rect = Rect(newSnakeLine[0],(30,30))
    #画出头
    degrees = {K_UP:90,K_DOWN:-90,K_LEFT:180,K_RIGHT:0}
    #不同方向对应旋转不同角度
```

```
    degree  =  degrees[self.getDirection()]
    self.screen.blit(pygame.transform.rotate(Snake.snakeHead,degree),
self.snakeLine[0])
    self.rect = Rect(self.snakeLine[0],(30,30))
    #画出直线的身体
    for cord in self.snakeLine[1:-1]:
        self.screen.blit(Snake.snakeBody,cord)
    #画出蛇尾
    self.screen.blit(Snake.snakeTail,self.snakeLine[-1])
```

通过这样正确地处理蛇头旋转角度的贴图代码，运行后观察，就可以看到蛇头已经“正常”显示了，如图10.13所示。

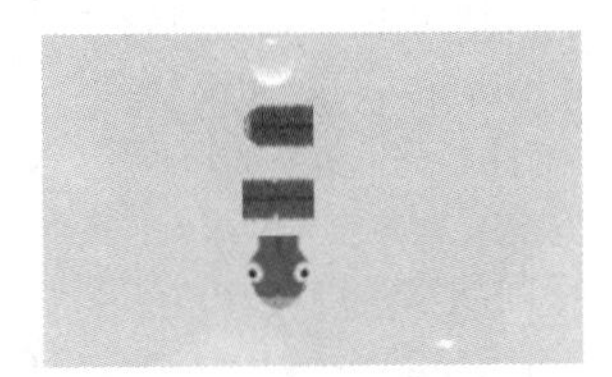

图10.13　蛇头正确贴图

10.4.2　蛇身的贴图

通过分析，蛇头贴图已经处理正常，下面处理蛇身贴图。蛇身有两个基本图，因此不仅涉及旋转图片的问题，而且涉及图片选择的问题。通过列举分析法，把所有可能的情况进行分析，如图10.14所示。

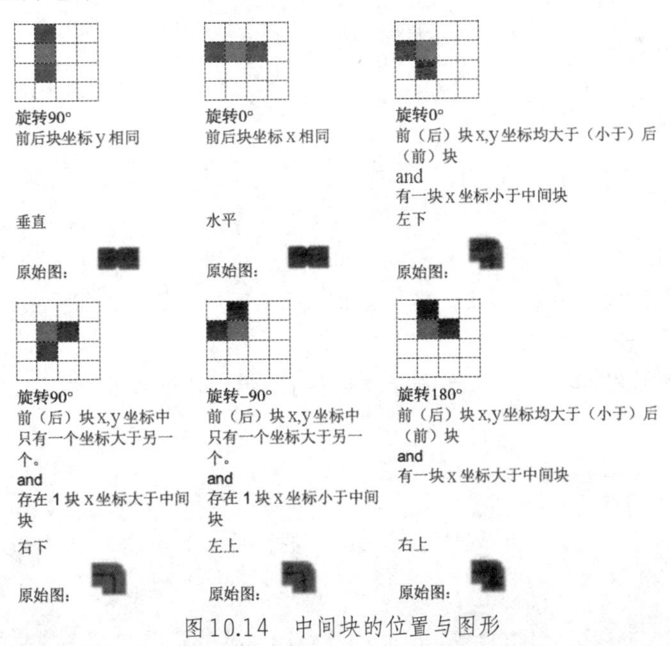

图10.14　中间块的位置与图形

新创建一个方法来返回需要使用的图形并且旋转相应的角度，根据图10.14分析结果。此方法的源代码如下所示：

```
def getBodyImage(self,index):
    snakeBody = pygame.image.load('snake_body_h.png') #身
    snakeTurn = pygame.image.load('snake_turn.png') #转动
    if self.snakeLine[index-1][0] == self.snakeLine[index+1][0]:
        #x坐标相同就是垂直的身体
        return pygame.transform.rotate(snakeBody,90)
    elif self.snakeLine[index-1][1] == self.snakeLine[index+1][1]:
        #y坐标相同就是水平的身体
        return snakeBody
    else:
        #是否x，y坐标同时大于另一块
        slope = (self.snakeLine[index-1][0]  - self.snakeLine[index+1][0])/
(self.snakeLine[index-1][1] - self.snakeLine[index+1][1])
        #是否存在一块x坐标大于中间块
        right =  max(self.snakeLine[index-1][0],self.snakeLine[index+1][0])
> self.snakeLine[index][0]
        if slope>0 and right:
            return pygame.transform.rotate(snakeTurn,180)
        elif slope>0 and not right:
            return snakeTurn
        elif slope<0 and right:
            return pygame.transform.rotate(snakeTurn,90)
        elif slope<0 and not right:
            return pygame.transform.rotate(snakeTurn,-90)
    return None
```

在判断前后块的坐标大小一致性问题里，程序通过除法的性质，巧妙地使用了如下公式：

$$(x_0-x_1)/(y_0-y_1)$$

上面的公式利用了除法中分子、分母同方向（同正负号）的情况下，值为正的特性。其中一块的x、y坐标要么同时大于另一个块，要么同时小于另一个块，这个算式才可能为正。通过此计算式，把两次判断变成了一次。

根据show()函数原先的代码，通过修改相应的语句，运行结果如图10.15所示，显示蛇身始终保持正确的状态。

```
def show(self,newSnakeLine = None):
    if newSnakeLine is not None:
        self.snakeLine = newSnakeLine #把新的位置设置成当前位置
        self.rect = Rect(newSnakeLine[0],(30,30))
    #画出头
```

```
    degrees = {K_UP:90,K_DOWN:-90,K_LEFT:180,K_RIGHT:0}
    #不同的方向对应旋转不同的角度
    degree = degrees[self.getDirection()]
    self.screen.blit(pygame.transform.rotate(Snake.snakeHead,degree),
self.snakeLine[0])
    self.rect = Rect(self.snakeLine[0],(30,30))
    #画出蛇的直线身体
    for inx in range(1,len(self.snakeLine)-1):
        self.screen.blit(self.getBodyImage(inx),self.snakeLine[inx])
    #画出蛇尾
    self.screen.blit(Snake.snakeTail,self.snakeLine[-1])
```

图10.15 蛇身完好的小蛇

10.4.3 完整的蛇动画

蛇尾的方向判断可以参考10.3.3小节，但不一样的是需要利用倒数第1、第2个方块来进行判断。为节约代码编写，代码中会把蛇头、蛇尾、蛇身全部放在一个函数，即getBodyImage()这个函数内，并且根据分析继续对show()函数进行改造。

在show()函数改造的过程中，有如下的enumerate语句：

```
#画出身体
for inx,cord in enumerate(self.snakeLine):
    self.screen.blit(self.getBodyImage(inx),cord)
```

在上面的语句中，系统执行循环体过程中，变量inx是从0开始的蛇位置列表的序号，cord是蛇身位置当中每个格子的坐标值，这两个值同时在一条显示语句中作为不同的参数值，应用到不同的函数中。enumerate()的用法如下：

```
enumerate(列表)
```

该函数的功能是形成一个新数列，这个数列由元组组成，元组的值分别是序号、元素。实际上如果使用之前掌握的推导式来表示，其作用类似于下面的语句：

```
[(x,a[x]) for x in range(len(a))]
```

经过改造后的全部程序如下（未加上开场和声音代码）所示：

```
import pygame,os,sys,time
from pygame.locals import *
```

```
import random
FILE_PATH = os.path.join(os.path.dirname(__file__), 'files')
os.chdir(FILE_PATH)
class Snake(pygame.sprite.Sprite):
    snakeHead = pygame.image.load('snake_head.png') #头
    snakeBody = pygame.image.load('snake_body_h.png') #身
    snakeTail = pygame.image.load('snake_tail.png') #尾
    snakeTurn = pygame.image.load('snake_turn.png') #转动
    def __init__(self,screen):
        pygame.sprite.Sprite.__init__(self)
        #表示组成蛇的每一个图片的左上角坐标，初始就是3张图片，从蛇头开始
        self.snakeLine = [(400,300),(400-30,300),(400-60,300)]
        self.screen = screen #传入屏幕
        self.rect = Rect(400,300,30,30) #蛇头的区域
    #根据新的蛇的坐标来画出蛇
    def show(self,newSnakeLine = None):
        if newSnakeLine is not None:
            self.snakeLine = newSnakeLine #把新的位置设置成当前位置
            self.rect = Rect(newSnakeLine[0],(30,30))

        self.rect = Rect(self.snakeLine[0],(30,30))
        #画出身体
        for inx,cord in enumerate(self.snakeLine):
            self.screen.blit(self.getBodyImage(inx),cord)

    def getBodyImage(self,index):
        if index == 0 or index == len(self.snakeLine)-1: #如果是第0或最后一块
            #前面的块
            before = self.snakeLine[0] if index==0 else self.snakeLine[-2]
            #后面的块
            after = self.snakeLine[1] if index==0 else self.snakeLine[-1]
            offX = before[0] - after[0]
            offY = before[1] - after[1]
            if (offX==30 or offX==-870) and offY==0:
                return Snake.snakeHead if index ==0 else Snake.snakeTail
            elif (offX==-30 or offX==870) and offY==0:
                return pygame.transform.rotate(Snake.snakeHead if index
==0 else Snake.snakeTail,180)
            elif offX==0 and (offY==30 or offY==-570):
                return pygame.transform.rotate(Snake.snakeHead if index
==0 else Snake.snakeTail,-90)
            elif offX==0 and (offY==-30 or offY==570):
                return pygame.transform.rotate(Snake.snakeHead if index
```

```
==0 else Snake.snakeTail,90)
        elif self.snakeLine[index-1][0] == self.snakeLine[index+1][0]:
            #x坐标相同就是垂直的身体
            return pygame.transform.rotate(Snake.snakeBody,90)
        elif self.snakeLine[index-1][1] == self.snakeLine[index+1][1]:
            #y坐标相同就是水平的身体
            return Snake.snakeBody
        else:
            #是否x、y坐标同时大于另一块
            slope = (self.snakeLine[index-1][0]  - self.snakeLine[index+1]
[0])/(self.snakeLine[index-1][1] - self.snakeLine[index+1][1])
            #是否存在一块x坐标大于中间块
            right =  max(self.snakeLine[index-1][0],self.snakeLine[index+1]
[0]) > self.snakeLine[index][0]
            if slope>0 and right:
                return pygame.transform.rotate(Snake.snakeTurn,180)
            elif slope>0 and not right:
                return Snake.snakeTurn
            elif slope<0 and right:
                return pygame.transform.rotate(Snake.snakeTurn,90)
            elif slope<0 and not right:
                return pygame.transform.rotate(Snake.snakeTurn,-90)

        return None
    def getDirection(self):
        offX = self.snakeLine[0][0] - self.snakeLine[1][0]
        offY = self.snakeLine[0][1] - self.snakeLine[1][1]
        if (offX==30 or offX==-870) and offY==0:
            return K_RIGHT
        elif (offX==-30 or offX==870) and offY==0:
            return K_LEFT
        elif offX==0 and (offY==30 or offY==-570):
            return K_DOWN
        elif offX==0 and (offY==-30 or offY==570):
            return K_UP
    def move(self,KEY=None):
        #创建一个冲突列表
        wrong_list = [{K_RIGHT, K_RIGHT}, {K_RIGHT, K_LEFT}, {K_LEFT, K_
LEFT},
         {K_UP, K_UP}, {K_UP, K_DOWN}, (K_DOWN, K_DOWN)]
        if KEY is None or {self.getDirection(), KEY} in wrong_list:
            KEY = self.getDirection() #按错方向键后，不改变原方向
        if KEY == K_RIGHT: #右移就在右侧添加蛇头，蛇尾减少1块
```

```
            self.snakeLine = [((self.snakeLine[0][0]+30)%900,self.
snakeLine[0][1])] + self.snakeLine[0:-1]
        elif KEY == K_UP:   #上移就在上侧添加蛇头，蛇尾减少1块
            self.snakeLine = [(self.snakeLine[0][0], (600 + self.
snakeLine[0][1] - 30)%600)] + self.snakeLine[0:-1]
        elif KEY == K_DOWN: #下移就在下侧添加蛇头，蛇尾减少1块
            self.snakeLine = [(self.snakeLine[0][0], (self.snakeLine[0][1]
+ 30)%600)] + self.snakeLine[0:-1]
        elif KEY == K_LEFT: #左移就在左侧添加蛇头，蛇尾减少1块
            self.snakeLine = [((self.snakeLine[0][0] - 30 + 900)%900, self.
snakeLine[0][1])] + self.snakeLine[0:-1]
        self.show()
pygame.init()
screen = pygame.display.set_mode((900,600))
bg = pygame.image.load('bg.jpg')
snake = Snake(screen)
clock = pygame.time.Clock()
while True:
    clock.tick(4)
    KEY = None
    for eventType in pygame.event.get():  #进行事件等待
        #如果用户单击了关闭窗口按钮就执行退出
        if eventType.type == QUIT:
            sys.exit()
        elif eventType.type == KEYUP:
            KEY = eventType.key
    screen.blit(bg,(0,0)) #先把背景贴覆盖上，删除原图上的蛇
    snake.move(KEY)
    pygame.display.update()
```

第11章

Pygame 大显身手设计情节

金字塔中的守护蛇进入游戏开始尽情地游动起来，可是，它喜欢吃的树莓还没出现。

第10章编程实现了蛇的自由移动，并且用户可以通过方向键来控制，目前树莓还没有出现，本章将进入游戏的核心部分。

游戏中最有意思的部分就是游戏情节的设计，很多游戏设计公司内会有不会编程但非常了解历史和会编故事的游戏剧本设计师，贪吃蛇游戏最有意思的部分也就是游戏情节的设计。

扫一扫，看视频

11.1 树莓的出现

蛇最喜欢吃的食物是树莓，第10章的程序实现让小蛇在草地上自由地移动的效果，但是总得让蛇吃一点食物才能长大。

11.1.1 随机数与filter()函数

当给树莓产生随机位置坐标时，需要从屏幕中数量有限的坐标中选取其中一个坐标，因此需要了解“随机抽取”函数。

1. random.choice(population) -> object

population：待选取的集合，本函数主要从集合中随机选取一个元素返回。

在游戏的运行中需要维护和读取屏幕上所有30×30小格子的左上角的坐标，以提供给树莓进行随机选择，并且已经占用的格子(包括小蛇占用的网格)要从可选列表中剔除，这样就会保证选取的范围是适合的，也不会产生重叠的树莓或是把树莓放到小蛇身上等问题。

2. filter(function, iterable)

(1) function：用来返回一个True/False，然后决定是否留下。

(2) iterable：可枚举的集合对象。

本函数的主要作用为过滤，就是从一组集合中选取一组符合function定义条件的子集。如果从一组数字中想要选取60以上的数字，可以在Python命令行中输入如下代码：

```
>>> list(filter(lambda x: x>60,[45,55,60,78,90]))
[78, 90]
>>>
```

在此定义的数组有5个元素，通过filter查找出有两个大于60的数字，上述语句使用了匿名函数lambda()。

11.1.2 随机位置出现的树莓

在10.1.2小节中继承Sprite制作了树莓的精灵类，由于当时还没有蛇，食物完全随机出现在任意的坐标上，为了让蛇可以正好吃到食物，需要使用30×30像素的网格来重新改造随机树莓类。

在改造过程中，使用11.1.1小节学习的新语句。全部源代码如下所示：

```
import pygame, os, sys
from pygame.locals import *
import random
FILE_PATH = os.path.join(os.path.dirname(__file__), 'files')
```

```
os.chdir(FILE_PATH)
class Raspberry(pygame.sprite.Sprite):
    '''
    蛇吃的树莓
    '''
    group = pygame.sprite.Group()
    #屏幕30×30网格的所有左上角坐标
    screenBlankGrid = [(x*30,y*30) for x in range(0,30) for y in
range(0,20)]
    def __init__(self, snake_line=[]):
        pygame.sprite.Sprite.__init__(self)
        blank_grid = list(filter(lambda x :x not in snake_line, Raspberry.
screenBlankGrid))
        xy = random.choice(blank_grid)
        Raspberry.screenBlankGrid.remove(xy) #占用
        self.rect = Rect(xy[0], xy[1], 30, 30)
        self.image =pygame.image.load('snake_food.png')
        Raspberry.group.add(self)
pygame.init()
screen = pygame.display.set_mode((900,600))
screen.blit(pygame.image.load('bg.jpg'),(0,0))
for i in range(1,10):
    Raspberry()
Raspberry.group.draw(screen)
pygame.display.update()
while True:
    EVENT = pygame.event.wait()   #进行事件等待
    #如果用户单击了关闭窗口按钮就执行退出
    if EVENT.type == QUIT:
        sys.exit()
```

上面定义树莓类的代码中，有两个类变量需要进行说明。

（1）Group：这个类变量定义成“精灵组”，用来保存所有树莓的实例，程序中把它放置于类区域，是类变量，目的是在实例的初始函数里，实现实例创造后就立即把它加入组里的功能。

（2）screenBlankGrid：它的作用是保存没有被树莓占领的网格坐标。把它作为类变量，是因为在每次创建实例时，都要从中读取和写入数据，需在程序运行中始终保存一份数据。

在初始化的函数__init__()使用了一个参数，是蛇的位置列表，需要在创建树莓时告诉蛇的位置，以免把树莓放在蛇的身上。

此代码一次性生成10个树莓，如图11.1所示。

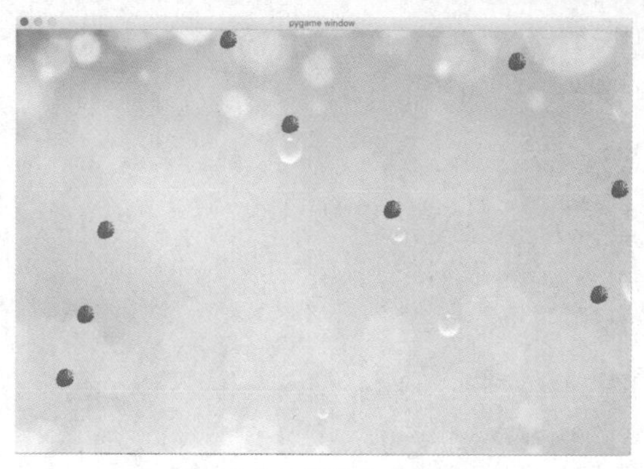

图11.1　随机生成树莓

11.1.3　蛇行莓间

为了让蛇爬行在有树莓的草地上，需要把第10章中定义蛇精灵的类代码加入进来，使用11.1.2小节的Raspberry类，并且使用如下的主程序代码：

```
pygame.init()
screen = pygame.display.set_mode((900,600))
bg = pygame.image.load('bg.jpg')
snake = Snake(screen)
clock = pygame.time.Clock()
level = 1
while True:
    clock.tick(4)
    KEY = None
    for eventType in pygame.event.get():  #进行事件等待
        #如果用户单击了关闭窗口按钮就执行退出
        if eventType.type == QUIT:
            sys.exit()
        elif eventType.type == KEYUP:
            KEY = eventType.key
    screen.blit(bg,(0,0)) #先把背景贴覆盖上，删除原图上的蛇
    snake.move(KEY)
    if len(Raspberry.group.sprites())<level:
        Raspberry(snake.snakeLine)
    Raspberry.group.draw(screen)
    pygame.display.update()
```

本代码中使用了一个新语句group.sprites()，作用是根据精灵组实例，返回其包含的所有精灵实例，根据系统中的level（难度数值）计算食物精灵需不需要增加。

运行后，画面如图11.2所示，可见蛇行莓间，游戏中的小蛇正好穿过食物的中间，这就说

明树莓的网格化设计非常成功。

图11.2 蛇行莓间

11.1.4 打包相关的类

在这里不难发现，游戏的代码已经非常长。为了更好地教学，现在把源代码分成两个文件，其中一个文件是主程序，另一个文件用来保存创建的树莓类和蛇类，这样整理后的代码会更加整洁、有效率。

把定义的两个类(蛇与树莓)的全部代码放在snakeclass.py文件中，此文件的位置与主程序放在同一个目录下。这两个类源代码如下所示：

```
import pygame, os, sys
from pygame.locals import *
import random
FILE_PATH = os.path.join(os.path.dirname(__file__), 'files')
os.chdir(FILE_PATH)
class Snake(pygame.sprite.Sprite):
    snakeHead = pygame.image.load('snake_head.png') #头
    snakeBody = pygame.image.load('snake_body_h.png') #身
    snakeTail = pygame.image.load('snake_tail.png') #尾
    snakeTurn = pygame.image.load('snake_turn.png') #转动
    def __init__(self,screen):
        pygame.sprite.Sprite.__init__(self)
        #表示每一个组成蛇的图片左上角坐标，初始就是3张图片，从蛇头开始
        self.snakeLine = [(450,300),(450-30,300),(450-60,300)]
        self.screen = screen #传入屏幕
        self.rect = Rect(450,300,30,30) #蛇头的区域
    #根据新的蛇的坐标画出蛇的身体
    def show(self,newSnakeLine = None):
        if newSnakeLine is not None:
            self.snakeLine = newSnakeLine #把新的位置设置成当前位置
            self.rect = Rect(newSnakeLine[0],(30,30))

            self.rect = Rect(self.snakeLine[0],(30,30))
            #画出身体
            for inx,cord in enumerate(self.snakeLine):
            self.screen.blit(self.getBodyImage(inx),cord)
```

```
    def getBodyImage(self,index):
        if index == 0 or index == len(self.snakeLine)-1: #如果是第0或最后一块
            #前面的块
            before = self.snakeLine[0] if index==0 else self.snakeLine[-2]
            #后面的块
            after = self.snakeLine[1] if index==0 else self.snakeLine[-1]
            offX = before[0] - after[0]
            offY = before[1] - after[1]
            if (offX==30 or offX==-870) and offY==0:
                return Snake.snakeHead if index ==0 else Snake.snakeTail
            elif (offX==-30 or offX==870) and offY==0:
                return pygame.transform.rotate(Snake.snakeHead if index
==0 else Snake.snakeTail,180)
            elif offX==0 and (offY==30 or offY==-570):
                return pygame.transform.rotate(Snake.snakeHead if index
==0 else Snake.snakeTail,-90)
            elif offX==0 and (offY==-30 or offY==570):
                return pygame.transform.rotate(Snake.snakeHead if index
==0 else Snake.snakeTail,90)
        elif self.snakeLine[index-1][0] == self.snakeLine[index+1][0]:
            #x坐标相同就是垂直的身体
            return pygame.transform.rotate(Snake.snakeBody,90)
        elif self.snakeLine[index-1][1] == self.snakeLine[index+1][1]:
            #y坐标相同就是水平的身体
            return Snake.snakeBody
        else:
            #是否x、y坐标同时大于另一块
            slope = (self.snakeLine[index-1][0]  - self.snakeLine[index+1]
[0])/(self.snakeLine[index-1][1] - self.snakeLine[index+1][1])
            #是否存在一块x坐标大于中间块
            right =  max(self.snakeLine[index-1][0],self.snakeLine[index+1]
[0]) > self.snakeLine[index][0]
            if slope>0 and right:
                return pygame.transform.rotate(Snake.snakeTurn,180)
            elif slope>0 and not right:
                return Snake.snakeTurn
            elif slope<0 and right:
                return pygame.transform.rotate(Snake.snakeTurn,90)
            elif slope<0 and not right:
                return pygame.transform.rotate(Snake.snakeTurn,-90)

        return None
    def getDirection(self):
```

```
        offX = self.snakeLine[0][0] - self.snakeLine[1][0]
        offY = self.snakeLine[0][1] - self.snakeLine[1][1]
        if (offX==30 or offX==-870) and offY==0:
            return K_RIGHT
        elif (offX==-30 or offX==870) and offY==0:
            return K_LEFT
        elif offX==0 and (offY==30 or offY==-570):
            return K_DOWN
        elif offX==0 and (offY==-30 or offY==570):
            return K_UP
    def move(self,KEY=None):
        #创建一个冲突列表
        wrong_list = [{K_RIGHT, K_RIGHT}, {K_RIGHT, K_LEFT}, {K_LEFT, K_
LEFT},
         {K_UP, K_UP}, {K_UP, K_DOWN}, (K_DOWN, K_DOWN)]
        if KEY is None or {self.getDirection(), KEY} in wrong_list:
            KEY = self.getDirection() #按错方向键后，不改变原方向
        if KEY == K_RIGHT: #右移就在右侧添加蛇头，蛇尾减少1块
            self.snakeLine = [((self.snakeLine[0][0]+30)%900,self.
snakeLine[0][1])] + self.snakeLine[0:-1]
        elif KEY == K_UP:  #上移就在上侧添加蛇头，蛇尾减少1块
            self.snakeLine = [(self.snakeLine[0][0], (600 + self.
snakeLine[0][1] - 30)%600)] + self.snakeLine[0:-1]
        elif KEY == K_DOWN: #下移就在下侧添加蛇头，蛇尾减少1块
            self.snakeLine = [(self.snakeLine[0][0], (self.snakeLine[0][1]
+ 30)%600)] + self.snakeLine[0:-1]
,        elif KEY == K_LEFT: #左移就在左侧添加蛇头，蛇尾减少1块
            self.snakeLine = [((self.snakeLine[0][0] - 30 + 900)%900, self.
snakeLine[0][1])] + self.snakeLine[0:-1]
        self.show()
class Raspberry(pygame.sprite.Sprite):
    '''
    蛇吃的树莓
    '''
    group = pygame.sprite.Group()
    #屏幕30×30网格的所有左上角坐标
    screenBlankGrid = [(x*30,y*30) for x in range(0,30) for y in
range(0,20)]
    def __init__(self, snake_line=[]):
        pygame.sprite.Sprite.__init__(self)
        blank_grid = list(filter(lambda x :x not in snake_line, Raspberry.
screenBlankGrid))
        xy = random.choice(blank_grid)
```

```
        Raspberry.screenBlankGrid.remove(xy) #占用
        self.rect = Rect(xy[0], xy[1], 30, 30)
        self.image =pygame.image.load('snake_food.png')
        Raspberry.group.add(self)
```

在主程序的代码最上方添加如下语句：

```
from snakeclass import *
```

通过这样的处理，主程序中所有语句就可以不用做任何更改，像使用本地类一样使用snakeclass.py文件中类的定义即可。

扫一扫，看视频

11.2 当蛇遇上树莓

如果蛇遇见好吃的食物，会怎样行动呢？当然是吃掉。因此在代码中还应该实现树莓被吃掉的功能。下面就让贪吃蛇吃饱。

11.2.1 碰撞检测

树莓被吃掉发生的前提是蛇头在运动过程中碰到食物，在Pygame中可以使用很多方法去检测两个物体是否碰撞在一起。还记得定义精灵实例的rect属性吗？这其实是碰撞检测需要使用到的属性，如果实例没有rect属性，那么如下所有和碰撞检测有关的函数都无法使用。

- pygame.sprite.spritecollide：查找组中与另一精灵碰撞在一起的精灵们。
- pygame.sprite.collide_rect：使用rect属性判断两个精灵是否碰撞。
- pygame.sprite.collide_rect_ratio：使用缩放后的rect属性判断两个精灵是否碰撞。
- pygame.sprite.collide_circle：使用圆形来检测两个精灵的碰撞。
- pygame.sprite.collide_circle_ratio：使用缩放的圆形来检测两个精灵的碰撞。
- pygame.sprite.collide_mask：使用蒙版来检测两个精灵的碰撞。
- pygame.sprite.groupcollide：看看两组之间有哪些精灵是互相碰撞在一起的。
- pygame.sprite.spritecollideany：找出另一个精灵与组内哪些精灵互相碰撞在一起，并且返回一个精灵。

在这个游戏中，蛇是单一的精灵，树莓是一个精灵组，因此可以使用以下语句进行碰撞检测：

```
spritecollideany(sprite, group, collided = None) -> Sprite(None)
```

本函数检测精灵与组如有碰撞，则返回组内任意一个Sprite，没有则返回None。这个函数与pygame.sprite.spritecollide()函数作用类似，但是它只返回单个精灵，并不是返回一个精灵列表，因此本函数的速度会快。

- sprite：单个精灵。

● group：精灵组。

● collided：回调函数。本参数是函数用来计算两个精灵是否碰撞，它以两个精灵为参数值，返回一个bool型的值来指示是否碰撞。如果这个函数没有被指定，那么系统会自动从实例的rect属性来进行判断。

11.2.2 当蛇遇上树莓时

当小蛇遇上树莓，会发生什么呢？先看看它们能否相遇。把游戏的主程序进行修改，如果两个物体碰撞，就显示被碰撞的树莓的rect信息，并且把level，即游戏的难度增加一点。

snakeclass.py文件不要改动，只要改动主程序即可。如下所示：

```
import pygame, os, sys
from pygame.locals import *
from snakeclass import *
pygame.init()
screen = pygame.display.set_mode((900,600))
bg = pygame.image.load('bg.jpg')
snake = Snake(screen)
clock = pygame.time.Clock()
level = 1
while True:
    clock.tick(4)
    KEY = None
    for eventType in pygame.event.get():  #进行事件等待
        #如果用户单击了关闭窗口按钮就执行退出
        if eventType.type == QUIT:
            sys.exit()
        elif eventType.type == KEYUP:
            KEY = eventType.key
    screen.blit(bg,(0,0)) #先把背景贴覆盖上，删除原图上的蛇
    snake.move(KEY)
    while len(Raspberry.group.sprites())<level:
        Raspberry(snake.snakeLine)
    Raspberry.group.draw(screen)
    rasp =  pygame.sprite.spritecollideany(snake, Raspberry.group)
    if rasp:
        print('碰撞啦! ',rasp.rect)
        level+=1
    pygame.display.update()
```

其中增加的重要语句如下：

```
rasp =  pygame.sprite.spritecollideany(snake, Raspberry.group)
```

```
    if rasp:
        print('碰撞啦！',rasp.rect)
        level+=1
```

程序检测snake实例与Rasberry.group实例之间的碰撞情况，如果rasp为None，if语句的判断将会为False，如果有碰撞的话就打印相应的信息，并且把level这个变量自增1。运行后的终端窗口结果如下：

```
碰撞啦！<rect(570, 0, 30, 30)>
碰撞啦！<rect(360, 360, 30, 30)>
碰撞啦！<rect(300, 420, 30, 30)>
```

在图形窗口看到碰撞后的树莓增加了，如图11.3所示。

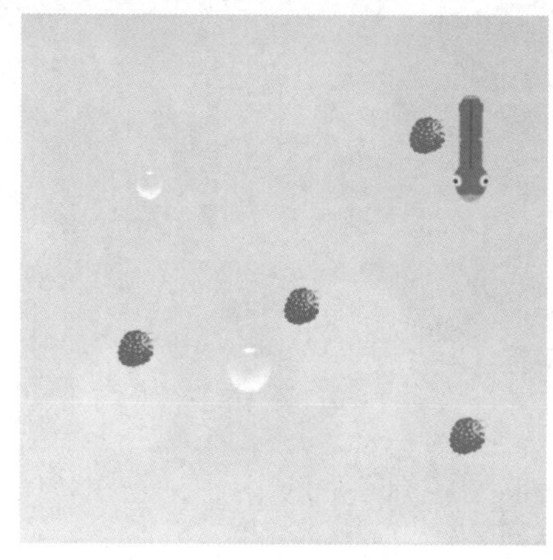

图11.3　碰撞检测运行结果

11.2.3　树莓的消失

在碰撞后希望看到树莓消失，那么可以使用如下语句：

```
kill()
```

这个语句可以把树莓精灵从所属的任何组内删除，从此再绘制组时，不会对这个树莓进行绘制，最终实现树莓的"消失"效果。

在11.2.1小节的代码中添加kill()方法，如下所示：

```
level+=1
rasp.kill()
```

运行后，果然可以显示蛇与树莓相遇后树莓消失，但从整个过程看树莓是立即消失，有点不自然。下面就来解决此问题，如果树莓是慢慢变小而消失的话，不仅可以解决这个问题而且画面也会简洁很多。

11.3 树莓动画

扫一扫，看视频

为了增加游戏的趣味性，要实现树莓消失的动画，即树莓慢慢缩小直至消失。为显示这种效果，需要对主循环中原来的4帧/秒进行修改，即需要增加帧。

分析树莓慢慢变小的情况，会发现仅仅靠4帧/秒的动画帧是实现不了树莓慢慢变小的情况，如果要让动画显示得比较平滑，那么至少需要20帧/秒的动画，该如何进行呢？只能依靠在20帧/秒的循环里，实现树莓变小快速动画和每300毫秒蛇位置改变的慢速动画，这怎么实现呢？

11.3.1 自定义事件

Pygame可以自定义时钟事件，这种事件会每隔一定时间（一般是以毫秒计）就会自动触发。和普通事件一样，使用get()获得事件的方法就能捕获到，为了让蛇可以以较慢的速率自由前进，而同时动画的帧率又比较快，就需要在这种事件里完成蛇位置的变化与移动。代码如下：

```
pygame.time.set_timer(SNAKEEVENT, 300)
```

采用如下的方式，在while循环体之前，来自定义蛇运动的事件：

```
SNAKEEVENT = USEREVENT + 1
pygame.time.set_timer(SNAKEEVENT, 300)
```

以上代码第1句实际上定义了事件类型的“数字编号”，这个数字是USEREVENT这个事件数字+1。一般来说，在定义事件的数字时，一定要选取USEREVENT(24)和NUMEVENTS(32)中间的值，因为这区间的数字没有被系统占用，当然在这里完全可以直接写上SNAKEEVENT = 25，但为了更好的兼容性（也许未来的Pygame版本中值会发生变化），还是建议使用USEREVENT + 数字的形式。

以上代码第2句，在事件队列中把上面的事件以300毫秒的周期进行排队出现，可以看到生成“周期性”事件非常容易。

11.3.2 使用自定义事件驱动蛇

使用自定义的事件与其他事件一样，通过eventType.get()方法来获得一个事件的类型。如下代码就是使用事件驱动小蛇：

```
01  import pygame, os, sys
02  from pygame.locals import *
03  from snakeclass import *
04  pygame.init()
```

```
05 screen = pygame.display.set_mode((900,600))
06 bg = pygame.image.load('bg.jpg')
07 snake = Snake(screen)
08 clock = pygame.time.Clock()
09 KEY = None
10 SNAKEEVENT = USEREVENT + 1
11 pygame.time.set_timer(SNAKEEVENT, 300)
12 while True:
13     clock.tick(20)
14     screen.blit(bg,(0,0)) #先把背景贴覆盖上，删除原图上的蛇
15     for eventType in pygame.event.get():  #进行事件等待
           #如果用户单击了关闭窗口按钮就执行退出
16         if eventType.type == QUIT:
17             sys.exit()
18         elif eventType.type == KEYUP:
19             KEY = eventType.key
20         elif eventType.type == SNAKEEVENT:
21             snake.move(KEY)
22     snake.show()
23     pygame.display.update()
```

以上代码重要的改动在第13行，使用了20帧/秒的动画，由于小蛇只能一次30像素向前移动，如果每帧移动30像素，1秒就会移动600像素，几乎占用了一个屏幕的宽度，所以要降低速度。为此，程序定义了SNAKEEVENT事件——300毫秒周期发生的自定义事件，并且在第20行代码中来使蛇移动。为了在多帧循环运行中让小蛇保持移动的方向，程序通过定义KEY变量来存储上一次的按键。

11.3.3 图片的缩放

为了展示食物被吃掉的效果，需要让食物消失，在消失前需要缩小它。在10.3.1小节提到过转换工具有平滑缩放函数，如下所示：

```
smoothscale(Surface, (width, height), DestSurface = None) -> Surface
```

本函数中各个参数的意义如下：

- Surface：需要缩放的原始Surface平面。
- width,height：最终输出的宽度和长度。
- DestSurface：目标Surface平面，如果指定这个参数，那么绘制的速度会加快，因为不用重新创建Surface平面。

为了练习本方法，首先来实现一个片尾end动画，当小蛇碰撞到自己时，游戏会结束。这个动画很简单，利用如图11.4所示的图片。

图11.4 结束提示

在练习之前还要介绍一个game.time模块中的时钟函数：get_ticks() -> milliseconds，该函数可以获得一个代表毫秒数的整型数字，这个数字是游戏初始化开始后（pygame.init()运行结束后）经过的总毫秒数。获得这个数字，实际上是为了放大图片做一个加速的作用。

下面把结束动画的代码贴出来。

```
import pygame, os, sys,time
from pygame.locals import *
from snakeclass import *
def show_end(screen):
    end_clock = pygame.time.Clock() #滴答时钟
    #结束画面
    origin_end_image = pygame.image.load('end.png')
    #宽高比
    ratios = origin_end_image.get_rect().width/origin_end_image.get_
rect().height
    #开始从200宽的图显示
    newWidth = 200
    old_ticks = pygame.time.get_ticks() #获得从开始以来的毫秒数
    while 1:
        end_clock.tick(20)
        ticks = pygame.time.get_ticks()-old_ticks #获得从开始以来的毫秒数
        for eventType in pygame.event.get():  #进行事件等待
            #如果用户单击了关闭窗口按钮就执行退出
            if eventType.type == QUIT:
                sys.exit()
            #当图片宽度足够时，按任意键退出
            if eventType.type ==KEYUP and newWidth>700:
                return
        #当图片宽度不足700时，就从200放大
        if newWidth<=700:
            newWidth += int(ticks/1000*20)
        #从原始图片实现放大，比较清晰
        end_image = pygame.transform.smoothscale(origin_end_image,
        (newWidth,int(newWidth/ratios)))
        #要贴图的位置在屏幕正中央
        x,y = int((900-end_image.get_rect().width)/2),int((600-end_image.
get_rect().height)/2)
```

```
        screen.fill(Color(0,0,0)) #黑色背景
        screen.blit(end_image,(x,y))
        pygame.display.update()
pygame.init()
screen = pygame.display.set_mode((900,600))
show_end(screen)
```

以上是结束动画的所有代码，把结束动画放在函数show_end()中，并且把屏幕Surface实例作为参数传递进来。下面为了方便教学，把这个函数放在snakeclass文件中，程序只展示比较重要的游戏主循环代码。

11.3.4 缩小的树莓

11.3.3小节的函数可以缩小或放大图片，不断显示图片被缩小的静态画面。而要实现动画的效果，需要不断地去绘制动画。根据11.2.2小节中获得的被碰撞的树莓，可以实现不断缩小。

另外，与图片缩放有关的函数是Rect实例的两种方法。

第一种：inflate(x,y) -> Rect。本函数根据参数中x和y的增加值，增大（正数）或缩小（负数）矩形区域，并且返回新的矩形区域，请注意如果给定的参数值小于2或大于－2，会因为数值太小而对中心点产生偏移。

第二种：inflate_ip(x,y)。本方法作用与上面的相同，但是没有返回值，它会对调用的实例直接产生作用。

由于精灵可以根据实例的image和rect属性实现自动绘制，因此上面两个方法也是在精灵的缩放中经常使用到的。

1. 杀死树莓条件

为了制作缩小的树莓效果，首先要分析在什么情况下杀死kill()树莓。当蛇与树莓碰撞后，不能立即执行kill()树莓的动作，因为程序后面执行循环中需要不断显示缩小的树莓，所以程序中应该在蛇进入下一个格子时再把树莓kill()掉。

需要在循环里创建待销毁的树莓数组（eaten），一旦检测到碰撞后就把树莓丢进这个数组，当蛇进入下一个格子前，把数组里的树莓kill()掉。

“进入下一个格子”其实只有一种情况，即当前碰撞物体（有可能是None值）与上次碰撞物体不同时，就把所有碰撞的物体（eaten）从组中移除（前提是组中有这个实例）。

删除部分树莓的语句如下所示：

```
#当从碰撞中走出来时或者进入一个新的碰撞时，就从组里删除被吃的树莓
if last_collide and  rasp != last_collide and last_collide in Raspberry.
group.sprites():
for one_eaten in eaten:
one_eaten.kill()
```

```
eaten = []
```

2. 树莓缩小条件

下面考虑在什么情况下显示树莓缩小的动画。如果当前碰撞与上次碰撞的物品是同一个物体，那么就让树莓缩小，如果不是同一个物体，就说明吃了新的树莓，那么难度level就要增加，并且要把这个新的树莓放进“待销毁”列表eaten中。具体的代码如下所示：

```
#当前碰撞的食物是什么
    rasp =  pygame.sprite.spritecollideany(snake, Raspberry.group)
    if rasp:
        if rasp != last_collide: #碰撞实例不同，就升级
            level += 0.2
            eaten.append(rasp)
        else:
            #碰撞实例相同，说明还是同一个食物，那么就缩小两个像素
            rasp.image = pygame.transform.smoothscale(rasp.
image,(int(rasp.rect.width-2),int(rasp.rect.height-2)))
            rasp.rect.inflate_ip(-2,-2)
        last_collide = rasp
```

3. 同时出现的树莓

为了增加同时出现的树莓数量，可以判断在组中树莓的数量是否小于取整的难度值，如果小于就增加树莓的数量。如下所示：

```
while len(Raspberry.group.sprites())<int(level):
        Raspberry(snake.snakeLine)
```

至此，所有的核心问题都已经处理完毕，下面把所有的主语句的代码贴出来，其他类的代码本章并没有修改，所以请读者自行复习：

```
import pygame, os, sys
from pygame.locals import *
from snakeclass import *
pygame.init()
screen = pygame.display.set_mode((900,600))
bg = pygame.image.load('bg.jpg')
snake = Snake(screen)
clock = pygame.time.Clock()
level = 1
last_collide = None
KEY = None
SNAKEEVENT = USEREVENT + 1
pygame.time.set_timer(SNAKEEVENT, 300)
```

```
eaten = []
while True:
    clock.tick(20)
    screen.blit(bg,(0,0)) #先把背景贴覆盖上，删除原图上的蛇
    for eventType in pygame.event.get():  #进行事件等待
        #如果用户单击了关闭窗口按钮就执行退出
        if eventType.type == QUIT:
            sys.exit()
        elif eventType.type == KEYUP:
            KEY = eventType.key
        elif eventType.type == SNAKEEVENT:
            snake.move(KEY) #移动蛇的位置
    snake.show() #绘制蛇
    #当前碰撞的食物是什么
    rasp =  pygame.sprite.spritecollideany(snake, Raspberry.group)
    if rasp:
        if rasp != last_collide: #碰撞实例不同，就升级
            level += 0.2
            eaten.append(rasp)
        else:
            #碰撞实例相同，说明还是同一个食物，那么就缩小两个像素
            rasp.image = pygame.transform.smoothscale(rasp.
image,(int(rasp.rect.width-2),int(rasp.rect.height-2)))
            rasp.rect.inflate_ip(-2,-2)
        last_collide = rasp
    #当从碰撞中走出来时或者进入了一个新的碰撞时，就从组里删除被吃的树莓
    if last_collide and  rasp != last_collide:
        for one_eaten in eaten:
            one_eaten.kill()
        eaten = []     #根据难度增加树莓数量
    while len(Raspberry.group.sprites())<int(level):
        Raspberry(snake.snakeLine)
    #绘制树莓
    Raspberry.group.draw(screen)
    pygame.display.update()
```

扫一扫，看视频

11.4　蛇的变化

在吃了树莓后，蛇的身体需要变长，如何变长蛇的身体呢？在什么时机去执行增长蛇的动作呢？

本节就要解决关于游戏中蛇吃了食物后蛇身变化的问题。

11.4.1 蛇身的增长

当蛇吃了食物后，蛇身必须增长一截。为了不影响蛇曲折的体态，通过仔细观察贪吃蛇游戏，其实增长的一截是蛇头，如图11.5所示。

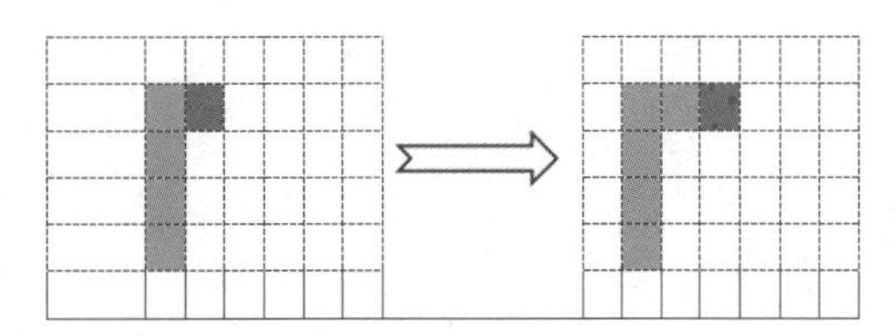

图11.5 蛇头的增长示意图

记得定义蛇的snakeLine属性吗？它是蛇所有位置的左上坐标，如果要增长1格蛇头，只需要在这个列表第0个位置插入一个前进方向的坐标即可，这个前进的方向可以根据10.3.4小节蛇头的方向判断的函数来获得。

再来分析插入第0个位置的坐标。根据蛇的位置，这个坐标是不断变化的，但是把这个坐标与原蛇头的坐标相比，它们之间的差值或是偏移量是永远不变的，比如，图11.5中的蛇头往右的话，增加的蛇头部分坐标永远比原来的蛇头的x坐标增加30，而y坐标不变。这种对应关系就可以用一个字典来表示：

```
adding_block_offset = {K_LEFT:(-30,0),K_RIGHT:(30,0),
K_UP:(0,-30),K_DOWN:(0,30)}
```

有了这个对应关系，其他语句就剩插入列表动作了，读者可以试着自行完成。下面把蛇类变长，再增加另一个方法就是enlarge()。如下所示：

```
def enlarge(self):
#增加的蛇头与原来的蛇头的坐标偏移
    adding_block_offset = {K_LEFT:(-30,0),K_RIGHT:(30,0),K_UP:(0,-30),K_
DOWN:(0,30)}
    offset = adding_block_offset[self.getDirection()]
    self.snakeLine.insert(0,
    (offset[0]+self.snakeLine[0][0],offset[1]+self.snakeLine[0][1]))
```

11.4.2 选择合适时机增长

函数写好了，但是 enlarge()函数放在什么地方执行？有两个选择：一个是放在主循环内，另一个是放在蛇的move()函数内。

在主循环内，是按照20帧/秒的速度去刷新的，如果在这个循环内使用enlarge()函数，因为这个函数本身会“突然”把蛇变长，将会造成蛇身下次刷新时增长的速度过快。比如，如果有连续几个树莓被排列在蛇头前，当蛇吃掉第一个后，会造成在后面连续的几帧（蛇在走一步的情况下）蛇头不断吃掉树莓而向前延长，从游戏来看蛇的身体会在走一步的情况下突然向前增长若干节。

enlarge()函数一定要在move()函数中使用，只有这样每一步只执行一次。所以，这样改造move()函数就可以实现蛇身稳定地增长。

```
def move(self,KEY=None):
    #创建一个冲突列表
    wrong_list = [{K_RIGHT, K_RIGHT}, {K_RIGHT, K_LEFT}, {K_LEFT, K_
LEFT},{K_UP, K_UP}, {K_UP, K_DOWN}, (K_DOWN, K_DOWN)]
    if self.lengthening>0:
        self.enlarge()
        self.lengthening -= 1
    else:
        if KEY is None or {self.getDirection(), KEY} in wrong_list:
            KEY = self.getDirection() #按错方向键后，不改变原方向
        if KEY == K_RIGHT: #右移就在右侧添加蛇头，蛇尾减少1块
            self.snakeLine = [((self.snakeLine[0][0]+30)%900,self.
snakeLine[0][1])] + self.snakeLine[0:-1]
        elif KEY == K_UP:  #上移就在上侧添加蛇头，蛇尾减少1块
            self.snakeLine = [(self.snakeLine[0][0], (600 + self.
snakeLine[0][1] - 30)%600)] + self.snakeLine[0:-1]
        elif KEY == K_DOWN: #下移就在下侧添加蛇头，蛇尾减少1块
            self.snakeLine = [(self.snakeLine[0][0], (self.snakeLine[0][1]
+ 30)%600)] + self.snakeLine[0:-1]
        elif KEY == K_LEFT: #左移就在左侧添加蛇头，蛇尾减少1块
            self.snakeLine = [((self.snakeLine[0][0] - 30 + 900)%900, self.
snakeLine[0][1])] + self.snakeLine[0:-1]
```

从上面的代码中可以看出，在move()函数中，程序根据snake实例属性lengthening来看是否需要增长，并且取代了原来的向前走一步。其中增加了如下的判断语句：

```
if self.lengthening>0:
self.enlarge()
    self.lengthening -= 1
 else:
```

通过增加一个实例属性lengthening来记录小蛇需要增长几节，如果这个值大于0就表示需要增长lengthening节。由于小蛇慢动作的特性，一次移动只增长一节，并且把lengthening自减1。

相应地，在Snake类的__init__()初始化函数里，对lengthening属性进行赋值，在__init__()函数里增加如下代码：

```
self.lengthening = 0
```

增加以上相应的代码后蛇类的全部代码如下所示：

```
class Snake(pygame.sprite.Sprite):
    snakeHead = pygame.image.load('snake_head.png') #头
    snakeBody = pygame.image.load('snake_body_h.png') #身
    snakeTail = pygame.image.load('snake_tail.png') #尾
    snakeTurn = pygame.image.load('snake_turn.png') #转动
    def __init__(self,screen):
        pygame.sprite.Sprite.__init__(self)
        #表示组成蛇的每一个图片的左上角坐标，初始就是3张图片，从蛇头开始
        self.snakeLine = [(450,300),(450-30,300),(450-60,300)]
        self.screen = screen #传入屏幕
        self.rect = Rect(450,300,30,30) #蛇头的区域
        self.lengthening = 0
    #根据新的蛇的坐标来画出蛇的身体
    def show(self,newSnakeLine = None):
        if newSnakeLine is not None:
            self.snakeLine = newSnakeLine #把新的位置设置成当前位置
            self.rect = Rect(newSnakeLine[0],(30,30))

        self.rect = Rect(self.snakeLine[0],(30,30))
        #画出身体
        for inx,cord in enumerate(self.snakeLine):
            self.screen.blit(self.getBodyImage(inx),cord)


    def getBodyImage(self,index):
        if index == 0 or index == len(self.snakeLine)-1: #如果是第0块或最后一块
            #前面的块
            before = self.snakeLine[0] if index==0 else self.snakeLine[-2]
            #后面的块
            after = self.snakeLine[1] if index==0 else self.snakeLine[-1]
            offX = before[0] - after[0]
            offY = before[1] - after[1]
            if (offX==30 or offX==-870) and offY==0:
                return Snake.snakeHead if index ==0 else Snake.snakeTail
            elif (offX==-30 or offX==870) and offY==0:
                return pygame.transform.rotate(Snake.snakeHead if index
==0 else Snake.snakeTail,180)
            elif offX==0 and (offY==30 or offY==-570):
                return pygame.transform.rotate(Snake.snakeHead if index
==0 else Snake.snakeTail,-90)
            elif offX==0 and (offY==-30 or offY==570):
                return pygame.transform.rotate(Snake.snakeHead if index
```

```
==0 else Snake.snakeTail,90)
        elif self.snakeLine[index-1][0] == self.snakeLine[index+1][0]:
            #x坐标相同就是垂直的身体
            return pygame.transform.rotate(Snake.snakeBody,90)
        elif self.snakeLine[index-1][1] == self.snakeLine[index+1][1]:
            #y坐标相同就是水平的身体
            return Snake.snakeBody
        else:
            #是否x、y坐标同时大于另一块
            slope = (self.snakeLine[index-1][0]  - self.snakeLine[index+1]
[0])/(self.snakeLine[index-1][1] - self.snakeLine[index+1][1])
            #是否存在一块x坐标大于中间块
            right =  max(self.snakeLine[index-1][0],self.snakeLine[index+1]
[0]) > self.snakeLine[index][0]
            if slope>0 and right:
                return pygame.transform.rotate(Snake.snakeTurn,180)
            elif slope>0 and not right:
                return Snake.snakeTurn
            elif slope<0 and right:
                return pygame.transform.rotate(Snake.snakeTurn,90)
            elif slope<0 and not right:
                return pygame.transform.rotate(Snake.snakeTurn,-90)

        return None
    def getDirection(self):
        offX = self.snakeLine[0][0] - self.snakeLine[1][0]
        offY = self.snakeLine[0][1] - self.snakeLine[1][1]
        if (offX==30 or offX==-870) and offY==0:
            return K_RIGHT
        elif (offX==-30 or offX==870) and offY==0:
            return K_LEFT
        elif offX==0 and (offY==30 or offY==-570):
            return K_DOWN
        elif offX==0 and (offY==-30 or offY==570):
            return K_UP
    def move(self,KEY=None):
        #创建一个冲突列表
        wrong_list = [{K_RIGHT, K_RIGHT}, {K_RIGHT, K_LEFT}, {K_LEFT, K_
LEFT},{K_UP, K_UP}, {K_UP, K_DOWN}, (K_DOWN, K_DOWN)]
        if self.lengthening>0:
            self.enlarge()
            self.lengthening -= 1
        else:
```

```
            if KEY is None or {self.getDirection(), KEY} in wrong_list:
                KEY = self.getDirection() #按错方向键后，不改变原方向
            if KEY == K_RIGHT: #右移就在右侧添加蛇头，蛇尾减少1块
                self.snakeLine = [((self.snakeLine[0][0]+30)%900,self.
snakeLine[0][1])] + self.snakeLine[0:-1]
            elif KEY == K_UP:  #上移就在上侧添加蛇头，蛇尾减少1块
                self.snakeLine = [(self.snakeLine[0][0], (600 + self.
snakeLine[0][1] - 30)%600)] + self.snakeLine[0:-1]
            elif KEY == K_DOWN: #下移就在下侧添加蛇头，蛇尾减少1块
                self.snakeLine = [(self.snakeLine[0][0], (self.snakeLine[0]
[1] + 30)%600)] + self.snakeLine[0:-1]
            elif KEY == K_LEFT: #左移就在左侧添加蛇头，蛇尾减少1块
                self.snakeLine = [((self.snakeLine[0][0] - 30 + 900)%900,
self.snakeLine[0][1])] + self.snakeLine[0:-1]
        #self.show()

    def enlarge(self):
        #增加的蛇头与原来的蛇头的坐标偏移
        adding_block_offset = {K_LEFT:(-30,0),K_RIGHT:(30,0),K_UP:(0,-30),K_
DOWN:(0,30)}
        offset = adding_block_offset[self.getDirection()]
        self.snakeLine.insert(0,
        (offset[0]+self.snakeLine[0][0],offset[1]+self.snakeLine[0][1]))
```

完成上面的蛇类Snake的代码，就可以通过在主程序循环中正确设置Snake实例的lengthening属性，实现蛇身的正确增长。

11.4.3 增长的条件

当蛇“碰撞”到新树莓时，可以设置蛇必须要增长一节，同时难度升一级。改造后的主程序源代码如下所示：

```
import pygame, os, sys
from pygame.locals import *
from snakeclass import *
pygame.init()
screen = pygame.display.set_mode((900,600))
bg = pygame.image.load('bg.jpg')
snake = Snake(screen)
clock = pygame.time.Clock()
level = 1
last_collide = None
KEY = None
```

```
SNAKEEVENT = USEREVENT + 1
pygame.time.set_timer(SNAKEEVENT, 300)
eaten = []
while True:
    clock.tick(20)
    screen.blit(bg,(0,0)) #先把背景贴覆盖上，删除原图上的蛇
    for eventType in pygame.event.get():  #进行事件等待
        #如果用户单击了关闭窗口按钮就执行退出
        if eventType.type == QUIT:
            sys.exit()
        elif eventType.type == KEYUP:
            KEY = eventType.key
        elif eventType.type == SNAKEEVENT:
            snake.move(KEY) #移动蛇的位置
    snake.show() #绘制蛇
    #当前碰撞的食物是什么
    rasp =  pygame.sprite.spritecollideany(snake, Raspberry.group)
    if rasp:
        if rasp != last_collide: #碰撞实例不同，就升级
            level += 1
            eaten.append(rasp)
            snake.lengthening += 1
        else:
            #碰撞实例相同，说明还是同一个食物，那么就缩小两个像素
            rasp.image = pygame.transform.smoothscale(rasp.
image,(int(rasp.rect.width-2),int(rasp.rect.height-2)))
            rasp.rect.inflate_ip(-2,-2)
        last_collide = rasp
    #当从碰撞中走出来时或者进入了一个新的碰撞时，就从组里删除被吃的树莓
    if last_collide and  rasp != last_collide and last_collide in
Raspberry.group.sprites():
        print(len(snake.snakeLine))
        for one_eaten in eaten:
            one_eaten.kill()
        eaten = []
    #根据难度增加树莓数量
    while len(Raspberry.group.sprites())<int(level):
        Raspberry(snake.snakeLine)
    #绘制树莓
    Raspberry.group.draw(screen)
    pygame.display.update()
```

通过分析和编程，尽量把大部分与蛇有关的动作和状态变化都集中到Snake的move()函数

中，一方面可以维持主程序与类的耦合性，体现代码的简洁性；另一方面也方便程序员以后再次修改和扩展Snake类的功能。

执行完本程序，你会发现蛇可以吃掉树莓，并且被吃掉的树莓还伴有缩小的动画，蛇可以自由穿行在画面中，并且每吃完一颗果实，身体还会增长一截。

第12章 Pygame游戏完结篇

探险中，经过不懈的努力，贪吃蛇游戏接近完成，在金字塔中的守护蛇也回到了游戏中，守护蛇玩得不亦乐乎。这时Henry带领我们开始破解12个魔法球，每个球都有一个编号，这是之前破解的斐波那契数列的序号，输入序号代表的值，魔法球就神奇地打开了源代码，源代码中的时钟的确因为Bug停止了运转。

谁知这时警报器响了起来，守护蛇可能随时会听见动静从游戏中出来进行攻击，看到警报器在倒计时，发现只有60秒的时间可以把新开发的时钟程序安装上去，不然警报器连接的时光黑洞将会把我们连同这个金字塔一起吞噬掉……

为了加快进度，Joe说："我来负责完成贪吃蛇的游戏，阻止蛇从游戏中跑出来，你们12个人同步安装时钟。"现在的游戏还有哪些部分没有完成？为了顺利完成这个任务，所有人都在加紧继续努力。

扫一扫，看视频

12.1 游戏的暂停

本节主要介绍游戏结束的前一部分，如何通过条件来判断蛇是否碰撞到自己的身体？如何暂停游戏并在暂停的画面上显示动画？如何设置蛇的状态？

12.1.1 游戏暂停

考虑到游戏中只有蛇是运动的物体，因此想要游戏暂停无非是让蛇不再运动，而蛇目前的运动函数是move()，所以直接跳过函数中其他语句，就可以实现让蛇不运动。

在蛇类的设计中，程序使用蛇头的30像素宽与30像素长的矩形区域作为蛇的rect属性，因此，蛇头碰撞自身造成死亡的条件是没有办法通过碰撞技术来检测到的，那么如何检测蛇自身的碰撞呢?

由于蛇的位置列表是snakeLine属性，因此如果有蛇头碰撞到了蛇身的一部分，那么在这个列表中，两个元素的值应该是一模一样的。所以通过检测这个列表有没有重复值就知道蛇的状态。

在检测列表是否有重复值的过程中，可以利用集合的不重复的特性，把列表转换成集合，如果数量变少了，则说明原列表是有重复值的。根据上面的分析，在蛇类Snake的move()函数中增加了如下行号是2和3的语句：

```
01 def move(self,KEY=None):
        #如果蛇的位置列表中有重复值，就说明自身在碰撞
02      if len(set(self.snakeLine)) < len(self.snakeLine):
03          return
        #创建一个冲突列表
04       wrong_list = [{K_RIGHT, K_RIGHT}, {K_RIGHT, K_LEFT}, {K_LEFT, K_
LEFT},{K_UP, K_UP}, {K_UP, K_DOWN}, (K_DOWN, K_DOWN)]
…
```

改造完后再运行程序，发现碰撞自身后的蛇果然停止了移动，如图12.1所示。

图12.1 蛇的停止状态

12.1.2 结束动画

在11.3.3小节中使用代码制作了一段结束动画，显示一个放大的the end图画，在显示

时画面底色使用黑色填充。为了更完美和人性化，希望以暂停的游戏画面为背景叠加进行结束的动画。

需要了解Surface实例的如下方法：

```
copy() -> Surface
```

这个方法可以获得当前实例的另一份“拷贝”，画面与原来的平面(Surface)一样。当退出游戏主循环时，screen还保留着屏幕上的绘制内容，这时使用这个函数复制出一个一模一样的“赝品”(内容一模一样，但并不代表屏幕)，然后把这个“赝品”和the end动画同时绘制到屏幕上以实现叠加的效果。对show_end()函数略加修改，增加的内容使用圆圈符号在代码前进行标记：

```
def show_end(screen):
    old_screen = screen.copy()
    end_clock = pygame.time.Clock() #滴答时钟
    #结束画面
    origin_end_image = pygame.image.load('end.png')
    #宽高比
    ratios = origin_end_image.get_rect().width/origin_end_image.get_
rect().height
    #开始从200宽的图显示
    newWidth = 200
    old_ticks = pygame.time.get_ticks() #获得从开始以来的毫秒数
    while 1:
        end_clock.tick(20)
        ticks = pygame.time.get_ticks()-old_ticks #获得从开始以来的毫秒数
        for eventType in pygame.event.get():  #进行事件等待
            #如果用户单击了关闭窗口按钮就执行退出
            if eventType.type == QUIT:
                sys.exit()
            #当图片宽度足够时，按任意键退出
            if eventType.type ==KEYUP and newWidth>700:
                return
        #当图片宽度不足700时，就从200放大
        if newWidth<=700:
            newWidth += int(ticks/1000*20)
        #从原始图片实现放大，比较清晰
        end_image = pygame.transform.smoothscale(origin_end_image,
        (newWidth,int(newWidth/ratios)))
        #要贴图的位置在屏幕正中央
        x,y = int((900-end_image.get_rect().width)/2),int((600-end_image.
get_rect().height)/2)
        screen.blit(old_screen,(0,0)) #填充原来的图案
```

```
            screen.blit(end_image,(x,y))
            pygame.display.update()
```

A增加的内容是把原来的屏幕进行了复制，B增加的内容是把原来的屏幕再画在现在的屏幕上。

12.1.3 增加蛇状态

为了判断蛇的状态和及时退出游戏主循环，需要给蛇增加一个“活着”的状态（live实例属性），这个属性的初始值是True，在蛇的前行中（move()函数执行中），如果发现有碰撞自身的情况，就把这个状态设置成False。在主函数中，就可以通过判断live属性来决定是否跳出主循环进入游戏结束阶段。

在蛇的__init__()函数中增加如下的语句：

```
self.live = True
```

然后在move()函数里return语句前增加如下的语句：

```
self.live = False
```

这样就完成了蛇的状态的更改，在主程序的循环语句的最后加上如下的语句：

```
if not snake.live:
break
```

然后在主程序的循环语句之外，最后加上游戏结束动画语句：

```
show_end(screen)
```

经过上面一系列的修改，运行主程序，在蛇吃到自己时，结束动画可以正常运行。运行结果如图12.2所示。

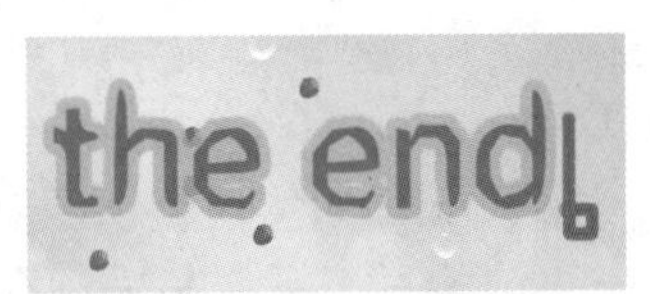

图12.2 结束动画

12.2 游戏的计分

扫一扫，看视频

游戏的计分环节往往是增加游戏乐趣的不可忽视的部分，本节主要通过贪吃蛇计分的设计和显示来引导读者学习游戏计分的技巧。

12.2.1 游戏分数

游戏得分体现了不同玩家游戏的水平，所以记分在游戏中非常重要。在本游戏中，吃一个树莓记10分，每玩过1秒钟记1分，主程序中加入两个变量来实现这样的功能。下面需要在主程序的3个标记圆圈的位置增加如下的语句。

（1）游戏主循环之前的while True语句前加上○标记的变量定义，分别表示食物分和时间分：

```
○ food_score,time_score = 0,0
   while True:
...
```

（2）在碰撞后，立即增加得分，实现吃一个食物增加10分的功能：

```
if rasp:
    if rasp != last_collide: #碰撞实例不同，就升级
○       food_score += 10
```

（3）通过计算游戏开始后秒数来获得得分：

```
while True:
    clock.tick(20)
○  time_score = int(pygame.time.get_ticks()/1000)
```

12.2.2 画矩形

为了使显示的计分更加美观，希望在底图中使用一小块矩形来衬托分数文字的显示。在Pygame有pygame.draw模块可以画出各种各样的形状，如矩形、圆形、椭圆形、弧形、直线等。画矩形的语句如下所示：

```
rect(Surface, color, Rect, width=0) -> Rect
```

这个矩形绘画函数的参数有如下意义。

- Surface：用来画矩形的平面Surface实例。
- color：画的颜色。
- Rect：画出形状的矩形区域实例。
- width：矩形外边框的宽度，如果width的值是默认的值0，这个矩形将会被填充。

在游戏中，正确计分后，为了美观地显示，程序需要继续在show_end()函数中加上显示矩形的功能，在如下圆圈标记的位置增加语句：

```
#要贴图的位置在屏幕正中央
x,y = int((900-end_image.get_rect().width)/2),
int((400-end_image.get_rect().height)/2)
screen.blit(old_screen,(0,0)) #填充原来的图案
screen.blit(end_image,(x,y))
○ #当画圈静止时，显示一片绿色计分区域
○ if newWidth>700:
○     pygame.draw.rect(screen,Color(153,204,51),Rect(150,350,600,200))
   pygame.display.update()
```

上述代码中第1行代码相对于原代码进行了修改，把the end图片y坐标移到中央偏上，以便给绿色的计分区域空出一些空间。运行后效果如图12.3所示。

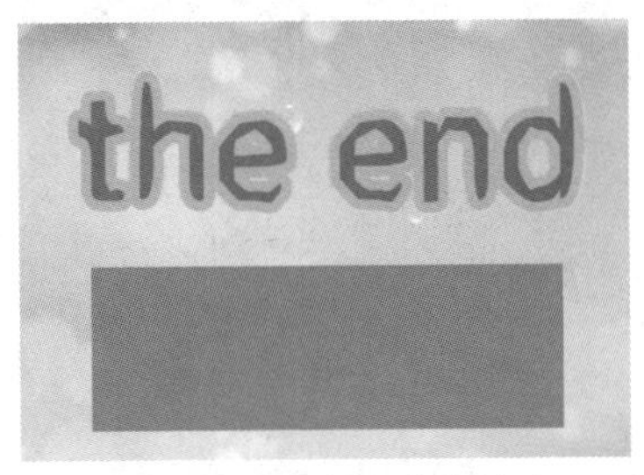

图12.3 计分矩形的显示

12.2.3 显示分数

下面在这个绿色的计分区域显示3行分数，第1行是蛇吃食物的得分数；第2行是时间得分数；第3行是总分。

在条件语句内添加源代码，如下所示：

```
if newWidth>700:
    pygame.draw.rect(screen,Color(153,204,51),Rect(150,350,600,200))
    screen.blit(pygame.image.load('snake_food.png'),(350,380))
    screen.blit(font.render(str(food_score) + 'Points',1,Color(255,0,0)),
(500,370))
    screen.blit(pygame.image.load('time.png'),(350,430))
    screen.blit(font.render(str(time_score) + 'Points',1,Color(255,0,0)),
(500,420))
    screen.blit(font.render('Total          ' + str(time_score + food_
score) + '  Points',1,Color(255,0,0)),(350,480))
```

在主程序中需要把两个得分数和字体传入当前的show_end()函数，把主程序中最后一行的调用方式修改成如下代码：

```
show_end(screen,food_score,time_score,font)
```

并且在while True循环开始前需要把字体进行初始化：

```
font = pygame.font.Font(None,30)
```

同样对于show_end()函数，也进行如下改造：

```
def show_end(screen,food_score=0,time_score = 0,font = None):
    if font is None:
        font = pygame.font.Font(None,30)
        ...
```

代码运行后的效果如图12.4所示。

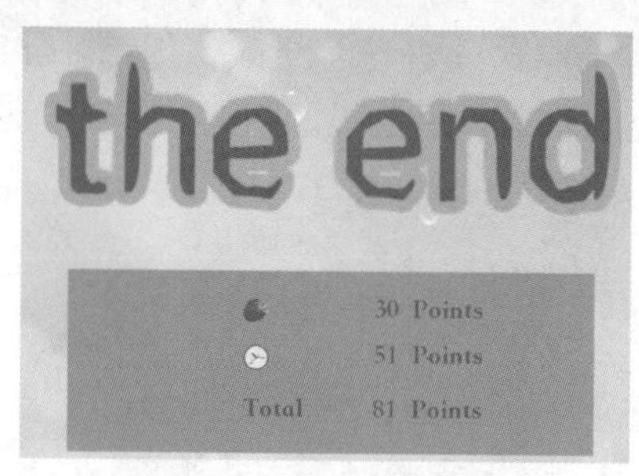

图12.4 计分牌的显示

扫一扫，看视频

12.3 分数的排名

成熟的游戏当然有英雄榜，榜中显示的是各位英雄的姓名。因此，首先要实现让Pygame接收用户通过键盘输入的名字，然后根据所有人的分数进行排名，保存前10名的游戏者，并且在游戏结束前展示出来。

12.3.1 文本的输入

在Pygame中，处理文本的输入麻烦而且复杂，因为Pygame没有提供用于接收文本的类似于input()的函数，并且当游戏画面正在运行时，不可能切换到终端窗口去输入文本。如果要进行文本的输入，那么要绘制光标，进行键盘事件处理，在屏幕上显示输入的字符，并且要处理回退等事件。

幸运的是这些工作已经有人给我们做好了，在GitHub上，Nearoo已经写好Pygame的文本输入组件pygame_textinput，对于有兴趣研究其中原理的读者可以访问网址https://github.com/Nearoo/pygame-text-input。

在本书下载的资料里，本组件的py文件已经包含在files文件夹里，通过如下语句可以导入程序：

```
import files.pygame_textinput as pygame_textinput
```

在Nearoo的GitHub库页面中，本组件的使用方式示例如下：

```
#!/usr/bin/python3
import pygame_textinput
import pygame
pygame.init()
#创建TextInput实例
textinput = pygame_textinput.TextInput()
screen = pygame.display.set_mode((1000, 200))
clock = pygame.time.Clock()
while True:
    screen.fill((225, 225, 225))
```

```
        events = pygame.event.get()
        for event in events:
            if event.type == pygame.QUIT:
                exit()
    #把所有的事件交给实例的update()来处理
    #如果用户按下了Enter键那么就返回True
    if textinput.update(events):
        print(textinput.get_text())
        #把实例的平面Surface实例贴出来
        screen.blit(textinput.get_surface(), (10, 10))
        pygame.display.update()
        clock.tick(30)
```

上述示例通过3个步骤来使用本组件。

（1）通过TextInput()方法对对象初始化；

（2）在主循环里，把所有的events，即get()到的事件集合作为参数传给update()方法处理；

（3）通过get_surface()方法得到用于回显的Surface实例。

在（2）里的update()方法具有返回值，用来判断用户有没有按Enter键。当用户按Enter键后函数返回True，而其他任何键均返回False，以便通过返回值来“结束”文本的输入。

借助pygame_textinput组件制作函数input_name()来实现接收用户输入英文名字，如下所示：

```
    def input_name(screen):
        #创建文本输入实例
        textinput = pygame_textinput.TextInput()
        textinput.font_size = 30
        textinput.text_color = Color(255,0,0)
        textinput.cursor_color = Color(255,0,0)
        clock = pygame.time.Clock()
        font = pygame.font.Font(None,40)
        old_screen = screen.copy()
        while True:
            events = pygame.event.get()
            for event in events:
                if event.type == pygame.QUIT:
                    exit()
            #第一帧都要更新这个组件，如果输入回车就为True
            if textinput.update(events):
                return textinput.get_text()
            screen.blit(old_screen,(0,0))
            #把输入的文字显示在屏幕上
            screen.blit(font.render('Congratulations, you are one of Top10!',
    1,Color(255,0,0)),(170,10))
```

```
        screen.blit(font.render('Input your name:',1,Col
or(255,0,0)),(200,50))
        screen.blit(textinput.get_surface(), (450, 50))
        pygame.display.update()
        clock.tick(30)
```

12.3.2 文件打开

在Python中读写文件之前必须先打开文件，使用open语句来打开一个磁盘上的文件，语法如下：

```
open(file, mode='r', buffering=-1, encoding=None, errors=None, newline=None,
closefd=True, opener=None) -> TextIOWrapper
```

本函数会返回一个文件实例TextIOWrapper，各个参数的意义如下。

- file：包含要访问的文件路径的字符串值。
- mode：决定了打开文件的模式，如只读、写入、追加等。所有可取值见表12.1。这个参数是非强制的，默认文件访问模式为只读(r)。
- buffering：如果buffering的值被设为0，就不会有寄存。如果buffering的值取1，访问文件时会寄存行。如果将buffering的值设为大于1的整数，表示是寄存区的缓冲大小。如果取负值，寄存区的缓冲大小则为系统默认。

其他参数基本上使用默认值就可以，此处不再解释。

用不同模式(mode)打开文件有着不同的用途，具体如表12.1所示。

表 12.1 文件打开模式

模　式	描　　述
r	以只读方式打开文件。文件的指针将会放在文件的开头。这是默认模式
rb	以二进制格式打开一个文件用于只读。文件指针将会放在文件的开头。这是默认模式
r+	打开一个文件用于读写。文件指针将会放在文件的开头
rb+	以二进制格式打开一个文件用于读写。文件指针将会放在文件的开头
w	打开一个文件只用于写入。如果该文件已存在，则打开文件，并从开头开始编辑，即原有内容会被删除。如果该文件不存在，则创建新文件
wb	以二进制格式打开一个文件只用于写入。如果该文件已存在，则打开文件，并从开头开始编辑，即原有内容会被删除。如果该文件不存在，则创建新文件
w+	打开一个文件用于读写。如果该文件已存在，则打开文件，并从开头开始编辑，即原有内容会被删除。如果该文件不存在，则创建新文件
wb+	以二进制格式打开一个文件用于读写。如果该文件已存在，则打开文件，并从开头开始编辑，即原有内容会被删除。如果该文件不存在，则创建新文件

续表

模　式	描　　述
a	打开一个文件用于追加。如果该文件已存在，文件指针将会放在文件的结尾，也就是说，新的内容将会被写入到已有内容之后。如果该文件不存在，则创建新文件进行写入
ab	以二进制格式打开一个文件用于追加。如果该文件已存在，文件指针将会放在文件的结尾，也就是说，新的内容将会被写入到已有内容之后。如果该文件不存在，则创建新文件进行写入
a+	打开一个文件用于读写。如果该文件已存在，文件指针将会放在文件的结尾。文件打开时会是追加模式。如果该文件不存在，则创建新文件用于读写
ab+	以二进制格式打开一个文件用于追加。如果该文件已存在，文件指针将会放在文件的结尾。如果该文件不存在，则创建新文件用于读写

12.3.3　文件的读/写

假设file 是打开的文件实例，其操作方法如表 12.2 所示。

表 12.2　文件对象操作

方　　法	描　　述
file.close()	关闭文件。关闭后的文件不能再进行读写操作
file.flush()	刷新文件内部缓冲，直接把内部缓冲区的数据立刻写入文件，而不是被动地等待输出缓冲区写入
file.fileno()	返回一个整型的文件描述符（file descriptor FD 整型），可以用在如 os 模块的 read() 方法等一些底层操作上
file.isatty()	如果文件连接到一个终端设备，则返回 True，否则返回 False
file.next()	Python 3 中的 File 对象不支持 next() 方法。 返回文件下一行
file.read（[size]）	从文件读取指定的字节数，如果未给定或为负，则读取所有
file.readline（[size]）	读取整行，包括 "\n" 字符
file.readlines（[sizeint]）	读取所有行并返回列表，若给定 sizeint>0，返回总和大约为 sizeint 字节的行，实际读取值可能比 sizeint 大，因为需要填充缓冲区
file.seek（offset[, whence]）	设置文件当前位置
file.tell()	返回文件当前位置
file.truncate（[size]）	从文件的首行首字符开始截断，截断文件为 size 个字符，无 size 表示从当前位置截断；截断之后后面的所有字符被删除，其中 Windows 系统下的换行代表两个字符的大小
file.write（str）	将字符串写入文件，返回的是写入的字符长度

续表

方　法	描　述
file.writelines（sequence）	向文件写入一个序列字符串列表，如果需要换行，则要自己加入每行的换行符

12.3.4 读取排名

使用文本文件来存储排名和得分信息，在这个文件中，每行即对应着一个名字与分数，为区分姓名与分数，规定使用20个字符来存储名字，不足时使用空格来填充，后面紧跟着得分测试数据。如下所示：

```
Joe                 90
Zhang               89
```

如下的代码可以返回读取的分数排名，在程序中要选用合适的数据结构去存储这些信息，考虑到需要对这些数据进行操作，比如需要加入当前的分数，再进行比较和排序，因此整个数据使用列表，因为列表可以进行排序，单条数据则使用元组。首先需要把数据读进如下的列表中。

```
[(名字,分数),...]
```

读入数据后再根据传入的分数判断是否需要在英雄榜中加入当前名字与分数，如果加入，则进行排序，然后形成新的字符串返回给主程序。代码如下所示：

```
def high_score(screen, score):
    open('snake_top10.txt','a')
    file = open('snake_top10.txt')
    top10 =[]
    for line in file.readlines():
        top10.append((line[0:20],int(line[20:])))
    file.close()
    #如果分数比最后一名高
    if score>= top10[-1][1] or len(top10)<10:
        top10.insert(0,(('%-20s'%input_name(screen))[0:20], score))
        top10.sort(key = lambda x:x[1],reverse=True)
    if len(top10)>10:
        top10 = top10[0:10]
    return '\n'.join([ '%2d.'% (i+1) +  x[0]+str(x[1]) for (i,x) in
enumerate(top10)])
```

先使用a方式打开文件，如果文件不存在，则会自动创建，再使用默认的r方式打开文件，就可以确保文件一定会存在。

12.3.5 写入排名

上述代码读取了保存排名文件的信息，并判断分数能不能排进前10，如果可以，则调用在

12.3.1小节介绍的文本输入函数input_name()来获得游戏者输入的姓名，最后返回所有排名前10的字符串。

为了保存最新的前10名榜单，下面通过增加对文件写入的功能，来把新的排名写入文件，改造后的函数如下所示：

```
def high_score(screen, score):
    open('snake_top10.txt','a').close()
    file = open('snake_top10.txt','r+')
    top10 =[]
    for line in file.readlines():
        top10.append((line[0:20],int(line[20:])))
    #如果分数比最后一名高
    if score>= top10[-1][1] or len(top10)<10:
        top10.insert(0,(('%-20s'%input_name(screen))[0:20], score))
        top10.sort(key = lambda x:x[1],reverse=True)
    if len(top10)>10:
        top10 = top10[0:10]
    file.seek(0)
    fileContent = '\n'.join([ x[0]+str(x[1]) for x in top10])
    file.write(fileContent)
    file.close()
    return top10
```

可以看出，写入文件时使用了r+这个模式打开文件，但考虑到读取了所有信息后，文件的指针位于文件末尾，因此如果要覆盖写入内容，就需要通过如下的seek()语句把文件指针移动到文件的开头：

```
file.seek(0)
```

当使用如下的数字2时，指针会被重新移动到文件末尾。

```
file.seek(2)
```

12.3.6 显示英雄榜

本例中的英雄榜是这样设计的：黑底白字，标题为TOP 10 HEROS。下面是10个人名与分数的列表，整个列表需要从页面底部向上滑动占满屏幕。动画帧中使用blit()函数的贴图功能，在循环体中需要不停地更换y坐标的数值，以达到向上滑动进入的动画效果。把以下的代码加入snakeclass.py文件：

```
def show_top10(screen,score):
    old_screen = screen.copy()
    top10_bg = pygame.Surface((900,600),SRCALPHA)
    top10_bg.fill(Color(0,0,0,50),None)
```

```
    font = pygame.font.Font(None,48)
    top10_bg.blit(font.render('TOP 10 HEROS',1,Col
or(255,255,255)),(300,20))
    for (i,textLine) in enumerate(high_score(screen,score)):
        top10_bg.blit(font.render('%-2d.'%(i+1)+  textLine[0],1,
Color(255,255,255)),(180,120 + i*40))
top10_bg.blit(font.render(str(textLine[1]),1,
Color(255,255,255)),(710,120 + i*40))
    y=600
    clock = pygame.time.Clock()
    while True:
        clock.tick(30)
        for eventType in pygame.event.get():
            if eventType.type == QUIT:
                sys.exit()
            if eventType.type == KEYUP and y<=0:
                return
        screen.blit(top10_bg,(0,y))
        pygame.display.update()
        y-=20
        if y<=0:
            y=0
```

假定当前玩家得分100，可以直接运行snakeclass.py文件来跳过游戏进行阶段以进入测试。运行后的效果如图12.5所示。

```
if __name__ == "__main__":
    pygame.init()
    screen = pygame.display.set_mode((900,600))
    bg = pygame.image.load('bg.jpg')
    screen.blit(bg,(0,0)) #先把背景贴覆盖上，删除原图
    show_top10(screen,100)
```

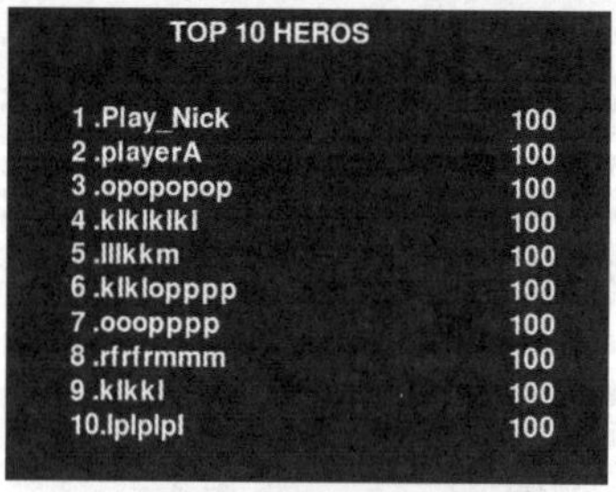

TOP 10 HEROS	
1 .Play_Nick	100
2 .playerA	100
3 .opopopop	100
4 .klklklkl	100
5 .lllkkm	100
6 .klklopppp	100
7 .oooppp	100
8 .rfrfrmmm	100
9 .klkkl	100
10.lplplpl	100

图12.5　英雄榜的显示效果

12.4 完成游戏

扫一扫，看视频

游戏大部分的要素目前都已完成，如所有的开局、角色交互、游戏结束、排行榜等功能，通过Pygame中的各种类或函数均已实现。最后，游戏中还需加入音效，再整理形成主程序的代码，稍做一些加工，游戏就可以发布了。

12.4.1 处理音效

在9.5.2小节里介绍了使用pygame.mixer.music来播放mp3文件当作游戏的背景开机音乐，现在，蛇在吃食物和碰撞发生时也需要有音效。在pygame.mixer.Sound类中使用如下的方法进行处理。

pygame.mixer.Sound()的初始化可以使用如下形式的参数。

- 直接使用文件名：Sound(filename) -> Sound；
- file关键字使用文件名：Sound(file=filename) -> Sound；
- 缓存变量：Sound(buffer) -> Sound；
- buffer关键字的缓存：Sound(buffer=buffer) -> Sound；
- 直接传递对象：Sound(object) -> Sound；
- file关键字文件对象：Sound(file=object) -> Sound；
- array关键字字节数据：Sound(array=object) -> Sound。

最简单的方式就是使用一个文件名进行加载，其他方式读者可以另行研究。Sound类有如下的方法。

- pygame.mixer.Sound.play：播放声音。
- pygame.mixer.Sound.stop：停止声音。
- pygame.mixer.Sound.fadeout：淡出式停播。
- pygame.mixer.Sound.set_volume：设置音量(0表示最小，1表示最大)。
- pygame.mixer.Sound.get_volume：当前音量。
- pygame.mixer.Sound.get_num_channels：播放计数。
- pygame.mixer.Sound.get_length：获得声音长度。
- pygame.mixer.Sound.get_raw：获得声音的原始字节数据。

通过Sound类可以在MP3播放时，同时播放各种碰撞、子弹、跳起的音效，实现声音的重叠，但是Sound支持的声音文件比较少，只有WAV和OGG文件，不支持MP3文件。通过如下的网站可以把MP3转换成WAV文件：https://cloudconvert.com/mp3-to-wav。

在本游戏中，在游戏主循环开始前在语句中添加以下两行代码：

```
sound_eat = pygame.mixer.Sound('sound_snake_get.wav')
```

```
    sound_hit = pygame.mixer.Sound('sound_snake_fail.wav')
```

其中，第1行语句是蛇在吃东西的音效，第2行语句是蛇撞击了自己身体死亡的音效。把播放代码加入圆圈标记的位置:

```
snake.lengthening += 1
#加入成功的声音
○  sound_eat.play()
```

另外，结束的音效放在如下的代码后面:

```
if not snake.live:
○  sound_hit.play()
```

12.4.2 游戏的主循环

为了保持主程序的简洁，建议把游戏的主循环放在函数内。为了给后续程序的运行提供数据，因此，需要在此函数的return语句添加返回值。经过分析，游戏后续的计分和排名的功能实际上只需要3个对象:

- 当前屏幕(在主程序中创建不用返回)。
- 食物得分。
- 时间得分。

把游戏的主循环打包成main_loop()函数，也放在snakeclass.py文件里:

```
def main_loop(screen):
    #加入成功的声音
    sound_eat = pygame.mixer.Sound('sound_snake_get.wav')
    sound_hit = pygame.mixer.Sound('sound_snake_fail.wav')
    bg = pygame.image.load('bg.jpg')
    snake = Snake(screen)
    clock = pygame.time.Clock()
    level = 1
    last_collide = None
    KEY = None
    SNAKEEVENT = USEREVENT + 1
    pygame.time.set_timer(SNAKEEVENT, 300)
    eaten = []
    food_score,time_score = 0,0
    font = pygame.font.Font(None,30)
    while True:
        clock.tick(20)
        time_score = int(pygame.time.get_ticks()/1000)
        screen.blit(bg,(0,0)) #先把背景贴覆盖上，删除原图上的蛇
        for eventType in pygame.event.get():  #进行事件等待
```

```
            #如果用户单击了关闭窗口按钮就执行退出
            if eventType.type == QUIT:
                sys.exit()
            elif eventType.type == KEYUP:
                KEY = eventType.key
            elif eventType.type == SNAKEEVENT:
                snake.move(KEY) #移动蛇的位置
        snake.show() #绘制蛇
        #当前碰撞的食物是什么
        rasp =  pygame.sprite.spritecollideany(snake, Raspberry.group)
        if rasp:
            if rasp != last_collide: #碰撞对象不同，就升级
                food_score += 10
                level += 1
                eaten.append(rasp)
                snake.lengthening += 1
                #加入成功的声音
                sound_eat.play()

            else:
                #碰撞对象相同，说明还是同一个食物，那么就缩小两个像素
                rasp.image = pygame.transform.smoothscale(rasp.image,(int(rasp.
rect.width-2),int(rasp.rect.height-2)))
                rasp.rect.inflate_ip(-2,-2)
            last_collide = rasp
        #当从碰撞中走出来时或者进入了一个新的碰撞时，就从组里删除被吃的树莓
        if last_collide and  rasp != last_collide and last_collide in
Raspberry.group.sprites():
            for one_eaten in eaten:
                one_eaten.kill()
            eaten = []
        #根据难度增加树莓数量
        while len(Raspberry.group.sprites())<int(level):
            Raspberry(snake.snakeLine)
        #绘制树莓
        Raspberry.group.draw(screen)
        pygame.display.update()
        if not snake.live:
            sound_hit.play()
            break
    return food_score,time_score
```

12.4.3 文件snakeclass.py中的导入语句

在本文件中，需要加载各种各样的模块、图片、声音等文件，因此，在这个文件中必须把如下的语句添加进来：

```
import pygame, os, sys,time
from pygame.locals import *
import random
import files.pygame_textinput as pygame_textinput
FILE_PATH = os.path.join(os.path.dirname(__file__), 'files')
os.chdir(FILE_PATH)
font = pygame.font.Font(None,30)
```

在snakeclass.py中主要有如图12.6所示的函数与类，读者在改写代码调试程序时可以对照参考是否有错漏。

```
第12章 pygame 游戏结束 ▸ snakeclass.py ▸ ...
1    import pygame, os, sys,time
2    from pygame.locals import *
3    import random
4    import files.pygame_textinput as pygame_textinput
5
6    FILE_PATH = os.path.join(os.path.dirname(__file__), 'files')
7    os.chdir(FILE_PATH)
8    font = pygame.font.Font(None,30)
9
10   ⊞ def main_loop(screen):…
73
74   ⊞ def show_top10(screen,score):…
99
100
101  ⊞ def high_score(screen, score):…
118
119  ⊞ def input_name(screen):…
143
144
145  ⊞ def show_end(screen,food_score=0,time_score = 0):…
191
192  ⊞ def show_start(screen):…
212
213
214  ⊞ class Snake(pygame.sprite.Sprite):…
322
323
324  ⊞ class Raspberry(pygame.sprite.Sprite):…
340
```

图12.6 snakeclass.py文件中主要包括的内容

虽然本游戏包括了大量的注释和空行，但其主要代码总共340行，其包括的函数与类如表12.3所示。

图12.6所示是游戏中函数分类的代码，根据各个部分分别贴出来。

表 12.3 游戏主要函数和类

序号	内 容	说 明
1	main_loop() 函数	游戏环节的主要代码
2	show_top10() 函数	显示 10 个分数最高的排行榜
3	high_score() 函数	用来处理当前玩家分数，如果是高分，就记入排行
4	input_name() 函数	用来提供输入玩家姓名的界面
5	show__end() 函数	显示游戏结束后的计分画面
6	show_start() 函数	显示游戏开局画面
7	Snake 类	游戏中的蛇精灵
8	Raspberry 类	游戏中的树莓精灵

12.4.4 show_top10()函数

以下是show_top10()函数的最终代码，用来显示前10名玩家的姓名与分数，请读者研究参考。

```
def show_top10(screen,score):
    old_screen = screen.copy()
    top10_bg = pygame.Surface((900,600),SRCALPHA)
    top10_bg.fill(Color(0,0,0,50),None)
    font = pygame.font.Font(None,48)
    top10_bg.blit(font.render('TOP 10 HEROS',1,Col
or(255,255,255)),(300,20))
    for (i,textLine) in enumerate(high_score(screen,score)):
        top10_bg.blit(font.render('%-2d.'%(i+1) +  textLine[0],1,Col
or(255,255,255)),(180,120 + i*40))
        top10_bg.blit(font.render(str(textLine[1]),1,Col
or(255,255,255)),(710,120 + i*40))

    y=600
    clock = pygame.time.Clock()
    while True:
        clock.tick(30)
        for eventType in pygame.event.get():
            if eventType.type == QUIT:
                sys.exit()
            if eventType.type == KEYUP and y<=0:
                return
        screen.blit(top10_bg,(0,y))
        pygame.display.update()
        y-=20
        if y<=0:
            y=0
```

12.4.5 high_score()函数

以下是high_score()函数的最终代码，用来根据传入玩家的分数判断这个玩家有没有可能进入前10名的排行榜，如果进入，就提示用户输入姓名，并且显示最终排行榜。

```
def high_score(screen, score):
    open('snake_top10.txt','a').close()
    file = open('snake_top10.txt','r+')
    top10 =[]
    for line in file.readlines():
        top10.append((line[0:20],int(line[20:])))
    #如果分数比最后一名高
    if score>= top10[-1][1] or len(top10)<10:
        top10.insert(0,(('%-20s'%input_name(screen))[0:20], score))
        top10.sort(key = lambda x:x[1],reverse=True)
    if len(top10)>10:
        top10 = top10[0:10]
    file.seek(0)
    fileContent = '\n'.join([ x[0]+str(x[1]) for x in top10])
    file.write(fileContent)
    file.close()
    return top10
```

12.4.6 input_name()函数

以下是input_name()的代码，用来提示用户在屏幕上输入姓名并且返回输入的字符串的值。

```
def input_name(screen):
    #创建文本输入对象
    textinput = pygame_textinput.TextInput()
    textinput.font_size = 30
    textinput.text_color = Color(255,0,0)
    textinput.cursor_color = Color(255,0,0)
    clock = pygame.time.Clock()
    old_screen = screen.copy()
    while True:
        events = pygame.event.get()
        for event in events:
            if event.type == pygame.QUIT:
                exit()
        #第一帧都要更新这个组件，如果输入回车就为True
        if textinput.update(events):
            return textinput.get_text()
        screen.blit(old_screen,(0,0))
```

```
        #把输入的文字显示在屏幕上
        screen.blit(font.render('Congratulations, you are one of Top 
10!',1,Color(255,0,0)),(170,10))
        screen.blit(font.render('Input your name:',1,Col
or(255,0,0)),(200,50))

        screen.blit(textinput.get_surface(), (450, 50))
        pygame.display.update()
        clock.tick(30)
```

12.4.7 show_end()函数

以下是show_end()函数的最终代码，用来显示如果小蛇碰到自己的身体导致游戏结束后显示的画面。

```
def show_end(screen,food_score=0,time_score = 0):
    old_screen = screen.copy()
    end_clock = pygame.time.Clock() #滴答时钟
    #结束画面
    origin_end_image = pygame.image.load('end.png')
    #宽高比
    ratios = origin_end_image.get_rect().width/origin_end_image.get_
rect().height
    #开始从200宽的图显示
    newWidth = 200
    old_ticks = pygame.time.get_ticks() #获得从开始以来的毫秒数
    while 1:
        end_clock.tick(20)
        ticks = pygame.time.get_ticks()-old_ticks #获得从开始以来的毫秒数
        for eventType in pygame.event.get():  #进行事件等待
            #如果用户单击了关闭窗口按钮就执行退出
            if eventType.type == QUIT:
                sys.exit()
            #当图片宽度足够时，按任意键退出
            if eventType.type == KEYUP and newWidth>700:
                return
        #当图片宽度不足700时，就从200放大
        if newWidth<=700:
            newWidth += int(ticks/1000*20)
        #从原始图片实现放大，比较清晰
        end_image = pygame.transform.smoothscale(origin_end_image,
        (newWidth,int(newWidth/ratios)))
        #要贴图的位置在屏幕正中央
```

```
        x,y = int((900-end_image.get_rect().width)/2),int((400-end_image.
get_rect().height)/2)
        screen.blit(old_screen,(0,0)) #填充原来的图案
        screen.blit(end_image,(x,y))
        #当画面静止时，显示一片绿色计分区域
        if newWidth>700:
            pygame.draw.rect(screen,Color(153,204,51),
Rect(150,350,600,200))
            screen.blit(pygame.image.load('snake_food.png'),(350,380))
            screen.blit(font.render(str(food_score) + '
Points',1,Color(255,0,0)), (500,370))
            screen.blit(pygame.image.load('time.png'),(350,430))
            screen.blit(font.render(str(time_score) + '
Points',1,Color(255,0,0)), (500,420))
            screen.blit(font.render('Total:',1,Color(255,0,0)), (350,480))
            screen.blit(font.render(str(time_score + food_score) + '
Points',1,Color(255,0,0)), (500,480))

        pygame.display.update()
```

12.4.8 show_start()函数

以下是show_start()函数的最终代码段，用来显示游戏开始的图画与音乐，提示用户按下任一键进入。

```
def show_start(screen):
    #加载图像
    background = pygame.image.load('snake_start.png')
    pygame.mixer.music.load('sound_snake_start.mp3') #开场音乐
    pygame.mixer.music.play(loops=-1) #循环播放
    #开始不停地进行图像循环
    screen.blit(background,[0,0])  #把背景图画到(0,0)开始的坐标点上去
    while True:
        for event in pygame.event.get():
                if event.type == QUIT:
                    sys.exit()
                if event.type == KEYDOWN:
                    pygame.mixer.music.stop() #音乐停止播放
                    return
        time.sleep(0.05)
        screen.fill(pygame.Color(0,0,0),Rect(0,560,900,40)) #画出黑框
        if int(time.time())%2 ==0: #如果是偶数秒就画上文字
            screen.blit(font.render('Press any key......',1,Color(255,255,
```

```
255)),[200,565])
        pygame.display.update()   #把图像显示出来
```

12.4.9 Snake类

以下是Snake类的代码，用来构成蛇的画面与各种行为。

```
class Snake(pygame.sprite.Sprite):
    snakeHead = pygame.image.load('snake_head.png') #头
    snakeBody = pygame.image.load('snake_body_h.png') #身
    snakeTail = pygame.image.load('snake_tail.png') #尾
    snakeTurn = pygame.image.load('snake_turn.png') #转动
    def __init__(self,screen):
        pygame.sprite.Sprite.__init__(self)
        #表示组成蛇的每一个图片的左上角坐标，初始就是3张图片，从蛇头开始
        self.snakeLine = [(450,300),(450-30,300),(450-60,300)]
        self.screen = screen #传入屏幕
        self.rect = Rect(450,300,30,30) #蛇头的区域
        self.lengthening = 0
        self.live = True
    #根据新的蛇的坐标来画出蛇的
    def show(self,newSnakeLine = None):
        if newSnakeLine is not None:
            self.snakeLine = newSnakeLine #把新的位置设置成当前位置
            self.rect = Rect(newSnakeLine[0],(30,30))

        self.rect = Rect(self.snakeLine[0],(30,30))
        #画出身体
        for inx,cord in enumerate(self.snakeLine):
            self.screen.blit(self.getBodyImage(inx),cord)

    def getBodyImage(self,index):
        if index == 0 or index == len(self.snakeLine)-1: #如果是第0块或最后一块
            #前面的块
            before = self.snakeLine[0] if index==0 else self.snakeLine[-2]
            #后面的块
            after = self.snakeLine[1] if index==0 else self.snakeLine[-1]
            offX = before[0] - after[0]
            offY = before[1] - after[1]
            if (offX==30 or offX==-870) and offY==0:
                return Snake.snakeHead if index ==0 else Snake.snakeTail
            elif (offX==-30 or offX==870) and offY==0:
                return pygame.transform.rotate(Snake.snakeHead if index
```

```
==0 else Snake.snakeTail,180)
            elif offX==0 and (offY==30 or offY==-570):
                return pygame.transform.rotate(Snake.snakeHead if index
==0 else Snake.snakeTail,-90)
            elif offX==0 and (offY==-30 or offY==570):
                return pygame.transform.rotate(Snake.snakeHead if index
==0 else Snake.snakeTail,90)
        elif self.snakeLine[index-1][0] == self.snakeLine[index+1][0]:
            #x坐标相同就是垂直的身体
            return pygame.transform.rotate(Snake.snakeBody,90)
        elif self.snakeLine[index-1][1] == self.snakeLine[index+1][1]:
            #y坐标相同就是水平的身体
            return Snake.snakeBody
        else:
            #是否x、y坐标同时大于另一块
            slope = (self.snakeLine[index-1][0]  - self.snakeLine[index+1]
[0])/(self.snakeLine[index-1][1] - self.snakeLine[index+1][1])
            #是否存在一块x坐标大于中间块
            right =  max(self.snakeLine[index-1][0],self.snakeLine[index+1]
[0]) > self.snakeLine[index][0]
            if slope>0 and right:
                return pygame.transform.rotate(Snake.snakeTurn,180)
            elif slope>0 and not right:
                return Snake.snakeTurn
            elif slope<0 and right:
                return pygame.transform.rotate(Snake.snakeTurn,90)
            elif slope<0 and not right:
                return pygame.transform.rotate(Snake.snakeTurn,-90)

        return None
    def getDirection(self):
        offX = self.snakeLine[0][0] - self.snakeLine[1][0]
        offY = self.snakeLine[0][1] - self.snakeLine[1][1]
        if (offX==30 or offX==-870) and offY==0:
            return K_RIGHT
        elif (offX==-30 or offX==870) and offY==0:
            return K_LEFT
        elif offX==0 and (offY==30 or offY==-570):
            return K_DOWN
        elif offX==0 and (offY==-30 or offY==570):
            return K_UP
    def move(self,KEY=None):
        #如果蛇的位置列表中有重复值说明自身在碰撞
```

```
        if len(set(self.snakeLine)) < len(self.snakeLine):
            self.live = False
            return
        #创建一个冲突列表
        wrong_list = [{K_RIGHT, K_RIGHT}, {K_RIGHT, K_LEFT}, {K_LEFT, K_
LEFT}, {K_UP, K_UP}, {K_UP, K_DOWN}, (K_DOWN, K_DOWN)]
        if self.lengthening>0:
            self.enlarge()
            self.lengthening -= 1
        else:
            if KEY is None or {self.getDirection(), KEY} in wrong_list:
                KEY = self.getDirection() #按错方向键后，不改变原方向
            if KEY == K_RIGHT: #右移就在右侧添加蛇头，蛇尾减少1块
                self.snakeLine = [((self.snakeLine[0][0]+30)%900,self.
snakeLine[0][1])] + self.snakeLine[0:-1]
            elif KEY == K_UP:  #上移就在上侧添加蛇头，蛇尾减少1块
                self.snakeLine = [(self.snakeLine[0][0], (600 + self.
snakeLine[0][1] - 30)%600)] + self.snakeLine[0:-1]
            elif KEY == K_DOWN: #下移就在下侧添加蛇头，蛇尾减少1块
                self.snakeLine = [(self.snakeLine[0][0], (self.snakeLine[0]
[1] + 30)%600)] + self.snakeLine[0:-1]
            elif KEY == K_LEFT: #左移就在左侧添加蛇头，蛇尾减少1块
                self.snakeLine = [((self.snakeLine[0][0] - 30 + 900)%900,
self.snakeLine[0][1])] + self.snakeLine[0:-1]
        #self.show()

    def enlarge(self):
        #增加的蛇头与原来的蛇头的坐标偏移
        adding_block_offset = {K_LEFT:(-30,0),K_RIGHT:(30,0),K_UP:(0,-30),K_
DOWN:(0,30)}
        offset = adding_block_offset[self.getDirection()]
        self.snakeLine.insert(0,
        (offset[0]+self.snakeLine[0][0],offset[1]+self.snakeLine[0][1]))
```

12.4.10 Raspberry类

以下是Raspberry类的最终代码，用来表示树莓的画面和行为。

```
class Raspberry(pygame.sprite.Sprite):
    '''
    蛇吃的树莓
    '''
    group = pygame.sprite.Group()
```

```
    #屏幕30×30网格的所有左上角坐标
    screenBlankGrid = [(x*30,y*30) for x in range(0,30) for y in 
range(0,20)]
    def __init__(self, snake_line=[]):
        pygame.sprite.Sprite.__init__(self)
        blank_grid = list(filter(lambda x :x not in snake_line, Raspberry.
screenBlankGrid))
        xy = random.choice(blank_grid)
        Raspberry.screenBlankGrid.remove(xy) #占用
        self.rect = Rect(xy[0], xy[1], 30, 30)
        self.image =pygame.image.load('snake_food.png')
        Raspberry.group.add(self)
```

12.5　游戏的虚拟人生

12.4节snakeclass.py文件中所有最终的代码段和其文字说明均完整地呈现出来，本节主要涉及游戏主程序代码的编写。

12.5.1　游戏主程序

在游戏主程序中，只要注意游戏的各个环节是如何调用的即可。具体编写代码如下所示：

```
import pygame
from snakeclass import *
pygame.init()
pygame.mixer.init()
screen = pygame.display.set_mode((900,600))
show_start(screen)
pygame.mixer.music.load('sound_snake_play.mp3')
pygame.mixer.music.play(loops=-1) #循环播放
food_score,time_score = main_loop(screen)
show_end(screen,food_score,time_score)
show_top10(screen,food_score+time_score)
```

12.5.2　迟来的春天

探险中，经过Joe的努力，一个有音乐、有声效、有开局、有游戏情节、有结局排名的完整游戏诞生了。而我、Henry和勇士们经过努力也把设计的时钟安装到魔法球上，这时警报器倒计时在最后1秒停止，魔法球瞬间恢复了正常运转。

外面的天空慢慢恢复了晴天，渴望着春天的万物，苏醒过来，温度慢慢地开始升高。我们一行13人终于松了一口气，看着金字塔里的小蛇畅游在游戏中，每个人都开心地露出笑容。

Henry说:“快走出这座金字塔，看看外面的世界。”

迈出金字塔的那一刻，一缕金色的阳光，穿过Wenny的肩膀射进了我的眼睛，我抬起手透过指缝眯起眼睛，看见了许久不曾见过的绿色草地和飞舞的蝴蝶……

这真是一个美好的下午！

这时，美丽的身影出现在草地上，原来是Candy公主带着援军来接应我们了。我和Candy公主在温暖的草地上躺着，享受着明媚的阳光迟迟不愿意离开。

回到王宫后，Joe告诉King和Queen，我们是从人类世界穿越过来的，现在我们必须得回去了。Candy公主陪着我们走出城门，在城门外的树林中Candy和我俩依依不舍地道别，并邀请我们再来魔法王国玩，还送给我们每人一把糖果。

在Joe启动穿越手环时，忽然一阵闪电，周围白茫茫的一片，慢慢地，我好像睡了过去，不一会儿，我睁开眼睛，看见Joe和我一样也躺在椅子上，他在瞪大眼睛看着我。Joe的爸爸Richard看着我们哈哈大笑，问我们是不是在计算机的魔法王国里玩得很开心，都过了1个多小时了。

Richard问我们此行可有收获，我深思熟虑地说:“作为一个程序员，在对待每一行代码时，都必须严谨认真，一个简简单单的bug可能会给虚拟世界造成非常大的影响”。说完这些，我和Joe发现我们手里都握着一些细小的硅管，然后我们相视一笑，顿时明白了。

12.5.3 游戏与成长

可以看到在贪吃蛇游戏的主程序中，没有任何复杂的语句，没有循环，也没有条件判断。程序如人生，仔细看来，其实就是简简单单、匆匆而过的时光啊！孩子们，时不待我，利用现在最美好的时光努力吧！很快你们也会长大，只有努力了才会像父母一样，成为社会的有用之才。

就像复杂的后台代码总不会显山露水一样，现在我们所看见的成功科学家，好似毫不费力，却不知道在背后他们付出了比别人更多的努力，只有默默地努力，才能编写出丰富多彩的人生。

在本游戏中，input_name()等函数没在主程序中出现，如果玩家分数太低，它可能也不会被运行，但是它们也在后台默默地起着作用。从本书习得的编程技能也一样，也许以后你不会成为一个程序员，但是编程中数学和工程学的思考方式将会默默地起作用，让你受益终身！

很高兴，家长们陪伴孩子坚持不懈地读完了本书，陪孩子们学习编程的乐趣，体验贪吃蛇的游戏。这个过程不仅仅教给了孩子们编程知识，而且给孩子们一个无限可能的未来，同样地，也是孩子们陪伴爸爸妈妈度过了自我成长、学习的过程。

总之，无论是在游戏的世界中，还是在现实的世界中，只有在不断学习、细致观察、发现问题、解决问题和克服困难中，我们才能体会到快乐，经历成熟和成长，但必须记住，千万不能颠倒过来，让游戏控制和指挥我们的世界。

后 记

世界格局变幻莫测，撰写本书时正值中美贸易战。在此大背景下，中国要赶超美国很可能在未来发展中面临各种各样的技术封锁，我国目前已站在全球第二经济体的十字路口，想要完全依靠别人的帮助实现超越式发展如同幻想，国家意识到只有创新才是国家强盛之路，创新已摆在国家发展全局的核心位置。2018年5月2日习近平在北京大学考察时强调，重大科技创新成果是国之重器、国之利器，必须牢牢掌握在自己手上，必须依靠自力更生、自主创新。

超前式的学习、机械式的重复、百科书式的记忆已然不适应当前青少年教育的要求，恭喜家长们选择了本书，在学习本书编程知识的同时，也掌握使用计算机互联网解决问题的方法，同时，孩子们也学会系统化、工程化的思考方式，并可以借此培养自己对数学和技术的兴趣，夯实自己专注求知的习惯品性，最重要的是可以体会解决问题的自豪感与成就感!

最后，祝愿孩子们能够健康、自信地茁壮成长。无论今后孩子们从事什么样的职业，相信这些能力和习惯都会伴随他们一生。希望继续关注作者的公众号和即将推出的其他著作，本书配套的STEM教育理念的相关知识可以从小牛书网站http://www.xiaoniushu.com或公众号下载，希望我们一起为了孩子的明天共同进步。